Spark 深度学习指南

[美] Ahmed Sherif Amrith Ravindra 著
黄友良 译

Apache Spark Deep Learning Cookbook

電子工業出版社
Publishing House of Electronics Industry
北京•BEIJING

内 容 简 介

Spark 是专为大规模数据处理而设计的快速通用的计算引擎，经过近几年的飞速发展，现已被广泛应用于各个领域。本书通过通俗易懂的语言和简单明了的操作，系统地讲解了构建 Spark 深度学习系统的方法、流程、标准和规范等相关内容，并提供了相应的示例与解析。

本书适合作为高等院校计算机相关专业的参考资料，也适合大数据技术和机器学习技术的初学者阅读，还适合所有对大数据技术和机器学习技术有所了解并想将该技术应用于本职工作的读者阅读。

版权贸易合同登记号 图字：01-2019-7086

图书在版编目（CIP）数据

Spark 深度学习指南/（美）艾哈迈德 · 谢里夫（Ahmed Sherif），（美）阿姆里斯 · 拉文德拉（Amrith Ravindra）著；黄友良译. —北京：电子工业出版社，2020.1

书名原文：Apache Spark Deep Learning Cookbook

ISBN 978-7-121-37882-9

Ⅰ. ①S… Ⅱ. ①艾… ②阿… ③黄… Ⅲ. ①数据处理软件－指南 Ⅳ. ①TP274-62

中国版本图书馆 CIP 数据核字（2019）第 251443 号

责任编辑：刘恩惠
印　　刷：天津千鹤文化传播有限公司
装　　订：天津千鹤文化传播有限公司
出版发行：电子工业出版社
　　　　　北京市海淀区万寿路 173 信箱　　　　邮编：100036
开　　本：787 × 980　1/16　　印张：23.25　　字数：465 千字
版　　次：2020 年 1 月第 1 版
印　　次：2020 年 1 月第 1 次印刷
定　　价：109.00 元

凡所购买电子工业出版社图书有缺损问题，请向购买书店调换。若书店售缺，请与本社发行部联系，联系及邮购电话：（010）88254888，88258888。

质量投诉请发邮件至 zlts@phei.com.cn，盗版侵权举报请发邮件至 dbqq@phei.com.cn。

本书咨询联系方式：010-51260888-819，faq@phei.com.cn。

译者序

机器学习（Machine Learning）是一门多领域交叉学科，涉及概率论、统计学、逼近论、凸分析、算法复杂度理论等多门学科。它专门研究计算机怎样模拟或实现人类的学习行为，以获取新的知识或技能，重新组织已有的知识结构使之不断改善自身的性能。随着计算机软硬件技术的不断发展，机器学习正在悄然改变世界。深度学习（Deep Learning）是机器学习的一个分支和新的研究方向，它能够使计算机通过层次概念来学习经验和理解世界，更接近机器学习实现人工智能的最初目标。深度学习在数据挖掘、机器学习、机器翻译、自然语言处理、个性推荐，以及其他相关领域都取得了很多成果。

在开始深度学习项目之前，选择一个合适的大数据处理框架是非常重要的，选择一个合适的框架能起到事半功倍的作用。Spark 是一个以声明的方式，围绕速度、易用性和复杂分析构建的大数据处理框架，它提供了一个全面、统一的框架，以管理各种有着不同性质（文本数据、图表数据等）的数据集和数据源（批量数据或实时的流数据）。本书用通俗易懂的语言，详细介绍了基于 Spark 的深度学习框架的安装和创建，并通过不同领域的具体案例为读者介绍了 Spark 具体应用方法，希望读者能够更好地理解和应用 Spark。

本书作者 Ahmed Sherif 是一名数据科学家，在美国西北大学获得了预测分析硕士学位。他一直在研究机器学习理论和应用，并使用 Python 和 R 语言进行预测建模。最近，他一直在使用 Azure 开发机器学习和云上深度学习的解决方案。2016 年，他出版了第一本书——《实用商业智能》，他目前是微软公司数据和人工智能领域的技术解决方案专家。本书另外一位作者 Amrith Ravindra 是一名机器学习爱好者，他深入地研究了机器学习理论。Amrith Ravindra 在坦帕市的一次数据科学会议上认识了 Ahmed Sherif，他们决定集思广益，写一本关于他们最喜欢的机器学习算法的书。他们希望这本书能够帮助大家实现成为一名数据科学家并积极为机器学习做出贡献的最终目标。

非常感谢电子工业出版社计算机出版分社将这样一本好书交给我翻译。我深知自己的知识面和翻译水平有限，难免有疏漏和错误之处，恳请读者批评指正。出版社的编辑帮助我耐心审阅翻译的书稿，并提出了许多中肯的修改意见，非常感谢他们。希望读者能够从书中得到更多的知识，开发更多的机器学习应用来改变世界。

黄友良

2019 年 11 月

序

如果你正在阅读这本书，那么可以肯定的是，你已经意识到**人工智能（AI）**和**机器学习（ML）**对当今的巨大影响，以及深度神经网络带来的不可思议的惊人效率。Matei Zaharia 和他的团队开发的 Spark，不是为了让它成为 Hadoop 的竞争对手，而是作为人工智能和机器学习的广泛应用。正如 Zaharia 所说过的："Spark 只关注如何计算，不关注数据存储在哪里。" Spark 被称为用于大规模数据处理的统一分析引擎，它特别针对弹性、速度、易用性、通用性和可移植性进行了优化，本书将向你详细介绍 Spark，相信你一定会成为 Spark 的狂热爱好者。

作为读者，如果你对 Spark 在深度学习领域的应用感到兴奋，那么本书就可以为你提供帮助。作者首先通过提供简明扼要的文字说明，帮助你设置 Spark 以进行深度学习的开发。在完成初始设置之后，你很自然地就创建了一个神经网络。随后，作者详细说明了卷积神经网络和循环神经网络的难点。在各个行业，人工智能每天都有新的应用。在实际应用方面，作者提供了使用 SparkML 预测消防部门的呼叫，使用 XGBoost 预测房地产价值，使用 LSTM 预测苹果公司的股票价格，以及使用 Keras 创建电影推荐引擎等实际但又进行了适当简化的案例。

人工智能和机器学习分类繁多，令人眼花缭乱的工具集和库的使用令人望而却步。作者非常出色地将不同的库混合在一起，并在读者对本书的学习过程中，不断融入相关但多样化的技术。随着深度学习框架开始融合并向抽象方向发展，探索性数据分析的规模必然会增长。这就是为什么本书并非创造一个众所周知的"一招鲜"（或 YOLO 模型，双关语），而是涵盖了相关或高度相关的技术，如使用长短期记忆单元的生成网络，使用 TF-IDF 的自然语言处理，使用深度卷积网络的人脸识别，使用 Word2Vec 创建和可视化单词向量，并在 Spark 上使用 TensorFlow 进行图像分类。除简洁和专注的写作风格外，本书的另一个优势是，内容与机器学习、深度学习高度相关。

在学术领域和行业领域，我有一个独特的机会亲自看到 Spark 的发展。作为斯坦福大学的访问学者，我参加了 Spark 的共同创始人之一 Matei Zaharia 的各种会议，并有幸了解了他对 Databricks、大规模算法运作及大数据未来的看法。同时，作为人工智能和深度学习的从业者和首席架构师，我目睹了世界上最大的零售商实验室如何使用 Spark 标准化其业务机器学习模型的部署。随着云技术不断支持新的数据应用程序架构，我认为 Spark 是各个行业的、全新的且不可预料的机器学习实现的关键推动者和加速器。这需要大规模解决现实世界中的业务问题，拥有蓬勃发展的生态系统，并能够为企业级 SLA 提供全天候支持的能力。Spark 以前所未有的速度、弹性和社区适应性满足所有这些标准。Spark 经常用于高级案例分析，如系统遥测的复杂异常值分析。将 Spark 视为一种工具，它可以弥补传统商务智能与现代机器学习服务之间的差距，从而取得有意义的业务成果。随着数据成为核心竞争优势，防患（数据中断）于未然至关重要，同时要考虑季节性、周期性和不断增加的时间相关性。易操作性是行业接纳的关键，而这正是 Spark 与众不同的地方；数据洞察力和行动洞察力也是 Spark 的强项。

你所持有的这本书是 Spark 向人工智能和机器学习广泛应用迈出的又一大步。它为你提供了在实际问题中应用的工具和技术。将它看作探索之旅的开端，成为一个全面的机器学习工程师和传播者，而不仅是一个 Spark 追星族。我们希望这本书能够帮助你利用 Apache Spark 来轻松、高效地处理业务和技术相关的问题。

Adnan Masood 博士
斯坦福大学计算机工程系访问学者
微软最有价值专家&微软人工智能和机器学习首席架构师
斯坦福盖茨计算机科学大楼
2018 年 6 月 12 日

编著者

关于作者

Ahmed Sherif是一名数据科学家，自2005年以来一直从事各种各样的数据研究工作。他从2013年开始使用BI解决方案并慢慢转向数据科学。2016年，他从西北大学获得了预测分析硕士学位，在那里他研究使用Python和R语言进行机器学习和预测建模的科学与应用。最近，他一直使用Azure在云端开发机器学习和深度学习解决方案。2016年，他出版了他的第一本书《实用商业智能》。他目前是微软公司的数据和人工智能技术解决方案专家。

"首先，我要感谢我的妻子Ameena和我的三个可爱的孩子Safiya、Hamza和Layla，感谢他们给我力量和支持来完成这本书。没有他们的爱与支持，我恐怕无法完成本书。我还要感谢我的合著者Amrith，感谢他给予我写这本书的决心和为本书付出的努力。"

Amrith Ravindra 是一位机器学习爱好者，拥有电气与工业工程学位。在攻读硕士学位期间，他深入地研究了机器学习问题，加深了自己对数据科学的热爱程度。工程专业的研究生课程给他提供了数学背景，使他开始了机器学习领域的职业生涯。他在坦帕市举行的当地数据科学聚会上遇到了Ahmed Sherif。他们决定合作写一本关于他们最喜欢的机器学习算法的书。他希望这本书能够帮助他实现成为数据科学家并积极为机器学习做出贡献的最终目标。

> “首先，我要感谢 Ahmed 给我这个机会和他一起工作。对我来说，写这本书比读大学本身更好。接下来，我要感谢我的爸爸、妈妈和姐姐，他们一直给我动力，给我成功的动力。最后，我要感谢我的朋友们，没有他们的指教，我永远不会像这样快速地成长。”

关于审稿人

Michal Malohlava 是 Sparkling Water 的创始人。他是一位极客、开发者，同时也是一位拥有 10 年软件开发经验的 Java、Linux 编程语言爱好者。他于 2012 年在布拉格查理大学获得博士学位，并在普渡大学完成博士后工作。他参与了用于高级大数据数学与计算的 H2O 平台的开发，并将其整合到 Spark 引擎中，以名为 Sparkling Water 的项目发布。

Adnan Masood 博士是人工智能和机器学习研究员、软件架构师和微软数据平台最有价值专家。他目前在 UST Global 公司担任人工智能和机器学习首席架构师，在那里他与斯坦福人工智能实验室和麻省理工学院人工智能实验室合作构建企业解决方案。作为斯坦福大学的访问学者、亚马逊编程语言畅销书 *Functional Programming with F#*的作者，他最近在丹佛市女性技术会议上发表的演讲强调了 STEM（科学、技术、工业、数学）和技术领域多样化的重要性。该演讲被新闻媒体广为传播。

前言

随着深度学习在现代各行业中迅速得到广泛应用，各个机构都在寻找将流行的大数据工具与高效的深度学习库结合起来的方法。这将有助于深度学习模型以更高的效率和更快的速度进行训练。

在本书的帮助下，你将通过学习特定的操作来得到深度学习算法的结果，而不会陷入理论的困境。从为深度学习设置 Apache Spark 到实现各种类型的神经网络，本书解决了大多数常见和不太常见的问题，以便在分布式环境中执行深度学习。除此之外，你还可以访问 Spark 的深度学习代码，这些代码可以用来回答类似问题，也可以在调整后回答稍有不同的问题。你还将学习如何用 Spark 对数据进行流处理和集群处理。一旦掌握了基础知识，你将探索如何使用 TensorFlow 和 Keras 等流行库，如卷积神经网络、循环神经网络和长短期记忆网络，在 Spark 中实现和部署深度学习模型。最后，这是一本旨在教授如何在 Spark 中实际应用模型的指南，所以我们不会深入讨论本书使用的模型背后的理论和数学知识。

在本书的最后，你将拥有在 Apache Spark 上部署高效深度学习模型的专业知识。

本书的读者对象

本书适用于对机器学习和大数据概念有基本了解的人，以及希望通过自上而下而非自下而上的方法来扩展已有知识的人。本书以即学即用的方式进行讲解，任何没有编程经验的人，即使是没有使用过 Python 语言的人，都可以按照提示逐步地轻松实现本书中的算法。本书中的大多数代码都是简单易懂的，每个代码块执行一个特定的功能，或者执行挖掘、转换和将数据拟合到深度学习模型中的操作。

本书旨在通过介绍有趣的项目（如股票价格预测）为读者提供实践经验的同时，让读者对深度学习和机器学习概念有更深入的理解。这可能以提供在线资源链接的方式展现，如已发表的论文、教程和指南，它贯穿本书的每一章。

本书包括哪些内容

第 1 章：为深度学习开发设置 Spark。本章包括在虚拟 Ubuntu 桌面环境下设置 Spark 开发所需的所有内容。

第 2 章：在 Spark 中创建神经网络。本章介绍了从头开始开发神经网络而不使用任何深度学习库（如 TensorFlow 或 Keras）的过程。

第 3 章：卷积神经网络的难点。本章介绍了图像识别中与卷积神经网络相关的一些难点，以及解决问题的方法。

第 4 章：循环神经网络的难点。本章介绍了前馈神经网络和递归神经网络。我们描述了循环神经网络的一些难点，以及如何使用 LSTM 解决它们。

第 5 章：用 Spark 机器学习预测消防部门呼叫。我们将使用 Spark 机器学习开发一个分类模型，用于预测来自旧金山市消防部门的呼叫。

第 6 章：在生成网络中使用 LSTM。本章给出了一种使用小说或大型文本语料库作为输入数据来定义和训练 LSTM 模型的实用方法,同时还使用训练模型生成自己的输出序列。

第 7 章：使用 TF-IDF 进行自然语言处理。本章介绍了分类聊天机器人对话数据升级的步骤。

第 8 章：使用 XGBoost 进行房地产价值预测。本章重点介绍了如何使用金斯县房屋销售数据集来训练一个简单的线性模型，并使用它来预测房价，然后使用一个稍微复杂的模型来做同样的事情并提高预测的准确度。

第 9 章：使用长短期记忆单元预测苹果公司股票的市场价格。本章的重点是使用 Keras 中的 LSTM 创建深度学习模型，以预测苹果公司股票的市场价格。

第 10 章：使用深度卷积网络进行人脸识别。本章利用 10 个不同受试者的面部图像的 MIT-CBCL 数据集来训练和测试深度卷积神经网络模型。

第 11 章：使用 Word2Vec 创建和可视化单词向量。本章重点关注向量在机器学习中的重要性，并指导用户利用谷歌的 Word2Vec 模型训练不同的模型，并可视化小说中产生的单词向量。

第 12 章：使用 Keras 创建电影推荐引擎。本章专注于为使用深度学习库 Keras 的用户构建电影推荐引擎。

第 13 章：使用 TensorFlow 在 Spark 中进行图像分类。本章专注于利用迁移学习来认识世界知名足球运动员克里斯蒂亚诺·罗纳尔多和里奥·梅西。

如何更好地利用本书

1. 利用书中提供的链接可以更好地理解本书中使用的一些术语。
2. 互联网是当今世界上最大的大学。观看 YouTube、Udemy、edX、Lynda 和 Coursera 等网站提供的有关各种深度学习和机器学习概念的视频。
3. 若仅翻看这本书容易忘记知识点，那么可以在阅读本书时实际执行每一步操作。建议你在浏览每一步操作时打开 Jupyter Notebook，这样就可以在阅读本书时实践每一步操作，同时检查你从每个步骤获得的输出。
4. 本书提供的额外参考资料请访问 http://www.broadview.com.cn/37882 进行下载，如正文中标有参见“链接 1”“链接 2”等字样时，即可从上述网站下载的“参考资料.pdf”文件中进行查询。

下载示例代码文件

你可以从你的账户下载本书的示例代码文件，地址参见链接 1。如果你在其他地方购买了本书，则可以访问链接 2 并通过电子邮件的方式进行注册。

可以按照以下步骤下载示例代码文件。

1. 在链接 3 所示的网址处登录或注册。
2. 选择 **Support** 链接。
3. 单击 **Code Downloads & Errata** 选项。
4. 在 **Search** 框中输入书名，然后按照屏幕上的说明进行操作。

下载文件后，请确保使用最新版本的解压缩软件解压缩文件或文件夹。

- Windows 系统使用 WinRAR/7-Zip。
- Mac 系统使用 Zipeg/iZip/UnRarX。

- Linux 系统使用 7-Zip/PeaZip。

本书的代码包也托管在 GitHub 上；如果代码有更新，则将在现有的 GitHub 存储库上更新：

链接4

我们还提供了丰富的书籍和视频，单击以下链接可进行查看：

链接5

本书的文本约定

本书中使用了许多文本约定。

等宽字体：文本中的代码、数据库表名、文件夹名、文件名、文件扩展名、路径名、虚拟网址、用户输入和 Twitter 句柄均使用等宽字体。下面是一个示例："保存在工作目录中的 `trained` 文件夹下"。

一个代码段如下：

```
print('Total Rows')
df.count()
print('Rows without Null values')
df.dropna().count()
print('Row with Null Values')
df.count()-df.dropna().count()
```

任何命令行的输入或输出都写成了如下的样子：

```
nltk.download("punkt")
nltk.download("stopwords")
```

加粗：表示你在屏幕上看到的新术语、重要单词。例如，菜单或对话框中的选项名称。下面是一个示例："右键单击页面，然后单击 **Save As...**"。

此图标表示警告或重要说明。

此图标表示提示和技巧。

部分

在本书中，你会发现经常出现这样几个标题：准备、实现、说明、扩展、其他，它们的含义如下所示。

准备

本部分将告诉你在操作中需要做什么，并描述如何设置操作所需的软件或初始设置。

实现

本部分包含该操作所需的步骤。

说明

本部分通常包含对“实现”部分中发生的事情的详细说明。

扩展

本部分包含关于操作的附加信息，以便你对操作有更多的了解。

其他

本部分提供了有关操作的其他有用信息链接。

读者服务

微信扫码回复：37882

- 获取博文视点学院 20 元付费内容抵扣券
- 获取本书参考资料中的配套链接
- 获取更多技术专家分享的视频与学习资源
- 加入读者交流群，与更多读者互动

目录

1

为深度学习开发设置 Spark

本章将涵盖以下步骤：

- 下载 Ubuntu 桌面映像
- 在 macOS 中使用 VMWare Fusion 安装和配置 Ubuntu
- 在 Windows 中使用 Oracle VirtualBox 安装和配置 Ubuntu
- 为谷歌云平台安装和配置 Ubuntu 桌面端
- 在 Ubuntu 桌面端安装和配置 Spark
- 集成 Jupyter Notebook 与 Spark
- 启动和配置 Spark 集群
- 停止 Spark 集群

介绍

深度学习是机器学习算法的研究重点，它将神经网络作为主要的学习方法。在过去几年中，深度学习爆发式地发展并进入人们的视野。微软、谷歌、脸书、亚马逊、苹果、特斯拉和其他公司都在他们的应用程序、网站和产品中使用深度学习模型。在同一时间，Spark 作为一个运行在大数据源上的内存计算引擎，使得用创纪录般的速度处理大量信息变得容易可行。事实上，Spark 现已成为数据工程师、机器学习工程师和数据科学家使用的主要的大数据开发工具。

由于深度学习模型在拥有更多数据的情况下表现得更好，因此 Spark 和深度学习协同使用效果更佳。能够实现最佳开发的工作环境与用于执行深度学习算法的代码几乎同样重要。许多有才华的人都渴望建立神经网络来帮助他们回答研究中的重要问题。不幸的是，深度学习模型发展的最大障碍之一是获取大数据所需的必要技术资源。本章的目的是为 Spark 创建一个用于深度学习的理想虚拟开发环境。

下载 Ubuntu 桌面映像

Spark 可以在所有类型的操作系统上进行设置，无论它们是在本地还是在云端。为了方便，我们选择将 Spark 安装在基于 Linux 的虚拟机上，并以 Ubuntu 作为操作系统。使用 Ubuntu 作为移动虚拟机有几个优点，其中最重要的是成本低。由于它们是基于开源的软件，因此 Ubuntu 操作系统可以免费使用，不需要许可。成本始终是一种考虑因素，本书的主要目标之一是最大程度地减少在 Spark 框架上进行深度学习所需的经济支出。

准备

这里有一些关于下载的映像文件所需最低要求的建议：

- 至少 2 GHz 的双核处理器
- 至少 2 GB 的系统内存
- 至少 25 GB 的可用硬盘空间

实现

按照以下步骤下载 Ubuntu 桌面映像。

1. 为了创建 Ubuntu 桌面端虚拟机，首先要从官方网站下载文件：

   链接6

2. 在撰写本书时，Ubuntu 桌面端的最新版本是 16.04.3。
3. 下载完成后，以`.iso`格式访问以下文件：

   ```
   ubuntu-16.04.3-desktop-amd64.iso
   ```

说明

虚拟环境通过隔离与物理或主机的关系来提供最佳的开发工作环境。开发人员可以使用各种类型的设备来运行主机环境，例如运行 macOS 的 MacBook，运行 Windows 的 Microsoft Surface，甚至是使用 Microsoft Azure 或 AWS 的云虚拟机。但是，为了确保执行代码输出的一致性，在这里将部署可以在各种主机平台之间使用和共享的 Ubuntu 桌面端的虚拟环境。

扩展

桌面虚拟化软件有多种选择，具体取决于主机环境是 Windows 还是 macOS。使用 macOS 时，有两种常见的虚拟化软件应用程序：

- VMWare Fusion
- Parallels

其他

要了解有关 Ubuntu 桌面端的更多信息，你可以访问链接 7。

在 macOS 中使用 VMWare Fusion 安装和配置 Ubuntu

本节将重点介绍如何使用带有 **VMWare Fusion** 的 Ubuntu 操作系统构建虚拟机。

准备

你的系统需要先安装好 VMWare Fusion。如果你目前没有安装此虚拟机，可以从 VMWare 官网下载试用版。

实现

按照以下步骤在 macOS 上使用 VMWare Fusion 配置 Ubuntu：

1. 启动并运行 VMWare Fusion 后，单击左上角的“+”按钮开始配置过程，并选择 **New...**项，如下图所示：

2. 完成以上选择后，再选择 **Install from disc or image** 选项，如下图所示：

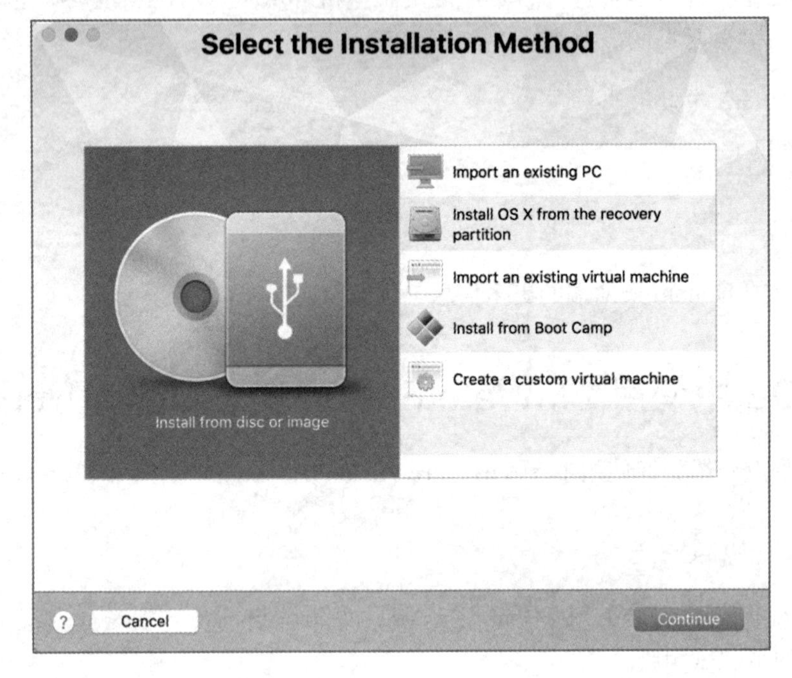

3. 选择从 Ubuntu 网站下载的操作系统的 `iso` 文件，如下图所示：

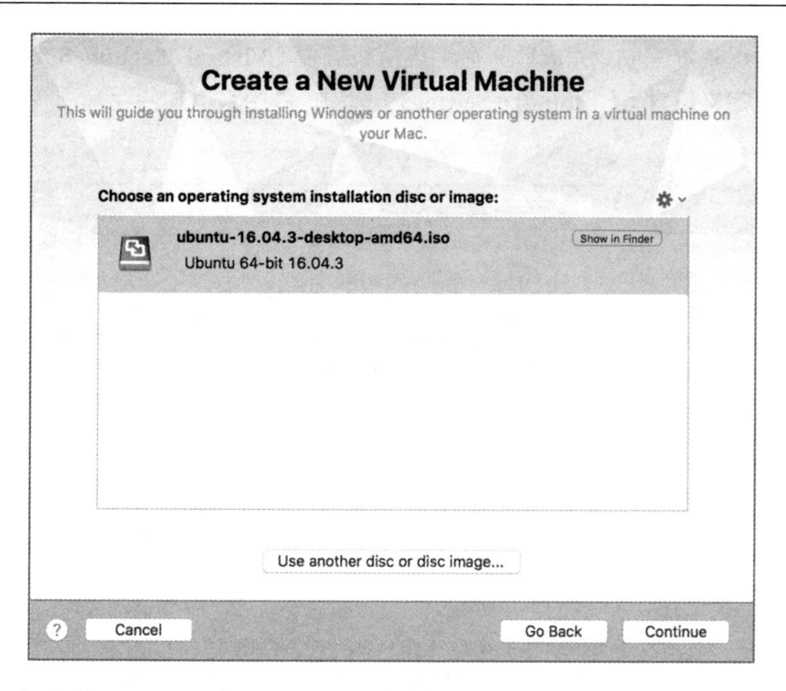

4. 下一步将询问是否要选择 Linux Easy Install。建议选择，同时填写包括 Ubuntu 环境的**显示名称/密码**组合，如下图所示：

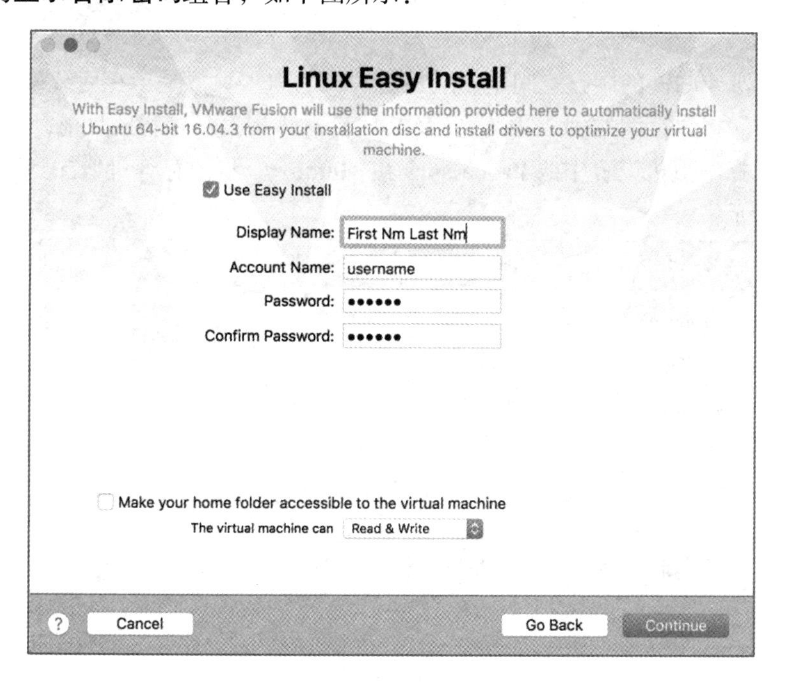

5. 配置过程基本完成。完成后将显示**虚拟机摘要**（**Virtual Machine Summary**），其中包含**自定义设置**（**Customize Settings**）选项，可用来增加内存和硬盘容量值，如下图所示：

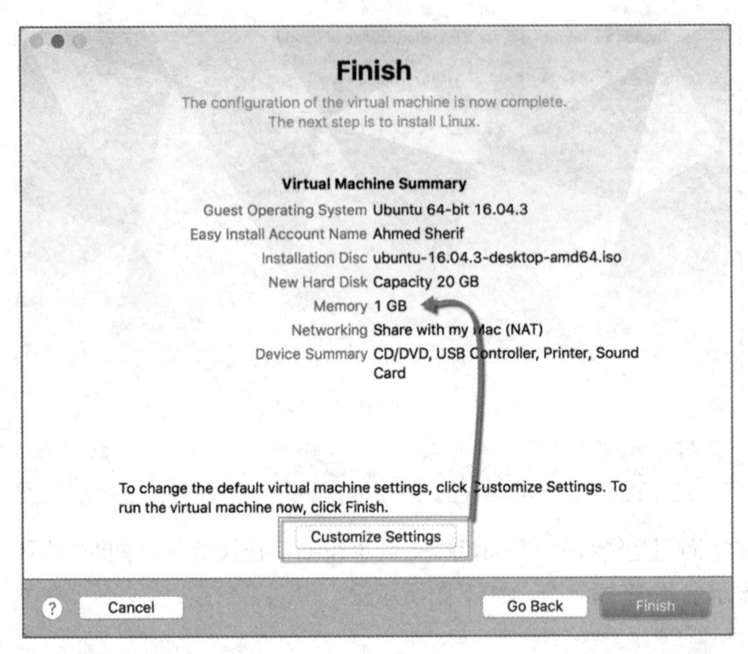

6. 20GB 到 40GB 的硬盘空间足以满足虚拟机的需求。但是，在后续章节执行 Spark 代码时，将内存增加到 2GB 甚至 4GB 将有助于提升虚拟机的性能。更新内存可以通过选择虚拟机设置中的 **Processors** 和 **Memory**，将内存容量增加到所需的量，如下图所示：

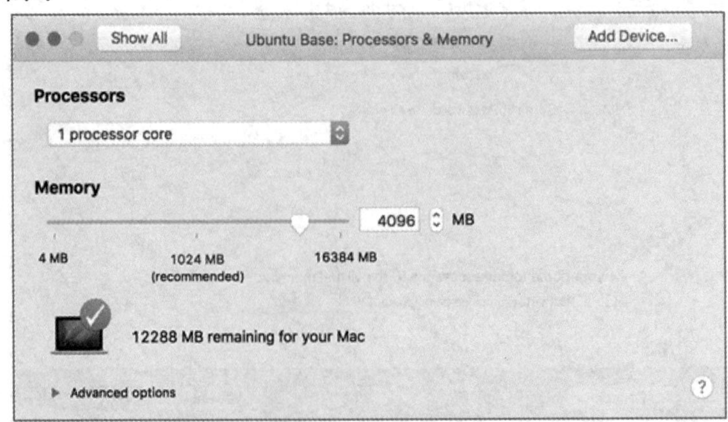

说明

该设置允许手动配置在 VMWare Fusion 上成功运行 Ubuntu 桌面端所需的设置。可以根据主机的需求和可用性来增加或减少内存和硬盘驱动器的容量。

扩展

剩下的就是首次启动虚拟机，从而启动将系统安装到虚拟机上的过程。完成所有设置并且登录后，Ubuntu 虚拟机便可用于开发了，如下图所示：

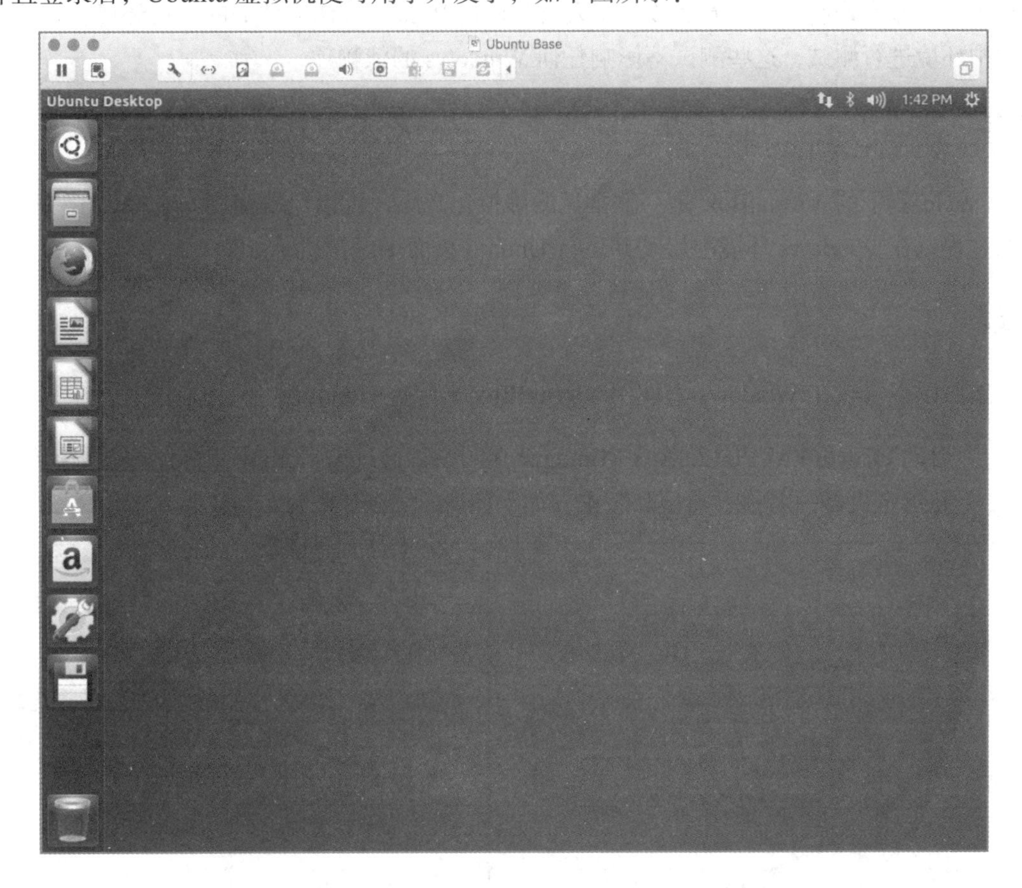

其他

除了 VMWare Fusion，还有另一款产品在 macOS 上提供类似的功能，它就是 Parallels Desktop for Mac。要了解有关 VMWare 和 Parallels 的更多信息，并确定哪个程序更适合你的开发，请访问以下网站：

- 从链接 8 下载和安装适合 macOS 的 VMWare Fusion。
- 从链接 9 下载和安装适合 macOS 的 Parallels Desktop。

在 Windows 中使用 Oracle VirtualBox 安装和配置 Ubuntu

与 macOS 不同，Windows 中有很多虚拟化系统的选项。这主要是因为在 Windows 中进行虚拟化非常普遍，因为大多数开发人员都使用 Windows 作为他们的主机环境，并且需要虚拟环境进行测试，这些测试不影响任何 Windows 的依赖项。

准备

Oracle 旗下的 VirtualBox 是一款常见的虚拟化产品，可以免费使用。它提供了一个简单的过程以在 Windows 环境中启动并运行 Ubuntu 桌面端虚拟机。

实现

按照以下步骤在 Windows 上使用 **VirtualBox** 来配置 Ubuntu：

1. 启动 **Oracle VM VirtualBox Manager**。接下来，通过单击 **New** 图标创建新虚拟机，并指定机器的名称、类型和版本，如下图所示：

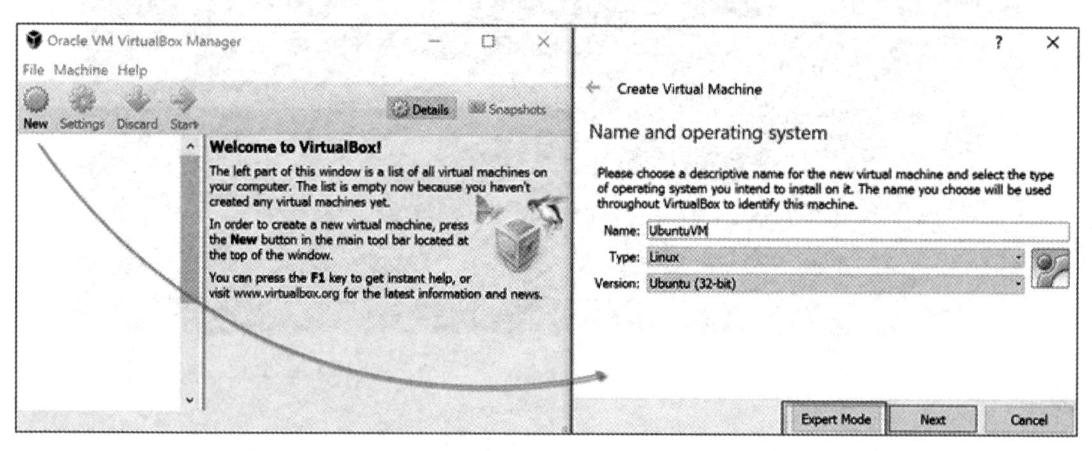

2. 单击 **Expert Mode** 按钮，可将几个配置步骤整合在一起，如下图所示：

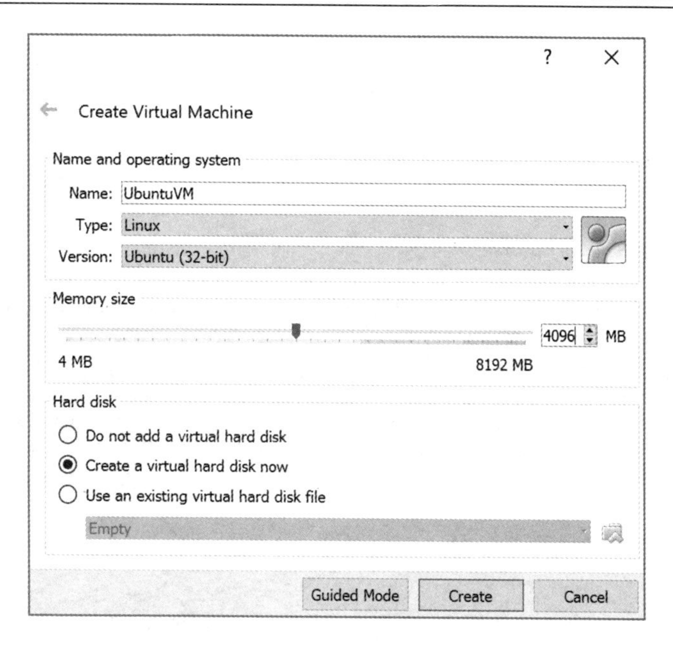

理想的内存大小应设置为至少 2048 MB，最好是 4096 MB，具体取决于主机上可用的资源。

3. 此外，执行深度学习算法的 Ubuntu 虚拟机的最佳硬盘大小应设置为至少 20 GB，如下图所示：

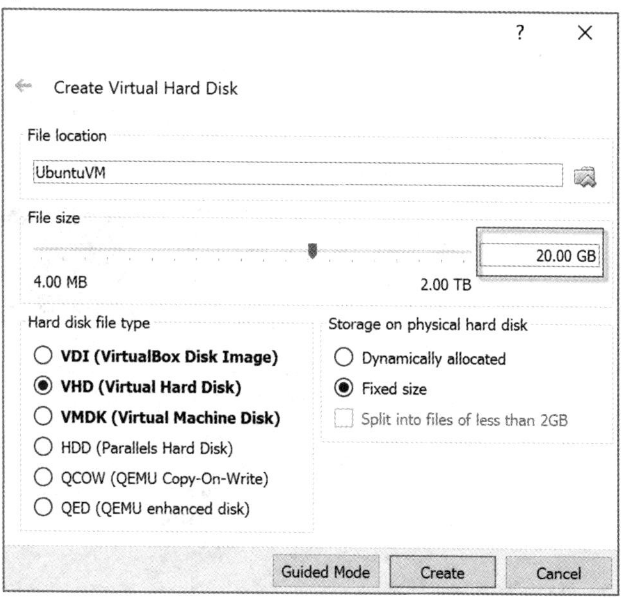

4. 将虚拟机管理器指向下载 Ubuntu iso 文件的启动磁盘位置，然后启动创建过程，如下图所示：

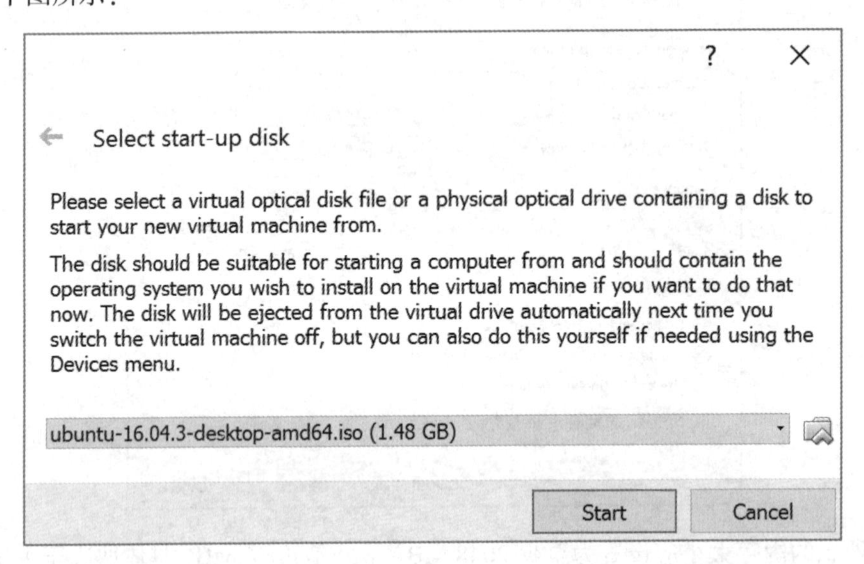

5. 安装需要等待一段时间，然后单击 Start 图标完成虚拟机的配置，并为开发做好准备，如下图所示：

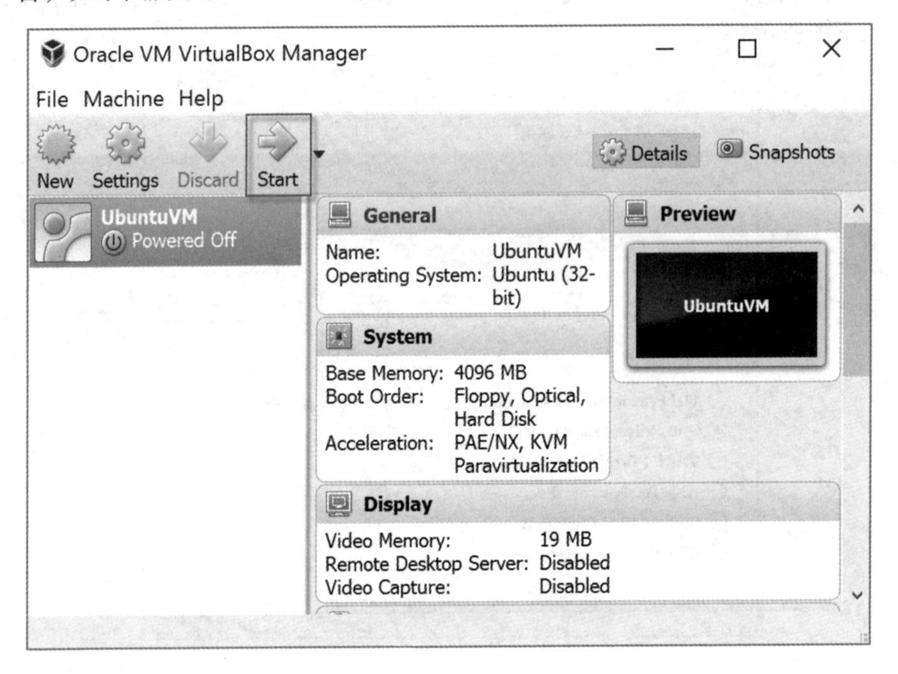

说明

安装过程中允许手动配置在 Oracle VirtualBox 上成功运行 Ubuntu 桌面端所需的设置。和 VMWare Fusion 的情况一样，我们可以根据需求和主机的可用性来增加或减少内存和硬盘驱动器的存储容量。

扩展

请注意，在默认情况下，某些运行微软 Windows 的计算机没有为虚拟化进行设置，用户可能会收到一个初始错误，指示 VT-x 未启用。出现这种情况时只需在重新启动时在 BIOS 中启用虚拟化即可。

其他

要了解有关 Oracle VirtualBox 的更多信息并确定它是否合适，请访问以下网站并选择 **Windows hosts** 以开始下载过程：

链接10

为谷歌云平台安装和配置 Ubuntu 桌面端

前面我们已了解了如何使用 VMWare Fusion 在本地设置 Ubuntu 桌面端。在本节中，我们将学习如何在**谷歌云平台**上执行相同的操作。

准备

唯一的要求是准备一个谷歌账户。首先，使用你的谷歌账户登录谷歌云平台。谷歌提供 12 个月的免费订阅并预存了 300 美元。设置过程中将询问你的银行账户详细信息；需要注意的是，谷歌不会在没有明确告知你之前收取任何费用。继续验证你的银行账户就可以开始下面的操作了。

实现

按照以下步骤为谷歌云平台配置 Ubuntu 桌面端：

1. 登录 **Google Cloud Platform** 后，访问如下图所示的控制面板：

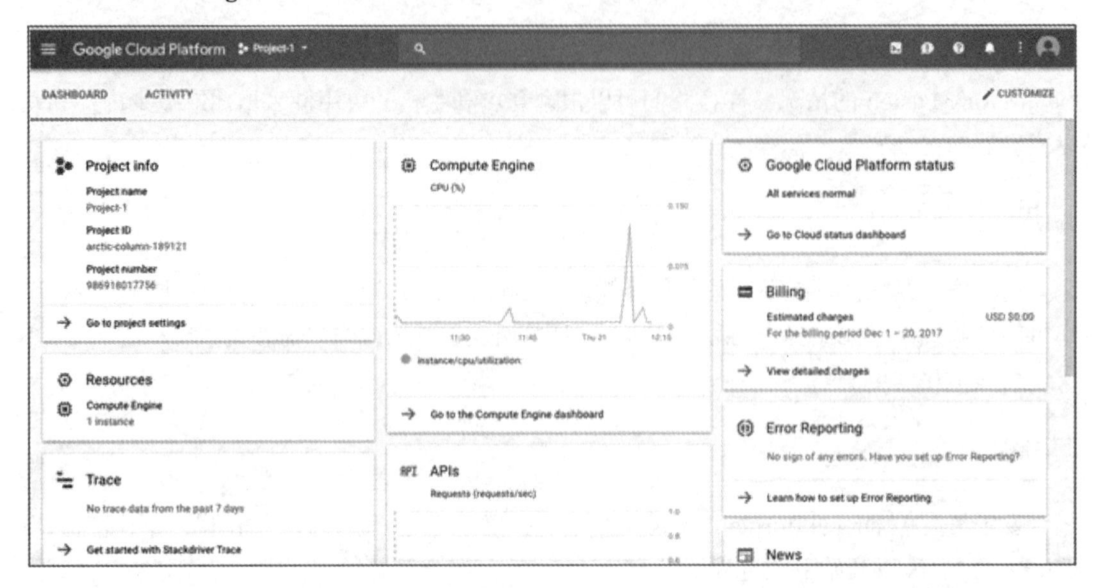

2. 首先，单击屏幕左上角的产品服务按钮。在下拉菜单中的 **Compute Engine** 项下，单击 **VM instances** 项，如下图所示：

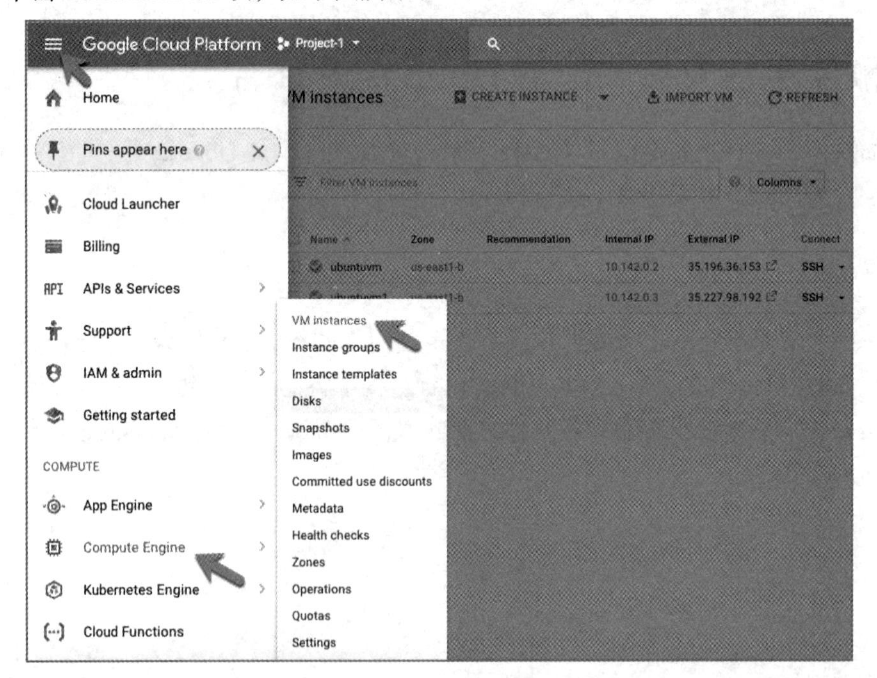

3. 创建一个新实例并为其命名。在我们的案例中将其命名为 `ubuntuvm1`。谷歌云服务在启动实例时将自动创建一个项目，该实例将在项目 ID 下启动。 如果需要，可以重命名这个项目。
4. 单击 **Create Instance** 后，选择你所在的区域。
5. 在引导磁盘下选择 **Ubuntu 16.04LTS**，因为这是将要安装在云中的操作系统。请注意，LTS 代表的是版本，它将获得 Ubuntu 开发人员的长期支持。
6. 接下来，在 **Boot disk type** 项下，选择 **SSD persistent disk**，并为实例增加一些存储空间，增至 50 GB，如下图所示：

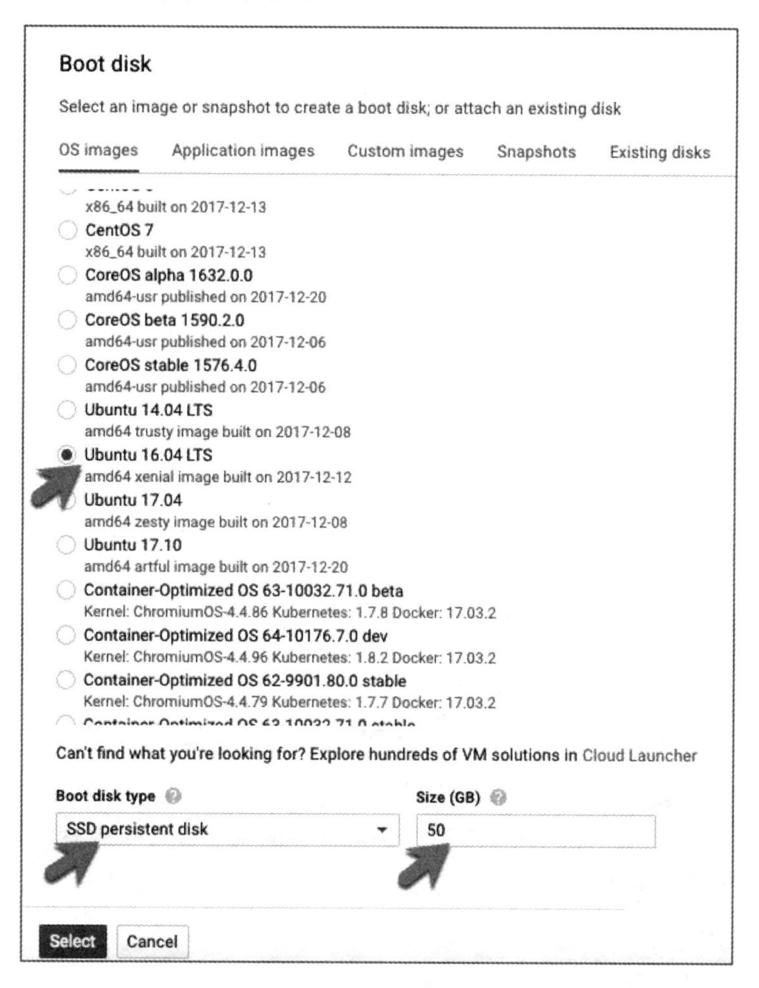

7. 接下来，将 **Access scopes** 设置为 **Allow full access to all Cloud APIs**。

8. 在防火墙下，请检查是否**允许接收 HTTP 流量以及 HTTPS 流量**，如下图所示：

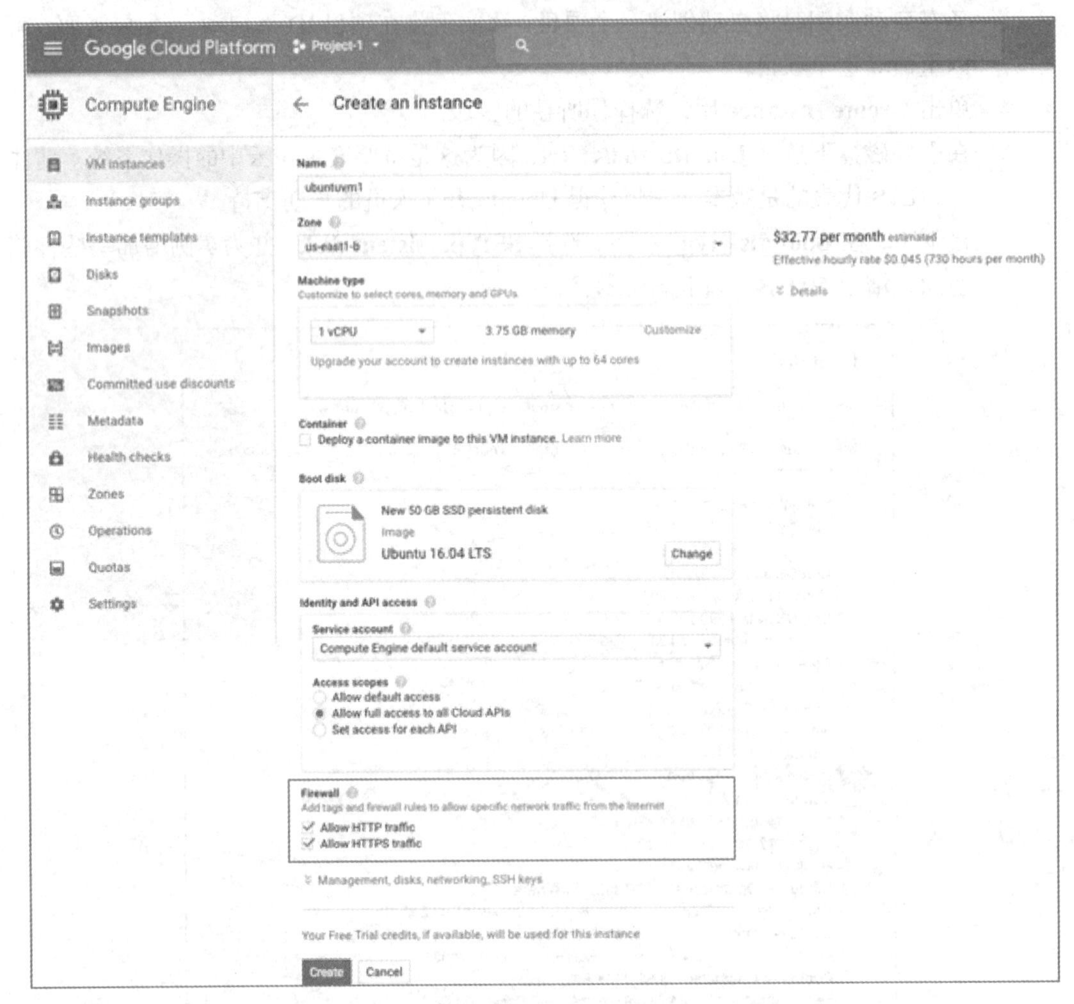

9. 按照本节所示配置实例之后，可单击 **Create** 按钮继续创建实例。

单击 **Create** 按钮后，你将注意到，该实例是使用唯一的内部和外部 IP 地址创建的。我们将在稍后阶段要求这样做。SSH 指的是安全外壳隧道，它是一种常见的客户端-服务器体系结构中的通信加密方式。在这里可以将 SSH 视为笔记本电脑和谷歌云服务器之间的数据传输加密隧道。

10. 单击新创建的实例。从下拉菜单中，单击 **Open in browser window**，如下图所示：

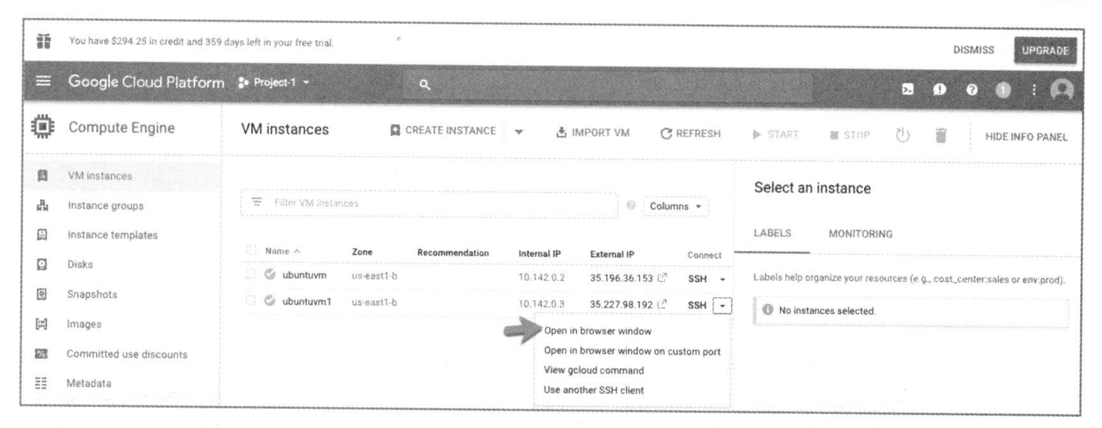

11. 你会看到谷歌在新窗口中打开了一个 shell/终端，如下图所示：

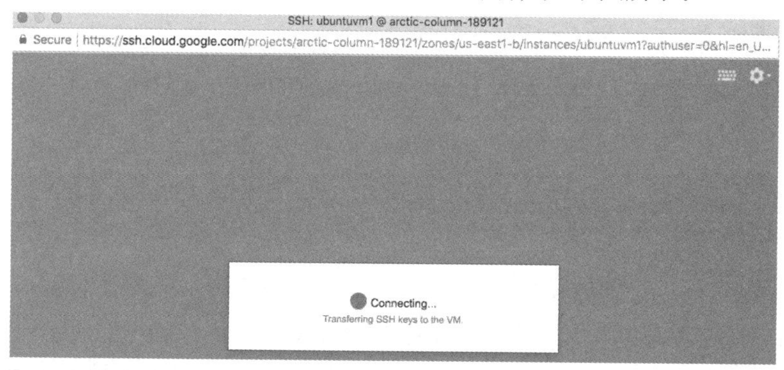

12. 一旦打开了 shell，你应该会看到如下图所示的窗口：

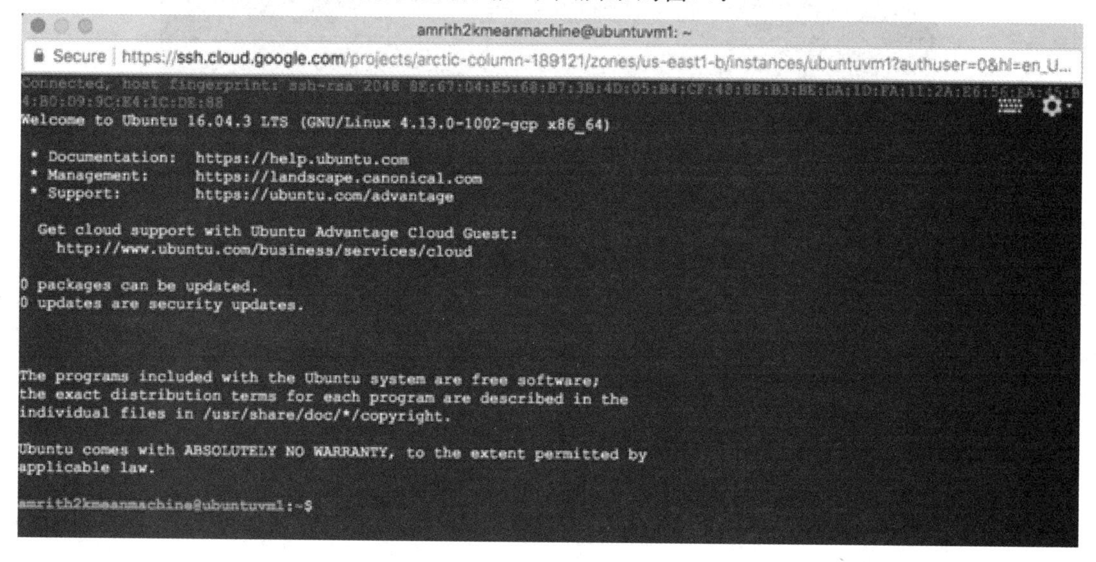

13. 在谷歌云 shell 中输入以下命令：

```
$ sudo apt-get update
$ sudo apt-get upgrade
$ sudo apt-get install gnome-shell
$ sudo apt-get install ubuntu-gnome-desktop
$ sudo apt-get install autocutsel
$ sudo apt-get install gnome-core
$ sudo apt-get install gnome-panel
$ sudo apt-get install gnome-themes-standard
```

14. 当出现是否继续的提示时，请输入 Y 并按下**回车键**，如下图所示：

```
After this operation, 869 MB of additional disk space will be used.
Do you want to continue? [Y/n] y
```

15. 完成上述步骤后，输入以下命令以设置 vncserver 并允许连接到本地 shell：

```
$ sudo apt-get install tightvncserver
$ touch ~/.Xresources
```

16. 接下来，输入以下命令启动服务器：

```
$ tightvncserver
```

17. 输入指令后，系统将提示你输入密码，该密码稍后将用于登录 Ubuntu 桌面端的虚拟机。此密码限制为 8 个字符，需要进行设置和验证，如下图所示：

```
amrith2kmeanmachine@ubuntuvm1:~$ vncserver

You will require a password to access your desktops.

Password:
Verify:
Would you like to enter a view-only password (y/n)? n
```

18. shell 自动生成启动脚本，如下图所示。可以通过以下方式复制和粘贴其路径来访问和编辑该启动脚本：

```
xauth:  file /home/amrith2kmeanmachine/.Xauthority does not exist

New 'X' desktop is ubuntuvm1:1

Creating default startup script /home/amrith2kmeanmachine/.vnc/xstartup
Starting applications specified in /home/amrith2kmeanmachine/.vnc/xstartup
Log file is /home/amrith2kmeanmachine/.vnc/ubuntuvm1:1.log

amrith2kmeanmachine@ubuntuvm1:~$ vim /home/amrith2kmeanmachine/.vnc/xstartup
```

19. 在此，查看和编辑脚本的命令是：

```
:~$ vim /home/amrith2kmeanmachine/.vnc/xstartup
```

这个路径可能在每种情况下都不同，请确保你设置了正确的路径。vim 命令可在 macOS 上的文本编辑器中打开脚本。

本地 shell 生成了启动脚本和日志文件。启动脚本需要在文本编辑器中打开和编辑，这将在后面进行讨论。

20. 输入 vim 命令后，带有启动脚本的屏幕与下图类似：

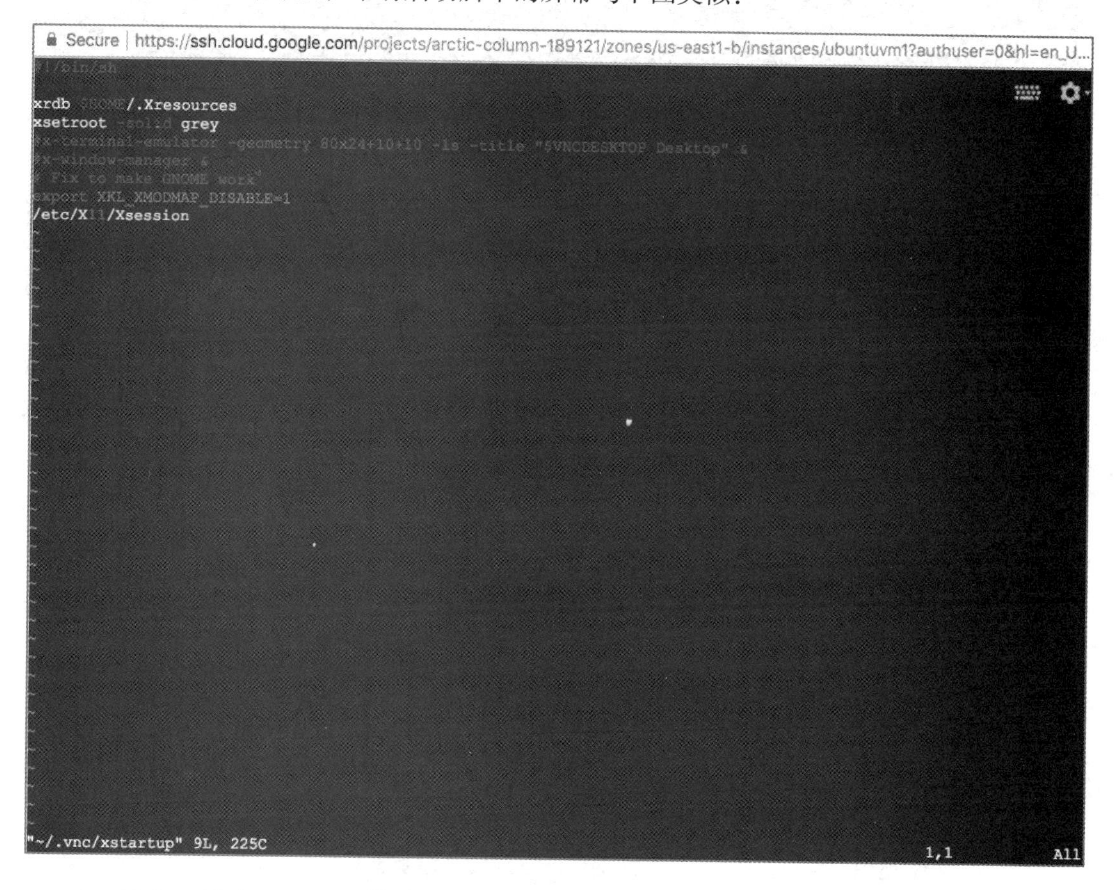

21. 输入 i 进入 INSERT 模式。接下来，删除启动脚本中的所有文本。如下图所示：

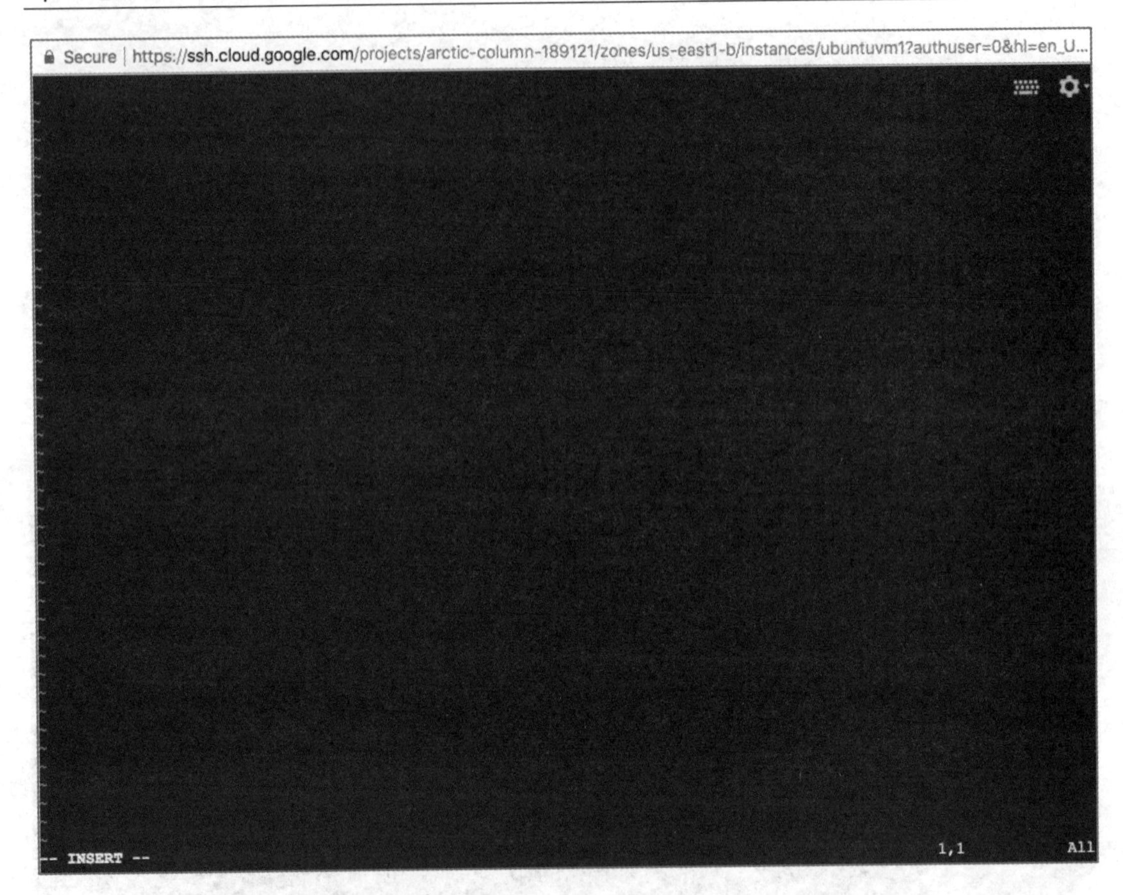

22. 将以下代码复制并粘贴到启动脚本中：

```
#!/bin/sh
autocutsel -fork
Xrdb $HOME/.Xresources
xsetroot -solid grey
Export XKL_XMODMAP_DISABLE=1
export XDG_CURRENT_DESKTOP="GNOME-Flashback:Unity"
export XDG_MENU_PREFIX="gnome-flashback-"
unset DBUS_SESSION_BUS_ADDRESS
gnome-session --session=gnome-flashback-metacity --disable-
acceleration-check --debug &
```

23. 该脚本应该出现在编辑器中，如下图所示：

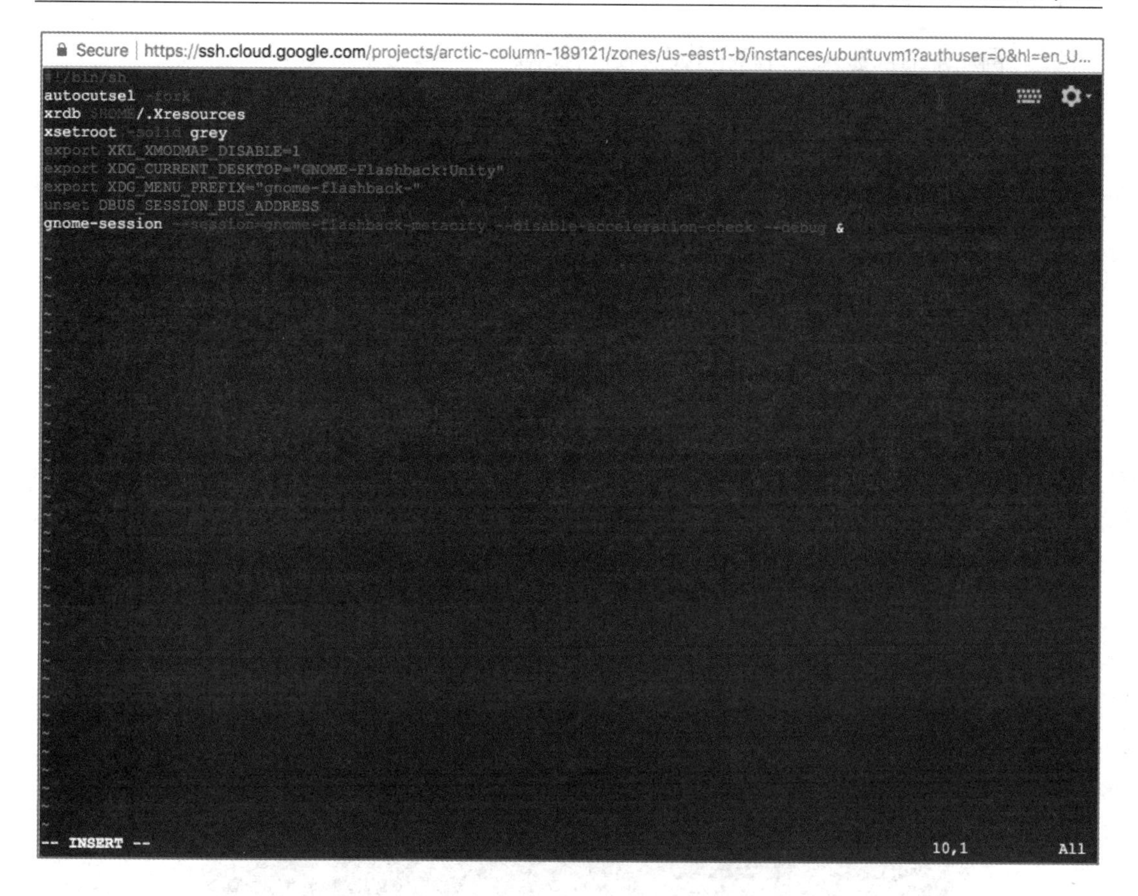

24. 按 **Esc** 退出 `INSERT` 模式，输入`:wq`来写入并退出文件。
25. 配置启动脚本后，在谷歌 shell 中输入以下命令来终止服务器并保存更改：

```
$ vncserver -kill :1
```

26. 这个命令会产生一个进程 ID，如下图所示：

```
amrith2kmeanmachine@ubuntuvm1:~$ vncserver -kill :1
Killing Xtightvnc process ID 9831
amrith2kmeanmachine@ubuntuvm1:~$
```

27. 输入以下命令再次启动服务器：

```
$ vncserver -geometry 1024x640
```

接下来的一系列步骤将侧重于保护从本地主机进入谷歌云实例的外壳隧道。在本地 shell/终端上输入任何内容之前，请确保已安装谷歌云。如果尚未安装，请按照以下网站上的快速入门指南中的说明进行操作：

链接11

28. 安装好谷歌云后，打开机器上的终端，输入以下命令连接到谷歌云的计算实例：

```
$ gcloud compute ssh \
YOUR INSTANCE NAME HERE \
--project YOUR PROJECT NAME HERE \
--zone YOUR TIMEZONE HERE \
--ssh-flag "-L 5901:localhost:5901"
```

29. 确保在上述命令中正确指定了实例名称、项目 ID 和区域。按**回车键**后，本地 shell 上的输出更改如下图所示：

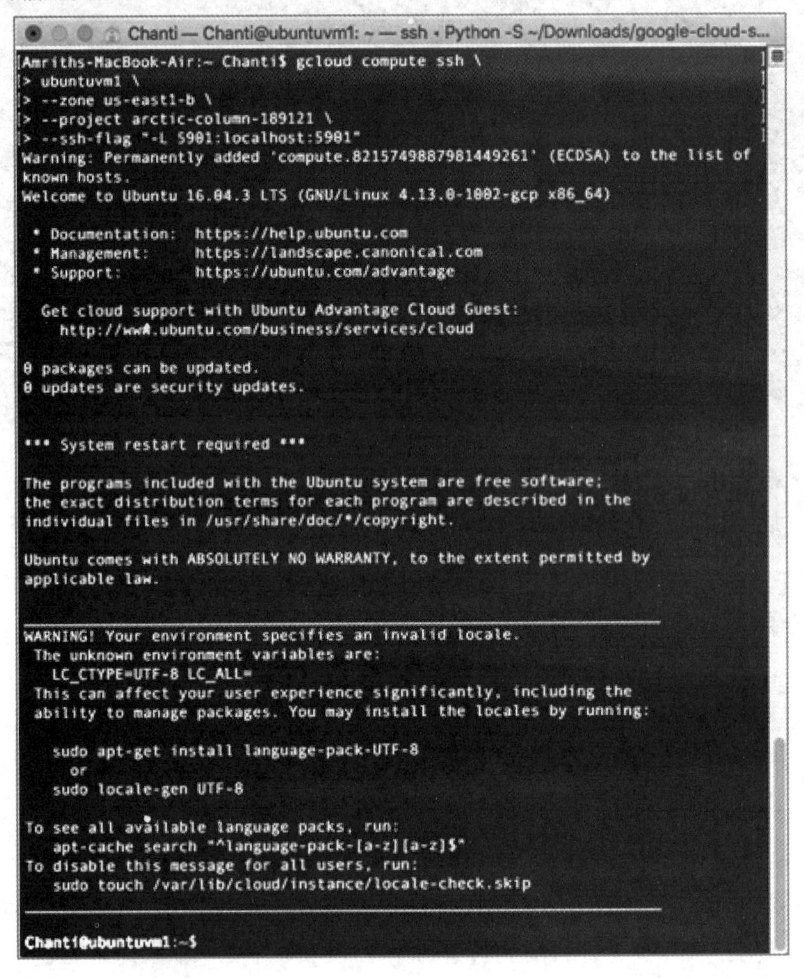

30. 一旦实例名称后有“`:~$`”，这就意味着在本地主机/笔记本电脑和谷歌云实例之间已成功建立连接。成功通过 SSH 连接到实例后，我们需要一款名为 **VNC Viewer** 的软件，用来查看已在谷歌云 Compute 引擎上成功设置的 Ubuntu 桌面端并可与之交互。以下几个步骤将讨论如何实现这一目标。
31. 可以使用以下链接下载 VNC Viewer：

    链接 12
32. 安装完成后，单击打开 VNC Viewer，在搜索栏中输入 `localhost::5901`，如下图所示：

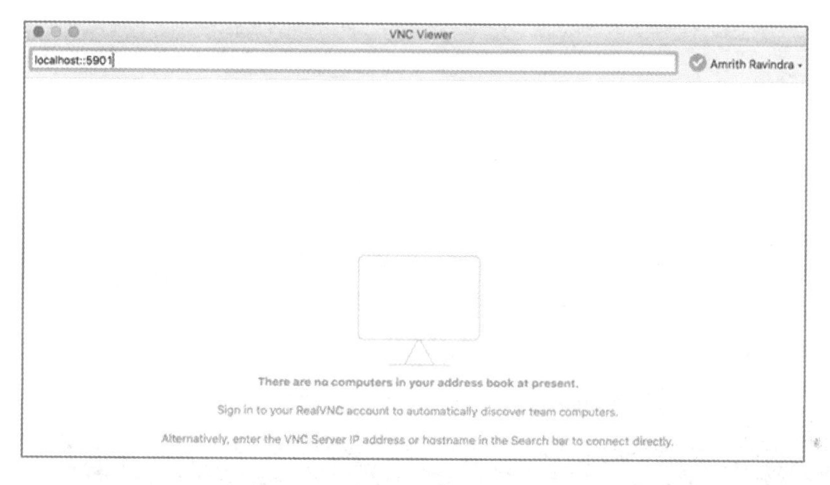

33. 接下来，在出现如下图所示的屏幕提示时单击 **Continue** 按钮：

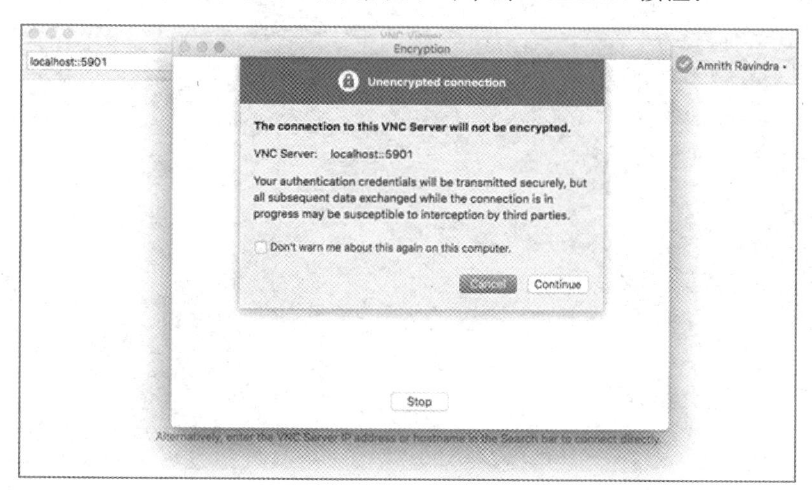

34. 将提示你输入虚拟机的密码。输入你在第一次启动 `tightvncserver` 命令时设置的密码，如下图所示：

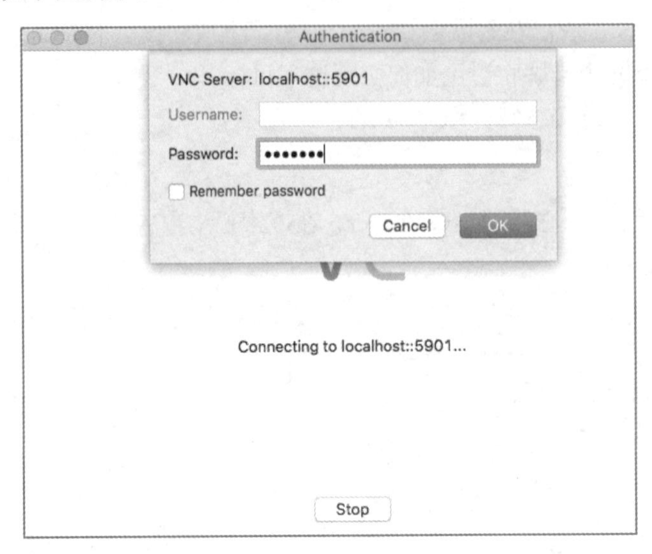

35. 你最终将进入谷歌云计算上的 Ubuntu 虚拟机桌面。在 VNC Viewer 上查看时，你的 Ubuntu 桌面的界面如下图所示：

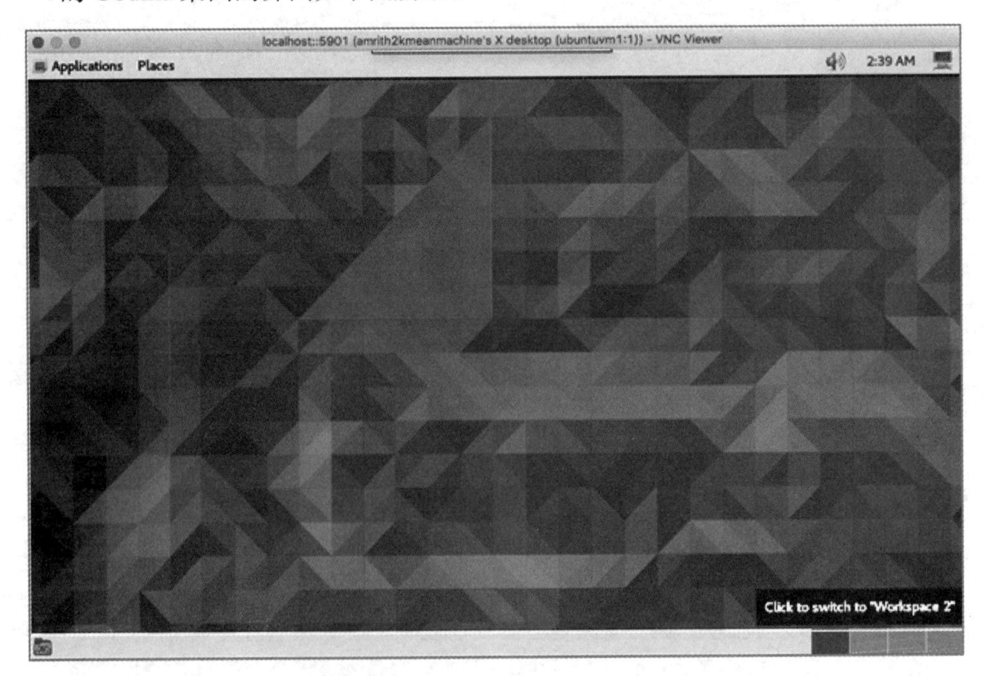

说明

你现在已成功设置了 VNC Viewer，它与 Ubuntu 虚拟机进行交互。谷歌云实例未在使用时，建议暂停或关闭，以免产生额外费用。对于可能无法获得具有高内存和存储的物理资源的开发人员而言，云方法是最佳选择。

扩展

虽然我们讨论了用谷歌云作为 Spark 的云选项，但也可以在以下云平台上使用 Spark：

- Microsoft Azure
- Amazon Web Services

其他

若想了解更多关于谷歌云平台的信息，并注册免费订阅，请访问以下网站：

链接13

在 Ubuntu 桌面端安装和配置 Spark

在 Spark 可以启动并运行之前，需要在新创建的 Ubuntu 桌面端安装一些必要的软件。本节将重点介绍如何在 Ubuntu 桌面端安装和配置以下内容：

- Java 8 或更高版本
- Anaconda
- Spark

准备

本节的唯一要求是拥有在 Ubuntu 桌面端安装应用程序的权限。

实现

本节将介绍在 Ubuntu 桌面端安装 Python 3、Anaconda 和 Spark 的步骤。

1. 通过 **terminal**（**终端**）应用程序在 Ubuntu 上安装 Java。我们可以通过搜索应用程序找到它，然后将其锁定到左侧的启动器，如下图所示：

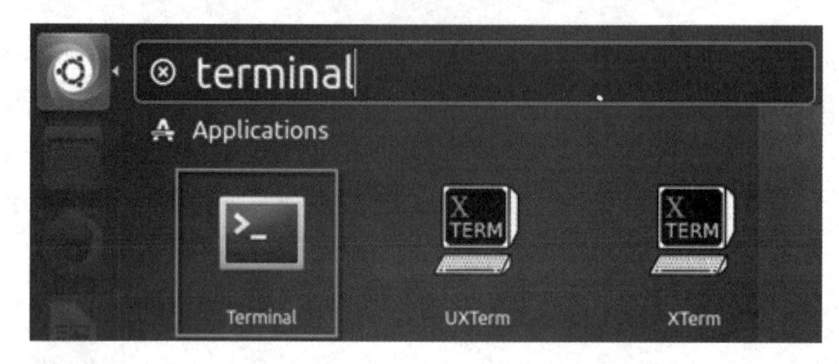

2. 通过终端执行以下命令让虚拟机执行 Java 的初始测试：

```
java -version
```

3. 在终端上执行以下 4 个命令以安装 Java：

```
sudo apt-get install software-properties-common
$ sudo add-apt-repository ppa:webupd8team/java
$ sudo apt-get update
$ sudo apt-get install oracle-java8-installer
```

4. 在接受 Oracle 的必要许可协议后，通过终端再次执行 `java -version`，在虚拟机上执行 Java 的二次测试。成功安装 Java 后将在终端中显示以下结果：

```
$ java -version
java version "1.8.0_144"
Java(TM) SE Runtime Environment (build 1.8.0_144-b01)
Java HotSpot(TM) 64-Bit Server VM (build 25.144-b01, mixed mode)
```

5. 接下来，安装最新版本的 Anaconda。当前版本的 Ubuntu 桌面端预装了 Python。虽然预装 Python 很方便，但安装的版本适用于 **Python 2.7**，如下面的输出所示：

```
$ python --version
Python 2.7.12
```

6. 目前，Anaconda 的最新版本是 v4.4，Python 3 的最新版本是 v3.6。下载后，使用以下命令访问 `Downloads` 文件夹以查看 Anaconda 安装文件：

```
$ cd Downloads/
~/Downloads$ ls
```

```
Anaconda3-4.4.0-Linux-x86_64.sh
```

7. 进入 `Downloads` 文件夹后，通过执行以下命令启动 Anaconda 的安装：

```
~/Downloads$ bash Anaconda3-4.4.0-Linux-x86_64.sh
Welcome to Anaconda3 4.4.0 (by Continuum Analytics, Inc.)
In order to continue the installation process, please review the license
agreement.
Please, press ENTER to continue
```

请注意，随着更新版本向公众发布，Anaconda 的版本以及任何其他安装的软件版本可能会有所不同。我们在本章和本书中使用的 Anaconda 的版本可以从链接 14 所示的网页进行下载。

8. 安装 Anaconda 后，重新启动 **terminal** 应用程序，通过 Anaconda 和在终端执行 `python --version` 命令来确认 Python 3 是默认的 Python 环境：

```
$ python --version
Python 3.6.1 :: Anaconda 4.4.0 (64-bit)
```

9. Python 2 版本在 Linux 下仍可用，但在执行脚本时需要显式调用，如以下命令所示：

```
~$ python2 --version
Python 2.7.12
```

10. 访问以下网站可开始 Spark 的下载和安装过程：

链接15

11. 选择下载链接。将以下文件下载到 Ubuntu 中的 `Downloads` 文件夹：

```
spark-2.2.0-bin-hadoop2.7.tgz
```

12. 通过执行以下命令在终端查看文件：

```
$ cd Downloads/
~/Downloads$ ls
spark-2.2.0-bin-hadoop2.7.tgz
```

13. 执行以下命令解压缩 tgz 文件：

```
~/Downloads$ tar -zxvf spark-2.2.0-bin-hadoop2.7.tgz
```

14. 使用 ls 再次查看 Downloads 目录，会显示 tgz 文件和解压缩的文件夹：

```
~/Downloads$ ls
spark-2.2.0-bin-hadoop2.7 spark-2.2.0-bin-hadoop2.7.tgz
```

15. 通过执行以下命令将解压缩的文件夹从 Downloads 文件夹移动到 Home 文件夹：

```
~/Downloads$ mv spark-2.2.0-bin-hadoop2.7 ~/
~/Downloads$ ls
spark-2.2.0-bin-hadoop2.7.tgz
~/Downloads$ cd
~$ ls
anaconda3 Downloads Pictures Templates
Desktop examples.desktop Public Videos
Documents Music spark-2.2.0-bin-hadoop2.7
```

16. 现在，spark-2.2.0-bin-hadoop2.7 文件夹已移至旧版本，可在左侧工具栏中选择 **Home** 图标查看，如下图所示：

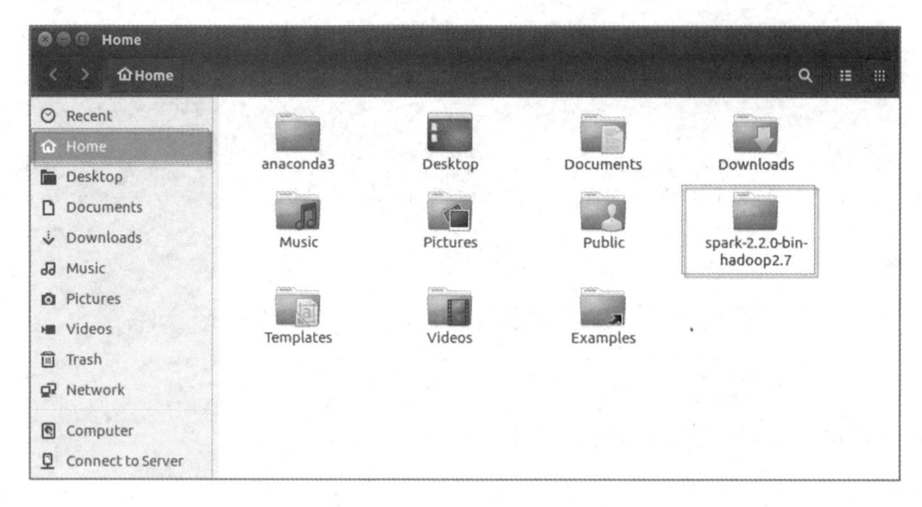

17. Spark 现已安装。通过在终端中执行以下脚本从终端启动 Spark：

```
~$ cd ~/spark-2.2.0-bin-hadoop2.7/
~/spark-2.2.0-bin-hadoop2.7$ ./bin/pyspark
```

18. 通过执行以下命令来进行最终测试以确保 Spark 在终端启动并运行，确保 `SparkContext` 在本地环境中驱动集群：

```
>>> sc
<SparkContext master=local[*] appName=PySparkShell>
```

说明

本节将解释 Python、Anaconda 和 Spark 的安装过程背后的原因。

1. Spark 在 Java 虚拟机（JVM）上运行，Java 软件开发工具包（SDK）是 Spark 在 Ubuntu 虚拟机上运行的必备安装。

为了让 Spark 在本地机器或集群中运行，需要安装 Java 6 或更高版本。

2. Ubuntu 建议使用 Java 的 `sudo apt install` 方法，因为它能确保下载的软件包是最新的。
3. 请注意，如果当前未安装 Java，那么终端中的输出将显示以下消息：

```
The program 'java' can be found in the following packages:
* default-jre
* gcj-5-jre-headless
* openjdk-8-jre-headless
* gcj-4.8-jre-headless
* gcj-4.9-jre-headless
* openjdk-9-jre-headless
Try: sudo apt install <selected package>
```

4. 虽然 Python 2 也很棒，但它现在被认为是传统的 Python，预计 2020 年被淘汰；因此，建议像本书一样，使用 Python 3 进行所有新的 Python 开发。过去，Spark 仅支持 Python 2，但现在，Spark 适用于 Python 2 和 3 这两个版本。安装 Python 3 以及许多依赖项和库的简便方法是通过 Anaconda 进行的。Anaconda 是 Python 的免费开源发行版，R. Anaconda 负责安装和维护 Python 中用于数据科学相关任务的许多最常见的包。
5. 在 Anaconda 的安装过程中，必须要满足以下条件。
   - Anaconda 的安装位置为：`/home/username/Anaconda3`。
   - Anaconda 的安装程序将 Anaconda3 的安装位置 `/home/username/.bashrc` 添加到 `PATH` 中。

6. 安装 Anaconda 后，下载 Spark。与 Python 不同，Spark 不会被预装在 Ubuntu 上，因此需要下载和安装。
7. 基于深度学习的开发目的，Spark 将选择以下首选项。
   - **Spark release**：**2.2.0**（Jul 11 2017）
   - **Package type**：预置 Apache Hadoop 2.7 及更高版本
   - **Download type**：直接下载
8. 成功安装 Spark 后，在命令行执行 Spark 后的输出应类似于下图中显示的内容：

```
asherif844@ubuntu: ~/spark-2.2.0-bin-hadoop2.7
asherif844@ubuntu:~/spark-2.2.0-bin-hadoop2.7$ ./bin/pyspark
Python 3.6.1 |Anaconda 4.4.0 (64-bit)| (default, May 11 2017, 13:09:58)
[GCC 4.4.7 20120313 (Red Hat 4.4.7-1)] on linux
Type "help", "copyright", "credits" or "license" for more information.
Using Spark's default log4j profile: org/apache/spark/log4j-defaults.properties
Setting default log level to "WARN".
To adjust logging level use sc.setLogLevel(newLevel). For SparkR, use setLogLeve
l(newLevel).
17/09/18 21:48:58 WARN NativeCodeLoader: Unable to load native-hadoop library fo
r your platform... using builtin-java classes where applicable
17/09/18 21:48:58 WARN Utils: Your hostname, ubuntu resolves to a loopback addre
ss: 127.0.1.1; using 172.16.88.133 instead (on interface ens33)
17/09/18 21:48:58 WARN Utils: Set SPARK_LOCAL_IP if you need to bind to another
address
17/09/18 21:49:07 WARN ObjectStore: Version information not found in metastore.
hive.metastore.schema.verification is not enabled so recording the schema versio
n 1.2.0
17/09/18 21:49:07 WARN ObjectStore: Failed to get database default, returning No
SuchObjectException
17/09/18 21:49:08 WARN ObjectStore: Failed to get database global_temp, returnin
g NoSuchObjectException
Welcome to
      ____              __
     / __/__  ___ _____/ /__
    _\ \/ _ \/ _ `/ __/  '_/
   /__ / .__/\_,_/_/ /_/\_\   version 2.2.0
      /_/

Using Python version 3.6.1 (default, May 11 2017 13:09:58)
SparkSession available as 'spark'.
>>>
```

9. 在初始化 Spark 时需要注意两点：Spark 位于 `Python 3.6.1 | Anaconda 4.4.0(64-bit) |` 框架下，并且 Spark 的标签是 2.2.0 版本。
10. 恭喜你！Spark 已成功安装在本地 Ubuntu 虚拟机上了。但如果让 Spark 的代码在 Jupyter Notebook 中执行会更好，尤其是对于深度学习。幸运的是，Jupyter 已经安装了本节前面执行的 Anaconda 发行版。

扩展

你可能会问，为什么我们不直接用 `pip install pyspark` 在 Python 中使用 Spark？Spark 以前的版本需要执行本节中的安装过程。从 2.2.0 版开始，Spark 开始允许通过 `pip` 方法直接安装。为了确保能够安装 Spark 并进行完全集成，我们在本节中使用了完整的安装方法，以防你使用的是 Spark 的早期版本。

其他

要了解有关 Jupyter Notebook 及其与 Python 集成的更多信息，请访问以下网站：

链接16

要了解有关 Anaconda 的更多信息并下载适用于 Linux 的版本，请访问以下网站：

链接17

集成 Jupyter Notebook 与 Spark

在第一次学习 Python 时，使用 Jupyter Notebook 作为交互式开发环境（IDE）是很有用的。这是 Anaconda 强大的主要原因之一。它完全集成了 Python 和 Jupyter Notebook 之间的所有依赖关系。使用 PySpark 和 Jupyter Notebook 也可以做到这一点。虽然 Spark 是用 Scala 编写的，但 PySpark 允许将代码转换为 Python 中的代码。

准备

本节中的大部分工作只需从终端访问`.bashrc` 脚本。

实现

在默认情况下，PySpark 未配置为在 Jupyter Notebook 中工作，但轻微调整`.bashrc` 脚本即可解决此问题。我们将在本节中介绍这些步骤。

1. 通过执行以下命令访问`.bashrc` 脚本：

```
$ nano .bashrc
```

2. 滚动到脚本的末尾应该显示最后修改的命令，该命令应该是 Anaconda 在上一节早期安装期间设置的 PATH。PATH 应如下所示：

```
# 通过Anaconda3 4.4.0安装程序添加
export PATH="/home/asherif844/anaconda3/bin:$PATH"
```

3. 在下面，Anaconda 安装程序添加的 PATH 可以包含一个自定义函数，该函数可以帮助设置 Spark 与 Anaconda3 的 Jupyter Notebook 进行通信。为了方便，我们将该函数命名为 sparknotebook。对于 sparknotebook()，配置应如下所示：

```
function sparknotebook()
{
export SPARK_HOME=/home/asherif844/spark-2.2.0-bin-hadoop2.7
export PYSPARK_PYTHON=python3
export PYSPARK_DRIVER_PYTHON=jupyter
export PYSPARK_DRIVER_PYTHON_OPTS="notebook"
$SPARK_HOME/bin/pyspark
}
```

4. 更新后的.bashrc 脚本在保存后应如下图所示：

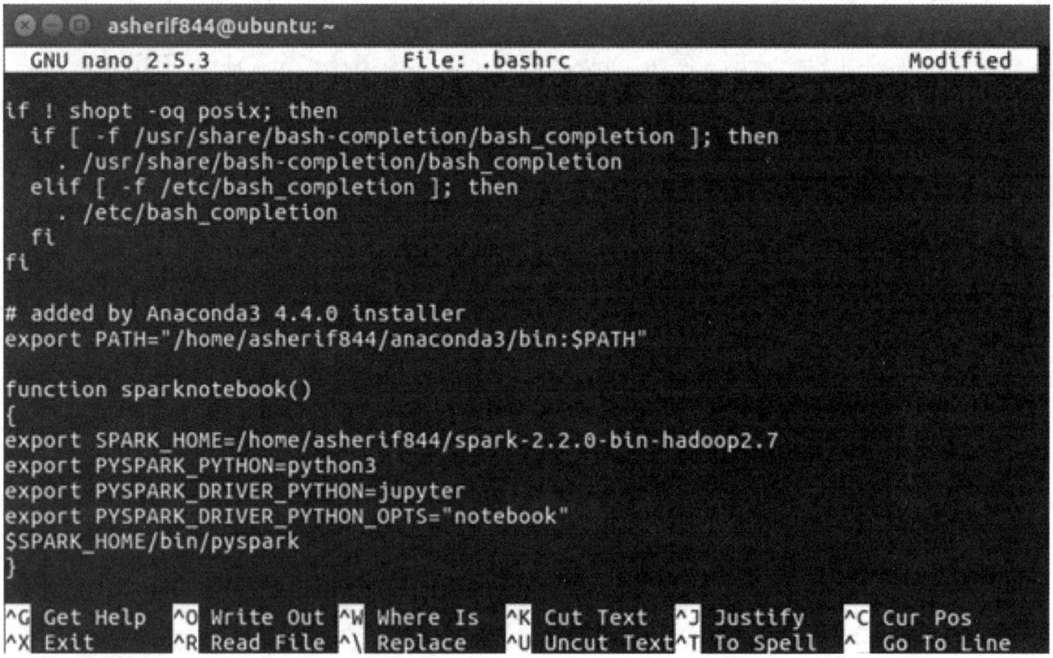

```
asherif844@ubuntu: ~
 GNU nano 2.5.3                File: .bashrc                          Modified

if ! shopt -oq posix; then
  if [ -f /usr/share/bash-completion/bash_completion ]; then
    . /usr/share/bash-completion/bash_completion
  elif [ -f /etc/bash_completion ]; then
    . /etc/bash_completion
  fi
fi

# added by Anaconda3 4.4.0 installer
export PATH="/home/asherif844/anaconda3/bin:$PATH"

function sparknotebook()
{
export SPARK_HOME=/home/asherif844/spark-2.2.0-bin-hadoop2.7
export PYSPARK_PYTHON=python3
export PYSPARK_DRIVER_PYTHON=jupyter
export PYSPARK_DRIVER_PYTHON_OPTS="notebook"
$SPARK_HOME/bin/pyspark
}

^G Get Help  ^O Write Out ^W Where Is  ^K Cut Text  ^J Justify   ^C Cur Pos
^X Exit      ^R Read File ^\ Replace   ^U Uncut Text^T To Spell  ^_ Go To Line
```

5. 保存并退出.bashrc 文件。建议通过执行以下命令向系统传达已更新.bashrc 文件并重新启动终端应用程序：

```
$ source .bashrc
```

说明

我们在本节中的目标是将 Spark 直接集成到 Jupyter Notebook 中，这样我们就不会在终端上进行开发，而是利用在 Notebook 中开发的优势。本节将介绍如何在 Jupyter Notebook 中进行 Spark 集成。

1. 我们将创建一个命令函数 `sparknotebook`，这样就可以从终端调用通过 Anaconda 安装的 Jupyter 笔记本打开 Spark 会话。这需要在 `.bashrc` 文件中进行两项设置：
   （1）将 PySpark Python 设置为 Python 3。
   （2）将 Python 的 PySpark 驱动程序设置为 Jupyter。
2. 现在可以通过执行以下命令直接从终端访问 `sparknotebook` 函数：

```
$ sparknotebook
```

3. 接下来，该函数通过默认的 Web 浏览器启动一个全新的 Jupyter Notebook 会话。在具有 `.ipynb` 扩展名的 Jupyter Notebook 中，可以通过单击右侧的 **New** 按钮并在 **Notebook** 下选择 **Python 3** 来创建一个新的 Python 脚本，如下图所示：

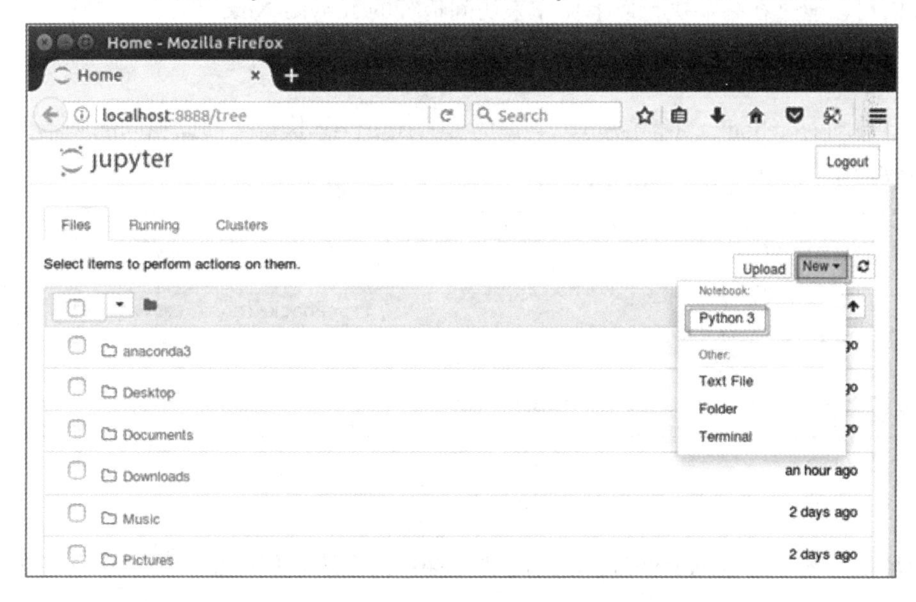

4. 然后，就像在 Spark 的终端所做的那样，在 Notebook 中执行一个简单的 sc 脚本来确认 Spark 已启动并通过 Jupyter 运行，如下图所示：

```
In [1]: sc
Out[1]: SparkContext

        Spark UI
        Version
        v2.2.0
        Master
        local[*]
        AppName
        PySparkShell
```

5. 理想情况下，在终端执行 sc 时，Version、Master 和 AppName 应与早期输出相同。这样，PySpark 便已经成功安装并配置为与 Jupyter Notebook 配合使用。

扩展

需要注意的是，如果通过终端调用一个 Jupyter Notebook 而没有指定 sparknotebook，那么将永远不会启动该 Spark 会话，并且在执行 SparkContext 脚本时会报错。

我们可以通过在终端执行以下操作来访问传统的 Jupyter Notebook：

```
jupyter-notebook
```

一旦启动 Notebook，我们就可以尝试为 sc.master 执行与前面相同的脚本，但这次我们将收到错误，如下图所示：

```
In [1]: sc.master
---------------------------------------------------------------------------
NameError                                 Traceback (most recent call last)
<ipython-input-1-67f48183a30b> in <module>()
----> 1 sc.master

NameError: name 'sc' is not defined
```

其他

市场上有很多通过 Notebook 界面提供 Spark 的在线管理产品，其中已完成 Spark 与 Notebook 的安装和配置。比如：

- Hortonworks（链接 18）
- Cloudera（链接 19）
- MapR（链接 20）
- DataBricks（链接 21）

启动和配置 Spark 集群

在后面大多数章节中，我们要做的第一件事就是初始化和配置我们的 Spark 集群。

准备

在初始化集群前导入以下内容：

- 从 `pyspark.sql` 导入 `SparkSession`。

实现

本节将介绍初始化和配置 Spark 集群的步骤。

1. 使用以下脚本导入 `SparkSession`：

```
from pyspark.sql import SparkSession
```

2. 使用以下脚本配置 `SparkSession`，配置时使用一个叫作 `spark` 的变量：

```
spark = SparkSession.builder \
    .master("local[*]") \
    .appName("GenericAppName") \
    .config("spark.executor.memory", "6gb") \
.getOrCreate()
```

说明

本节将介绍 `SparkSession` 如何作为 Spark 内部开发的入口点。

1. 从 Spark 2.0 开始，在 Spark 中开发不再需要创建 `SparkConf` 和 `SparkContext`。因为导入 `SparkSession` 将进行集群初始化。另外需注意的是，`SparkSession` 是 `pyspark` 的 `sql` 模块的一部分。

2. 我们可以为 SparkSession 分配属性。
   （1）master：将 Spark master URL 分配给在本地计算机上运行的、具有最大可用核数的计算机。
   （2）appName：为应用程序指定名称。
   （3）config：将 6gb 分配给 spark.executor.memory。
   （4）getOrCreate：如果一个 SparkSession 不可用，则创建另一个 SparkSession，如果可用，则检索现有的 SparkSession。

扩展

出于开发的目的，当我们在较小的数据集上构建应用程序时，可以使用 master("local")。如果要在生产环境中进行部署，则需要指定的 master("local[*]") 以确保使用可用的最大内核并获得最佳性能。

其他

要了解有关 SparkSession.builder 的更多信息，请访问以下网站：

链接22

停止 Spark 集群

在集群上完成开发之后，最好关闭集群并保存资源。

实现

本节将介绍停止 SparkSession 的步骤。

1. 执行以下脚本：

```
spark.stop()
```

2. 通过执行以下脚本确认会话已关闭：

```
sc.master
```

说明

本节将介绍如何确认已关闭 Spark 集群。

1. 如果集群已经关闭，那么在 Notebook 中执行另一个 Spark 命令时，你将收到如下图所示的错误消息：

```
In [1]: from pyspark.sql import SparkSession

In [2]: spark = SparkSession.builder \
            .master("local[*]") \
            .appName("GenericAppName") \
            .config("spark.executor.memory", "6gb") \
            .getOrCreate()

In [3]: sc.master
Out[3]: 'local[*]'

In [4]: spark.stop()

In [5]: sc.master()
        ---------------------------------------------------------------------------
        TypeError                                 Traceback (most recent call last)
        <ipython-input-5-df5a2b0a746a> in <module>()
        ----> 1 sc.master()

        TypeError: 'str' object is not callable
```

扩展

在本地环境中工作时，关闭 Spark 集群可能没有那么重要；但是，如果将 Spark 部署到需要为计算能力付费的云环境中，不及时关闭 Spark 集群则会增加很多经济成本。

2

在 Spark 中创建神经网络

本章将涵盖以下步骤：

- 在 PySpark 中创建数据帧
- 在 PySpark 数据帧中操作列
- 将 PySpark 数据帧转换为数组
- 在散点图中将数组可视化
- 设置输入神经网络的权重和偏差
- 规范化神经网络的输入数据
- 验证数组以获得最佳的神经网络性能
- 使用 sigmoid 设置激活函数
- 创建 sigmoid 导数
- 计算神经网络中的代价函数
- 根据身高值和体重值预测性别
- 预测分数并进行可视化

介绍

本书侧重于使用 Python 中的库（如 TensorFlow 和 Keras）构建深度学习算法。这些库有助于构建深度神经网络。在库的帮助下，无须深入学习深度学习的微积分和线性代数方面的知识也可构建深度神经网络。本章将深入讲解一个在 PySpark 中构建简单的神经网络以根据身高值和体重值预测性别的实例。从头开始构建模型而不依赖任何流行的深度学习库是理解神经网络基础的最佳方法之一。因为，一旦拥有了神经网络框架的基础，我们将很容易理解和利用一些更流行的深度神经网络库。

在 PySpark 中创建数据帧

数据帧将用于构建深度学习模型所需数据的框架。与 Python 的 `pandas` 库类似，PySpark 有自己用来创建数据帧的内置函数。

准备

在 Spark 中创建数据帧有很多种方法。一种常用的方法是导入 `txt`、`csv` 或 `json` 文件。另一种方法是手动将数据输入 PySpark 数据帧中。虽然后一种方法令人感到乏味，但它也不失为一种有用的方法，特别是在处理小数据集的时候。本章将在 PySpark 中手动创建数据帧，并根据身高值和体重值预测性别。使用的数据集如下图所示：

```
1  Gender  Height (inches)  Weight (lbs)
2  Female  67  150
3  Female  65  135
4  Female  68  130
5  Male    70  160
6  Female  70  130
7  Male    69  174
8  Male    65  126
9  Male    74  188
10 Female  60  110
11 Female  63  125
12 Male    70  173
13 Female  70  145
14 Male    68  175
15 Female  65  123
16 Male    71  145
17 Male    74  160
18 Female  64  135
19 Male    71  175
20 Male    67  145
21 Male    67  130
22 Male    70  162
23 Female  64  107
24 Male    70  175
25 Male    64  130
26 Male    66  163
27 Female  63  137
28 Male    65  165
29 Female  65  130
30 Female  64  109
```

除手动将数据集添加到 PySpark 外，还可通过以下链接查看和下载数据集：

链接23

最后，我们将通过终端命令启动使用经 Jupyter Notebook 配置的 Spark 环境来正式进入本章内容。Jupyter Notebook 是在第 1 章中创建的。终端命令如下：

```
sparknotebook
```

实现

在使用 PySpark 时，我们要先导入并初始化 `SparkSession`，然后再创建数据帧。

1. 使用以下脚本导入 `SparkSession`：

```
from pyspark.sql import SparkSession
```

2. 配置 `SparkSession`：

```
spark = SparkSession.builder \
         .master("local") \
         .appName("Neural Network Model") \
         .config("spark.executor.memory", "6gb")\
         .getOrCreate()
sc = spark.sparkContext
```

3. 这样，`SparkSession` 的 appName 就被命名为 `Neural Network Model`，并给会话内存分配了 `6gb` 空间。

说明

本节将介绍如何创建 Spark 集群并配置我们的第一个数据帧。

1. 在 Spark 中，我们使用`.master()`来指定我们的工程是在分布式集群中还是在本地运行。为了方便，我们将使用`.master（'local'）`指定的一个工作线程在本地执行 Spark。这种方法很适合用于测试和开发（正如我们在本章中所做的），但如果将其部署到生产环境中，可能会遇到性能问题。在生产环境中，建议使用`.master（'local [*]'）`将 Spark 设置在尽可能多的本地工作节点上运行。

如果我们的机器上有 3 个内核，并且想将节点数刚好设置为 3，那么我们将指定.master（'local [3]'）。

2. 首先插入每列的所有行值，然后使用以下脚本插入列标题名称来创建数据帧变量 df：

```
df = spark.createDataFrame([('Male', 67, 150), # 插入列值
                            ('Female', 65, 135),
                            ('Female', 68, 130),
                            ('Male', 70, 160),
                            ('Female', 70, 130),
                            ('Male', 69, 174),
                            ('Female', 65, 126),
                            ('Male', 74, 188),
                            ('Female', 60, 110),
                            ('Female', 63, 125),
                            ('Male', 70, 173),
                            ('Male', 70, 145),
                            ('Male', 68, 175),
                            ('Female', 65, 123),
                            ('Male', 71, 145),
                            ('Male', 74, 160),
                            ('Female', 64, 135),
                            ('Male', 71, 175),
                            ('Male', 67, 145),
                            ('Female', 67, 130),
                            ('Male', 70, 162),
                            ('Female', 64, 107),
                            ('Male', 70, 175),
                            ('Female', 64, 130),
                            ('Male', 66, 163),
                            ('Female', 63, 137),
                            ('Male', 65, 165),
                            ('Female', 65, 130),
                            ('Female', 64, 109)],
                            ['gender', 'height','weight']) # 插入列标题
```

3. 在 PySpark 中，使用 show() 函数可以显示数据帧的**前 20 行**，使用上述脚本得到的结果如下图所示：

```
In [4]: df.show()

+------+------+------+
|gender|height|weight|
+------+------+------+
|  Male|    67|   150|
|Female|    65|   135|
|Female|    68|   130|
|  Male|    70|   160|
|Female|    70|   130|
|  Male|    69|   174|
|Female|    65|   126|
|  Male|    74|   188|
|Female|    60|   110|
|Female|    63|   125|
|  Male|    70|   173|
|  Male|    70|   145|
|  Male|    68|   175|
|Female|    65|   123|
|  Male|    71|   145|
|  Male|    74|   160|
|Female|    64|   135|
|  Male|    71|   175|
|  Male|    67|   145|
|Female|    67|   130|
+------+------+------+
only showing top 20 rows
```

扩展

如未明确说明，show() 函数将默认预览 20 行。如果只想显示数据帧的前 5 行，则需要声明它，如脚本所示：df.show（5）。

其他

要了解有关 PySpark 中 SparkSQL、数据帧、函数和数据集的更多信息，请访问以下网站：

链接24

在 PySpark 数据帧中操作列

此时数据帧即将创建完成，但仍有一个问题需在构建神经网络前解决。为方便计算，我们应将性别数据类型从其原来的字符串类型转换为整数。以后你将明白此操作的意义。

准备

本节将要求导入以下内容：

- 导入来自 pyspark.sql 的 functions。

实现

本节将介绍把数据帧中的字符串转换为数值的步骤：

- 女性（Female）→0
- 男性（Male）→1

1. 转换数据帧内的列值需要导入 functions：

```
from pyspark.sql import functions
```

2. 接下来，使用以下脚本将 gender 列的数据类型改为数值：

```
df =
df.withColumn('gender',functions.when(df['gender']=='Female',0)
.otherwise(1))
```

3. 最后，重新排序，以便使用以下脚本将 gender 列设置为数据帧中的最后一列：

```
df = df.select('height', 'weight', 'gender')
```

说明

本节将介绍如何操作数据帧。

1. pyspark.sql 中的 functions 有很强大的逻辑应用，可通过条件语句转换 Spark 数据帧中的列值。在此，我们将 Female 转换为数值 0，将 Male 转换为数值 1。
2. 使用.withColumn()函数将 Spark 数据帧转换为数字。
3. Spark 数据帧的.select()函数与传统 SQL 类似，根据请求顺序和请求方式选择列。

4. 最后，数据帧将显示更新后的数据集，如下图所示：

```
In [5]: from pyspark.sql import functions

In [6]: df = df.withColumn('gender',functions.when(df['gender']=='Female',0).otherwise(1))

In [7]: df = df.select('height', 'weight', 'gender')

In [8]: df.show()

+------+------+------+
|height|weight|gender|
+------+------+------+
|    67|   150|     1|
|    65|   135|     0|
|    68|   130|     0|
|    70|   160|     1|
|    70|   130|     0|
|    69|   174|     1|
|    65|   126|     0|
|    74|   188|     1|
|    60|   110|     0|
|    63|   125|     0|
|    70|   173|     1|
|    70|   145|     1|
|    68|   175|     1|
|    65|   123|     0|
|    71|   145|     1|
|    74|   160|     1|
|    64|   135|     0|
|    71|   175|     1|
|    67|   145|     1|
|    67|   130|     0|
+------+------+------+
only showing top 20 rows
```

扩展

数据帧除了有 `withColumn()` 方法外，还有 `withColumnRenamed()` 方法，该方法用于重命名数据帧中的列。

将 PySpark 数据帧转换为数组

为实现神经网络的构建，我们必须将 PySpark 数据帧转换为数组。Python 中有一个非常强大的库——`numpy`，它让使用数组变得十分简单。

准备

安装完 anaconda3 的 Python 软件包后，numpy 库就应该可以使用了。但是，若因某些原因导致 numpy 库不可用，则可以使用以下终端命令安装它：

```
asherif844@ubuntu: ~
File Edit View Search Terminal Help
asherif844@ubuntu:~$ pip install numpy
Requirement already satisfied: numpy in ./anaconda3/lib/python3.6/site-packages
asherif844@ubuntu:~$
```

pip install 或者 sudo pip install 将通过使用我们申请的库来确认是否已经满足要求：

```
import numpy as np
```

实现

本节将介绍将数据帧转换为数组的步骤。

1. 使用以下脚本查看从数据帧收集的数据：

```
df.select("height", "weight", "gender").collect()
```

2. 使用以下脚本将集合中的值存储到名为 data_array 的数组中：

```
data_array = np.array(df.select("height","weight",
"gender").collect())
```

3. 执行下面的脚本来访问数组的第一行：

```
data_array[0]
```

4. 同样，执行以下脚本以访问数组的最后一行：

```
data_array[28]
```

说明

本节将介绍如何将数据帧转换为数组。

1. 可以使用 collect() 收集数据帧的输出，如下图所示：

```
In [9]: import numpy as np

In [10]: df.select("height", "weight", "gender").collect()

Out[10]: [Row(height=67, weight=150, gender=1),
          Row(height=65, weight=135, gender=0),
          Row(height=68, weight=130, gender=0),
          Row(height=70, weight=160, gender=1),
          Row(height=70, weight=130, gender=0),
          Row(height=69, weight=174, gender=1),
          Row(height=65, weight=126, gender=0),
          Row(height=74, weight=188, gender=1),
          Row(height=60, weight=110, gender=0),
          Row(height=63, weight=125, gender=0),
          Row(height=70, weight=173, gender=1),
          Row(height=70, weight=145, gender=1),
          Row(height=68, weight=175, gender=1),
          Row(height=65, weight=123, gender=0),
          Row(height=71, weight=145, gender=1),
          Row(height=74, weight=160, gender=1),
          Row(height=64, weight=135, gender=0),
          Row(height=71, weight=175, gender=1),
          Row(height=67, weight=145, gender=1),
          Row(height=67, weight=130, gender=0),
          Row(height=70, weight=162, gender=1),
          Row(height=64, weight=107, gender=0),
          Row(height=70, weight=175, gender=1),
          Row(height=64, weight=130, gender=0),
          Row(height=66, weight=163, gender=1),
          Row(height=63, weight=137, gender=0),
          Row(height=65, weight=165, gender=1),
          Row(height=65, weight=130, gender=0),
          Row(height=64, weight=109, gender=0)]
```

2. 数据帧被转换为数组后，该脚本的数组输出如下图所示：

```
In [11]: data_array =  np.array(df.select("height", "weight", "gender").collect())
         data_array #view the array

Out[11]: array([[ 67, 150,   1],
                [ 65, 135,   0],
                [ 68, 130,   0],
                [ 70, 160,   1],
                [ 70, 130,   0],
                [ 69, 174,   1],
                [ 65, 126,   0],
                [ 74, 188,   1],
                [ 60, 110,   0],
                [ 63, 125,   0],
                [ 70, 173,   1],
                [ 70, 145,   1],
                [ 68, 175,   1],
                [ 65, 123,   0],
                [ 71, 145,   1],
                [ 74, 160,   1],
                [ 64, 135,   0],
                [ 71, 175,   1],
                [ 67, 145,   1],
                [ 67, 130,   0],
                [ 70, 162,   1],
                [ 64, 107,   0],
                [ 70, 175,   1],
                [ 64, 130,   0],
                [ 66, 163,   1],
                [ 63, 137,   0],
                [ 65, 165,   1],
                [ 65, 130,   0],
                [ 64, 109,   0]])
```

3. 可以通过引用数组索引来访问任何 height、weight 和 gender 的数据集。该数组的形状为**(29,3)**，长度为 29 个元素，每个元素由 3 个项目组成。长度为 29 时，索引从[0]开始，到[28]结束。可以在下图中看到数组形式的输出以及数组的第一行和最后一行：

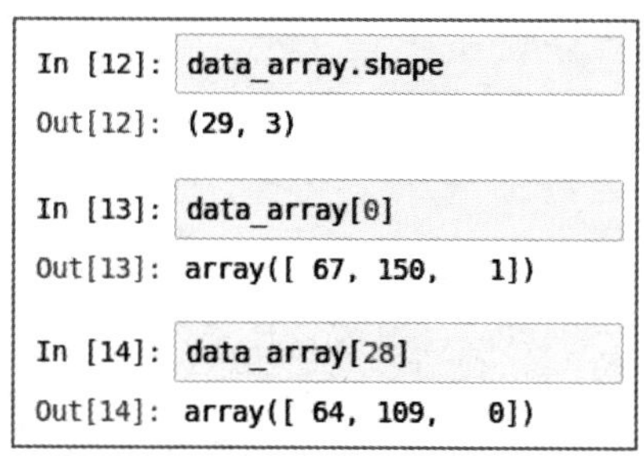

4. 可通过比较数组和原始数据帧的第一个和最后一个值来确认数据的值和顺序是否因转换而更改。

扩展

除了查看数组中的数据点外，我们还可以检索数组中每个元素的最小值和最大值：

1. 检索 height、weight，和 gender 的最小值和最大值可使用以下脚本：

```
print(data_array.max(axis=0))
print(data_array.min(axis=0))
```

2. 脚本的输出如下图所示：

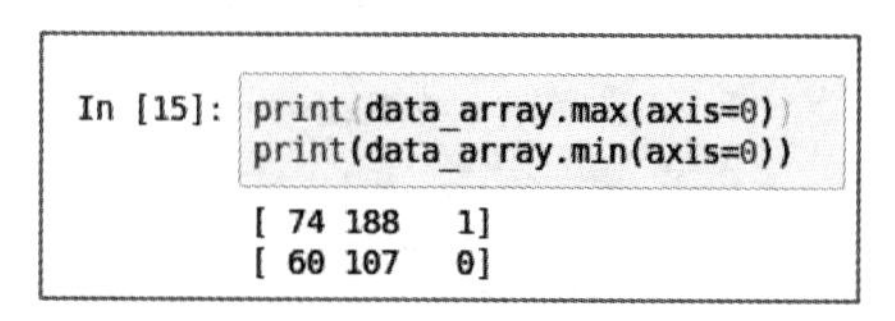

最大高度为 74 英寸，最小高度为 60 英寸。最大重量为 188 磅，最小重量为 107 磅。性别的最小值和最大值在此没有意义，因为我们之前为它们指定了特定值 0 和 1。

其他

要了解有关 numpy 的更多信息，请访问以下网站：

链接25

在散点图中将数组可视化

本章开发神经网络的目的是在知道身高值和体重值的情况下，预测个体的性别。理解高度、重量和性别之间关系的有效方法是将它们可视化为神经网络中的数据点。这可以通过流行的 Python 可视化库 matplotlib 来完成。

准备

与 numpy 一样，matplotlib 可以安装 anaconda3 Python 包。但如果由于某些原因使得 matplotlib 不可用，则可以在终端使用以下命令安装它：

```
asherif844@ubuntu: ~
File Edit View Search Terminal Help
asherif844@ubuntu:~$ pip install matplotlib
Requirement already satisfied: matplotlib in ./anaconda3/lib/python3.6/site-pack
ages
Requirement already satisfied: numpy>=1.7.1 in ./anaconda3/lib/python3.6/site-pa
ckages (from matplotlib)
Requirement already satisfied: six>=1.10 in ./anaconda3/lib/python3.6/site-packa
ges (from matplotlib)
Requirement already satisfied: python-dateutil in ./anaconda3/lib/python3.6/site
-packages (from matplotlib)
Requirement already satisfied: pytz in ./anaconda3/lib/python3.6/site-packages (
from matplotlib)
Requirement already satisfied: cycler>=0.10 in ./anaconda3/lib/python3.6/site-pa
ckages (from matplotlib)
Requirement already satisfied: pyparsing!=2.0.4,!=2.1.2,!=2.1.6,>=1.5.6 in ./ana
conda3/lib/python3.6/site-packages (from matplotlib)
```

pip install 或 sudo pip install 将通过使用请求的库来确认是否满足要求。

实现

本节将介绍通过散点图可视化数组的步骤。

1. 导入 matplotlib 库并配置该库，以便使用以下脚本可视化 Jupyter Notebook 内部的图：

```
import matplotlib.pyplot as plt
%matplotlib inline
```

2. 接下来，使用 numpy 中的 min() 和 max() 函数确定散点图的 x 轴和 y 轴的最小值和最大值，如下面的脚本所示：

```
min_x = data_array.min(axis=0)[0]-10
max_x = data_array.max(axis=0)[0]+10
min_y = data_array.min(axis=0)[1]-10
max_y = data_array.max(axis=0)[1]+10
```

3. 执行以下脚本以绘制每个 `gender` 的 `height` 和 `weight`：

```
# 格式化绘图网格、比例和图形大小
plt.figure(figsize=(9, 4), dpi= 75)
plt.axis([min_x,max_x,min_y,max_y])
plt.grid()
for i in range(len(data_array)):
    value = data_array[i]
    # 为特定矩阵元素指定标签值
    gender = value[2]
    height = value[0]
    weight = value[1]

    # 按性别筛选数据点
    a = plt.scatter(height[gender==0],weight[gender==0], marker
      = 'x', c= 'b', label = 'Female')
    b = plt.scatter(height[gender==1],weight[gender==1], marker
      = 'o', c= 'b', label = 'Male')

# 绘图值、标题、图例、x轴和y轴
plt.title('Weight vs Height by Gender')
plt.xlabel('Height (in)')
plt.ylabel('Weight (lbs)')
plt.legend(handles=[a,b])
```

说明

本节介绍如何将数组绘制为散点图。

1. 将 `matplotlib` 库导入 Jupyter Notebook 中，`matplotlib` 库将根据在 Jupyter Notebook 的单元格中绘制内联式可视化图的需求进行配置。
2. 确定 x 轴和 y 轴的最小值和最大值，以确定绘制的图的大小并给出最佳外观图。脚本的输出如下图所示：

```
In [16]: import matplotlib.pyplot as plt
         %matplotlib inline

In [17]: min_x = data_array.min(axis=0)[0]-10
         max_x = data_array.max(axis=0)[0]+10
         min_y = data_array.min(axis=0)[1]-10
         max_y = data_array.max(axis=0)[1]+10

         print(min_x, max_x, min_y, max_y)

         50 84 97 198
```

3. 每个轴都添加了一个 10 点像素缓冲区，以确保我们能捕获所有数据点而不被轴截断。
4. 创建一个循环以迭代每行数值并绘制 weight 与 height 的关系。
5. 此外，还需为女性性别 x 和男性性别 o 分配不同的样式点。
6. 按照不同性别绘制 weight 和 height 的脚本输出如下图所示：

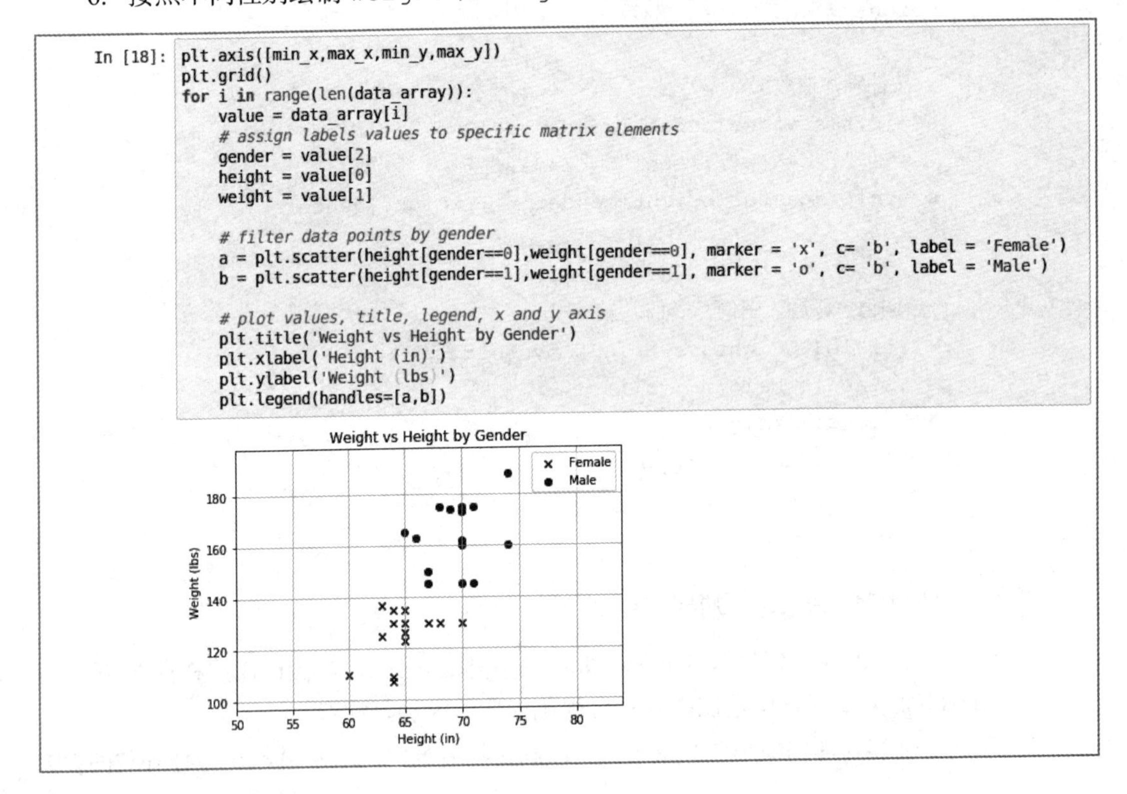

扩展

散点图可以快速、轻松并直观地说明数据的情况。散点图的右上象限和左下象限之间存在明显的差异。所有高于 140 磅的数据点都是男性数据，偏下的所有数据点都属于女性数据，如下图所示：

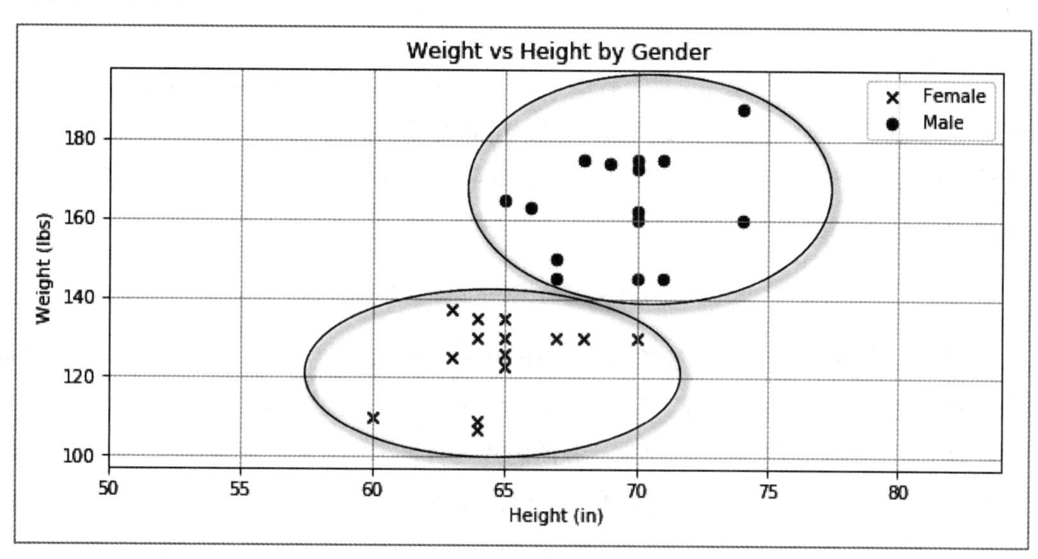

在后面创建神经网络时，散点图将有助于根据选择随机高度值和体重值进行性别预测。

其他

要了解有关 `matplotlib` 的更多信息，请访问以下网站：

链接26

设置输入神经网络的权重和偏差

PySpark 的框架和数据准备现已完成，接下来继续构建神经网络。无论神经网络有多么复杂，开发都须遵循类似的步骤：

1. 输入数据。
2. 设置权重和偏差。
3. 求数据和权重的乘积之和。

4. 应用激活函数。
5. 评估输出并将其与期望的结果进行比较。

本节将重点介绍如何设置权重来创建输入并将其输入激活函数。

准备

大致了解简单神经网络的构建块有助于理解本章内容。所有神经网络都有输入和输出。我们在此的输入值为个体的身高值和体重值，得到的输出值为性别。为得到理想输出，我们的输入要乘以一个数值（该数值也被称为权重：$w1$ 和 $w2$），然后将偏差 b 加到结尾。该等式被称为求和函数 z，等式如下：

$$z = (\text{input1}) \times (w1) + (\text{input2}) \times (w2) + b$$

权重和偏差最初都是随机生成的值，可用 numpy 随机生成。可以通过增加或减少权重对输出的影响来调整输入的权重。偏差的作用与权重略微不同，因为它将向上或向下移动求和函数（z）的基线以满足预测要求。激活函数可将 z 的每个值转换为 0 和 1 之间的预测值。激活函数是一个转换器，它提供了一个值，我们可以将这个值转换为二进制输出（代表男/女）。最后将预测输出与实际输出进行比较。最初，预测输出和实际输出之间的差异将很大，因为权重在首次预测时是随机的。经过反向传播的过程，使用梯度下降法可减小实际值和预测值的差异。一旦实际值和预测值之间的差异变得可忽略不计，我们就可存储神经网络 $w1$、$w2$ 和 b 的值。

实现

本节将介绍设置神经网络权重和偏差的步骤。

1. 使用以下脚本设置值发生器的随机性：

```
np.random.seed(12345)
```

2. 使用以下脚本设置权重和偏差：

```
w1 = np.random.randn()
w2 = np.random.randn()
b= np.random.randn()
```

说明

为方便本章后面部分的使用，本节将介绍如何初始化权重和偏差。步骤如下：

1. 使用 numpy 随机生成权重，并设置一个随机种子，以确保每次生成相同的随机数。
2. 权重将被赋给通用变量 w1 和 w2。
3. 偏差也是使用 numpy 随机生成的，并设置随机种子以保持每次生成相同的随机数。
4. 偏差被赋给一个通用变量 b。
5. 这些值被插入求和函数 z 中，该函数将输入另一个函数的初始分数，即激活函数。我们将在本章后面讨论它。
6. 目前，这三个变量（w1、w2 和 b）都是完全随机的。它们的输出如下图所示：

```
In [19]: np.random.seed(12345)

In [20]: w1 = np.random.randn()
         w2 = np.random.randn()
         b= np.random.randn()

In [21]: print(w1, w2, b)

         -0.20470765948471295 0.47894333805754824 -0.5194387150567381
```

扩展

我们的最终目标是获得与实际输出相匹配的预测输出。权重和数据值的乘积和将有助于实现部分过程。因此，两个 0.5 和 0.5 的随机输入将具有以下的总和输出：

```
z = 0.5 * w1 + 0.5 * w2 + b
```

或者它会像下面一样输出两个权重值（w1 和 w2）的当前随机值。

```
z = 0.5 * (-0.2047) + 0.5 * (0.47894) + (-0.51943) = -7.557
```

变量 z 被指定为权重与数据值的乘积和。当前，权重和偏差是完全随机的。然而正如本节之前所描述的，通过一个称为反向传播的过程，使用梯度下降法可调整权重，直到得到更理想的结果。梯度下降就是为权重确定最优值的过程，该值将以最小的误差提供最佳的预测输出。识别最佳值的过程涉及识别函数的局部最小值。我们将在后面讨论梯度下降法。

其他

要了解有关人工神经网络中权重和偏差的更多信息，请访问以下网站：

链接27

规范化神经网络的输入数据

规范化数据输入能提升神经网络的运行效率。它能减少因非正常值输入而影响总体结果的幅度，且比其他随机输入更有效。本节将规范当前个人的身高和体重数据。

准备

输入值的规范化需要获得这些值的平均值和标准差，平均值和标准差将用于最终计算。

实现

本节将介绍规范化高度和重量的步骤。

1. 使用以下脚本将数组切割为输入和输出：

```
X = data_array[:,:2]
y = data_array[:,2]
```

2. 可以使用以下脚本计算 29 人的平均值和标准差：

```
x_mean = X.mean(axis=0)
x_std = X.std(axis=0)
```

3. 使用以下脚本创建规范化函数来规范化 X：

```
def normalize(X):
    x_mean = X.mean(axis=0)
    x_std = X.std(axis=0)
    X = (X - X.mean(axis=0))/X.std(axis=0)
    return X
```

说明

本节将介绍高度和重量的规范化方法。

1. data_array 矩阵将被分为两个矩阵：

   （1）X 由高度和重量组成。

   （2）y 由性别组成。

2. 两个数组的输出如下图所示：

```
In [22]: X = data_array[:,:2]
         y = data_array[:,2]
         print(X,y)

         [[ 67 150]
          [ 65 135]
          [ 68 130]
          [ 70 160]
          [ 70 130]
          [ 69 174]
          [ 65 126]
          [ 74 188]
          [ 60 110]
          [ 63 125]
          [ 70 173]
          [ 70 145]
          [ 68 175]
          [ 65 123]
          [ 71 145]
          [ 74 160]
          [ 64 135]
          [ 71 175]
          [ 67 145]
          [ 67 130]
          [ 70 162]
          [ 64 107]
          [ 70 175]
          [ 64 130]
          [ 66 163]
          [ 63 137]
          [ 65 165]
          [ 65 130]
          [ 64 109]] [1 0 0 1 0 1 0 1 0 0 1 1 1 0 1 1 0 1 1 0 1 0 1 0 1 0 1 0 0]
```

3. X 是输入部分，也是我们目前唯一需要规范化的部分。y（性别）目前不需要修改。规范化过程需要提取所有 29 人输入的平均值和标准差。高度和重量的平均值和标准差输出如下图所示：

```
In [23]: x_mean = X.mean(axis=0)
         x_std = X.std(axis=0)
         print(x_mean, x_std)

         [  67.20689655  145.24137931] [  3.35671545  22.1743175 ]
```

4. 高度的平均值为~**67** 英寸，高度的标准差为~**3.4** 英寸。重量的平均值为~**145** 磅，重量的标准差为~**22** 磅。
5. 提取后，使用以下等式对输入进行规范化：

```
X_norm = (X - X_mean)/X_std.
```

6. 使用 Python 函数 `normalize()`规范化 X 数组，现将 X 数组分配给新创建的规范化集的值，如下图所示：

```
In [24]: def normalize(X):
             x_mean = X.mean(axis=0)
             x_std = X.std(axis=0)
             X = (X - X.mean(axis=0))/X.std(axis=0)
             return X

In [25]: X = normalize(X)
         print(X)

         [[-0.06163661  0.21460055]
          [-0.65745714 -0.4618577 ]
          [ 0.23627366 -0.68734378]
          [ 0.8320942   0.66557271]
          [ 0.8320942  -0.68734378]
          [ 0.53418393  1.29693375]
          [-0.65745714 -0.86773265]
          [ 2.02373527  1.92829478]
          [-2.14700848 -1.58928812]
          [-1.25327768 -0.91282987]
          [ 0.8320942   1.25183653]
          [ 0.8320942  -0.01088554]
          [ 0.23627366  1.34203096]
          [-0.65745714 -1.0030243 ]
          [ 1.13000446 -0.01088554]
          [ 2.02373527  0.66557271]
          [-0.95536741 -0.4618577 ]
          [ 1.13000446  1.34203096]
          [-0.06163661 -0.01088554]
          [-0.06163661 -0.68734378]
          [ 0.8320942   0.75576715]
          [-0.95536741 -1.72457977]
          [ 0.8320942   1.34203096]
          [-0.95536741 -0.68734378]
          [-0.35954687  0.80086436]
          [-1.25327768 -0.37166327]
          [-0.65745714  0.8910588 ]
          [-0.65745714 -0.68734378]
          [-0.95536741 -1.63438533]]
```

其他

要了解有关统计中规范化的更多信息，请访问以下网站：

链接28

验证数组以获得最佳的神经网络性能

数组规范化的细微验证对之后的神经网络获取最佳性能有巨大的帮助。

准备

本节在使用 `numpy.stack()` 函数时需要一些 `numpy` 魔术方法。

实现

以下步骤将逐步验证我们的数组是否规范化了。

1. 执行以下步骤以打印数组输入的平均值和标准差：

```
print('standard deviation')
print(round(X[:,0].std(axis=0),0))
print('mean')
print(round(X[:,0].mean(axis=0),0))
```

2. 执行以下脚本，将身高值、体重值和性别组合成一个数组 `data_array`：

```
data_array = np.column_stack((X[:,0], X[:,1],y))
```

说明

本节将说明如何验证和构建数组，以便在后面的神经网络中实现最佳应用。

1. 高度的新均值应为 0，新标准差应为 1。如下图所示：

```
In [26]: print('standard deviation')
         print(round(X[:,0].std(axis=0),0))
         print('mean')
         print(round(X[:,0].mean(axis=0),0))

         standard deviation
         1.0
         mean
         -0.0
```

2. 这是对规范化数据集的确认，因为它包括平均值 0 和标准差 1。
3. 原始的 data_array 不再对神经网络有效，因为它包含原始且非规范化的关于高度、重量和性别的输入值。
4. 尽管如此，通过一点点神奇的魔术方法，data_array 可以被重新构建并规范化身高值、体重值以及性别。这是通过 numpy.stack()完成的。新数组 data_array 的输出如下图所示：

```
In [27]: data_array = np.column_stack((X[:,0], X[:,1],y))
         print(data_array)

         [[-0.06163661  0.21460055  1.        ]
          [-0.65745714 -0.4618577   0.        ]
          [ 0.23627366 -0.68734378  0.        ]
          [ 0.8320942   0.66557271  1.        ]
          [ 0.8320942  -0.68734378  0.        ]
          [ 0.53418393  1.29693375  1.        ]
          [-0.65745714 -0.86773265  0.        ]
          [ 2.02373527  1.92829478  1.        ]
          [-2.14700848 -1.58928812  0.        ]
          [-1.25327768 -0.91282987  0.        ]
          [ 0.8320942   1.25183653  1.        ]
          [ 0.8320942  -0.01088554  1.        ]
          [ 0.23627366  1.34203096  1.        ]
          [-0.65745714 -1.0030243   0.        ]
          [ 1.13000446 -0.01088554  1.        ]
          [ 2.02373527  0.66557271  1.        ]
          [-0.95536741 -0.4618577   0.        ]
          [ 1.13000446  1.34203096  1.        ]
          [-0.06163661 -0.01088554  1.        ]
          [-0.06163661 -0.68734378  0.        ]
          [ 0.8320942   0.75576715  1.        ]
          [-0.95536741 -1.72457977  0.        ]
          [ 0.8320942   1.34203096  1.        ]
          [-0.95536741 -0.68734378  0.        ]
          [-0.35954687  0.80086436  1.        ]
          [-1.25327768 -0.37166327  0.        ]
          [-0.65745714  0.8910588   1.        ]
          [-0.65745714 -0.68734378  0.        ]
          [-0.95536741 -1.63438533  0.        ]]
```

扩展

我们的数组现已全部设定，对身高值和体重值的输入进行了规范化，并将性别输出标记为 0 或 1。

其他

要了解有关 numpy.stack()的更多信息，请访问以下网站：

链接29

使用 sigmoid 设置激活函数

在神经网络中可使用激活函数来帮助确定输出，无论是或否、真或假，或者此处的 0 或 1（男/女）。此时，输入已规范化并与权重和偏差相加：w1、w2 和 b。然而，权重和偏差此刻仍是完全随机的，且未被优化以产生与之匹配的预测输出。构建预测结果时缺少的链接依赖激活函数（sigmoid），如下图所示：

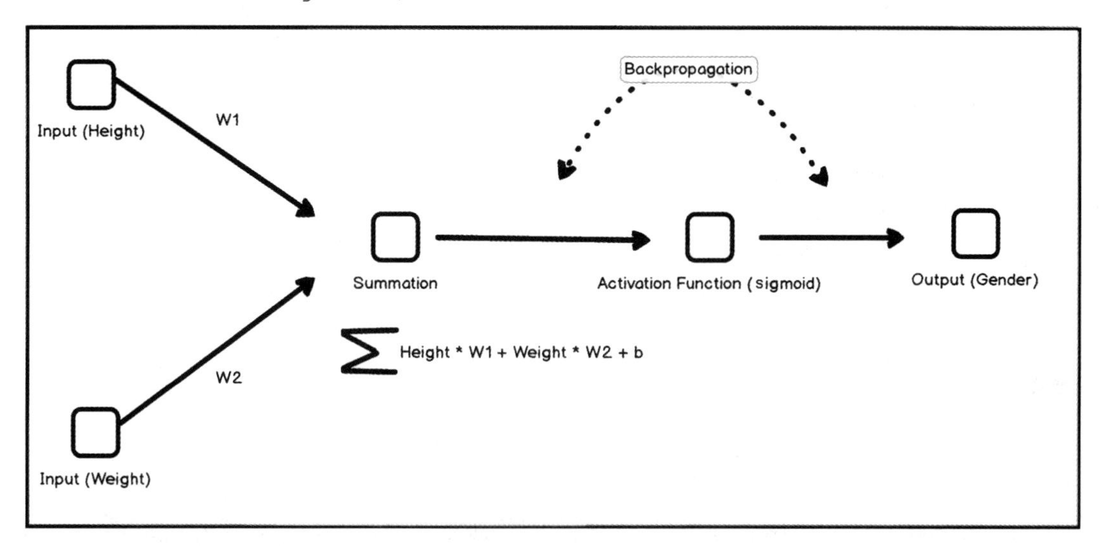

如果求和产生的数字非常小，它将产生 0 的激活。同样，如果求和产生的数字非常大，它将产生 1 的激活。这个函数很有用，因为它将输出限制为二进制结果，这对分类非常有帮助。我们将在本章的其余部分讨论和阐明这个函数产生的影响。

准备

sigmoid 函数（有时也被称为 S 型函数）类似于逻辑回归函数，因为它计算 0 和 1 之间的概率结果。此外，它给出了数值范围。因此，我们可以将条件设置为将大于 0.5 的数值关联到 1，将小于 0.5 的数值关联到 0。

实现

本节将介绍使用示例数据创建和绘制 sigmoid 函数的步骤。

1. 使用 Python 函数创建 sigmoid 函数，如以下脚本所示：

```
def sigmoid(input):
  return 1/(1+np.exp(-input))
```

2. 使用以下脚本为 sigmoid 曲线创建样本 x 值：

```
X = np.arange(-10,10,1)
```

3. 此外，使用以下脚本为 sigmoid 曲线创建样本 y 值：

```
Y = sigmoid(X)
```

4. 使用以下脚本绘制这些点的 x 值和 y 值：

```
plt.figure(figsize=(6, 4), dpi= 75)
plt.axis([-10,10,-0.25,1.2])
plt.grid() plt.plot(X,Y)
plt.title('sigmoid Function'
plt.show()
```

说明

本节将解释 sigmoid 函数背后的数学原理。

1. sigmoid 函数是用于分类的逻辑回归专用版本。逻辑回归的计算公式如下：

$$\text{Logistic}(x)=\frac{L}{1+\mathrm{e}^{-k(x-x_{\text{midpoint}})}}$$

2. 逻辑回归函数中的变量所代表的内容如下所示：

- L 代表函数的最大值。
- k 代表曲线的坡度。
- x_{midpoint} 代表函数的中点值。

3. 由于 sigmoid 函数的曲线坡度值为 1，中点为 0，最大值为 1，因此它会产生以下函数：

$$\text{sigmoid}(x)=\frac{1}{1+\mathrm{e}^{-x}}$$

4. 我们可以绘制一个通用的 sigmoid 函数，x 值的范围为-5 到 5，y 值的范围为 0 到 1，如下图所示：

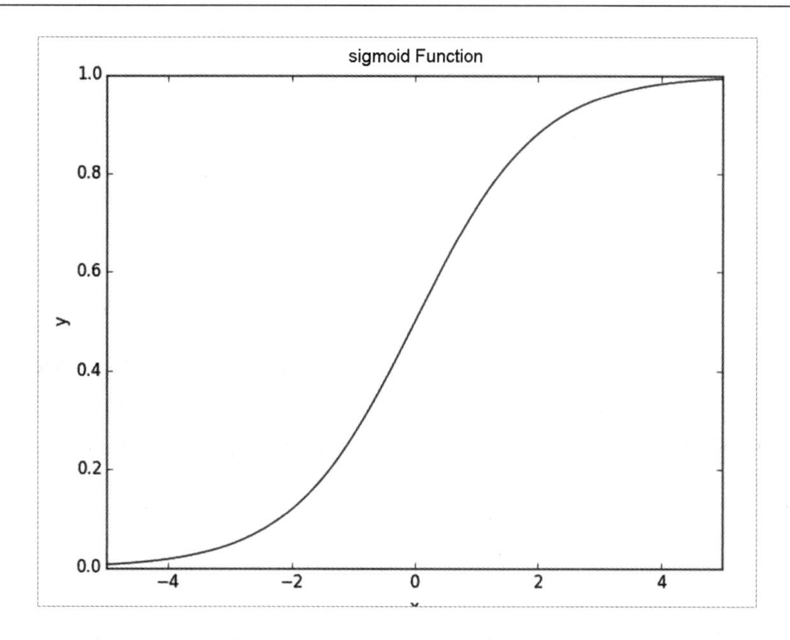

5. 我们使用 Python 创建了自己的 `sigmoid` 函数，并使用 `-10` 到 `10` 之间的样本数据绘制它。这张图看起来与之前的 `sigmoid` 函数图非常相似。`sigmoid` 函数的输出如下图所示：

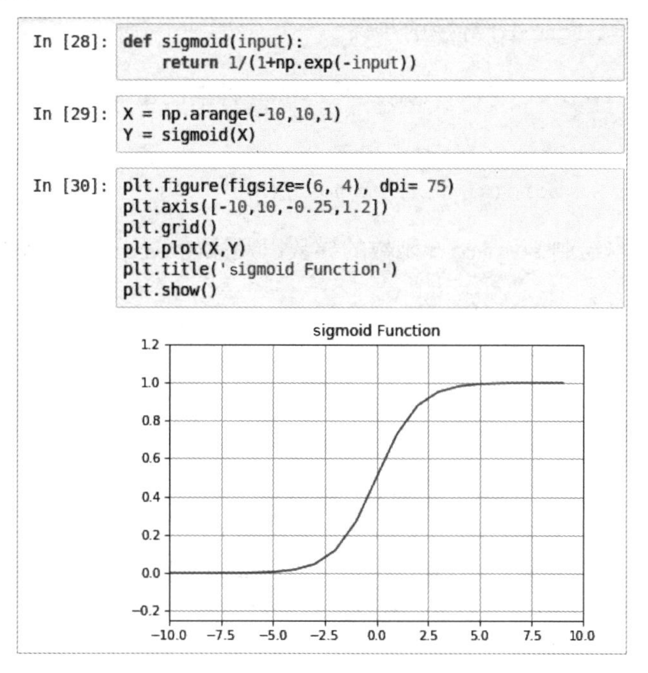

其他

要了解有关 sigmoid 函数起源的更多信息，请访问以下网站：

链接30

创建 sigmoid 导数

sigmoid 函数是一个独特的函数，sigmoid 函数的导数值包括 sigmoid 函数的值。你可能会说这有什么大不了的。然而，由于我们已经计算了 sigmoid 函数，因此在执行跨多层的反向传播时，它能进行更简单和更有效的处理。此外，计算中使用 sigmoid 函数的导数可得到 w1、w2 和 b 的最优值，进而得到最准确的预测输出。

准备

粗略地理解微积分中的导数将有助于理解 sigmoid 导数。

实现

本节将介绍创建 sigmoid 导数的步骤。

1. 就像 sigmoid 函数一样，使用以下 Python 脚本创建 sigmoid 函数的导数：

```
def sigmoid_derivative(x):
    return sigmoid(x) * (1-sigmoid(x))
```

2. 使用以下脚本绘制 sigmoid 函数的导数以及原始 sigmoid 函数：

```
plt.figure(figsize=(6, 4), dpi= 75)
plt.axis([-10,10,-0.25,1.2])
plt.grid()
X = np.arange(-10,10,1)
Y = sigmoid(X)
Y_Prime = sigmoid_derivative(X)
c=plt.plot(X, Y, label="sigmoid",c='b')
d=plt.plot(X, Y_Prime, marker=".", label="sigmoid derivative", c='b')
plt.title('sigmoid vs sigmoid derivative')
plt.xlabel('X')
```

```
plt.ylabel('Y')
plt.legend()
plt.show()
```

说明

本节将解释 sigmoid 函数的导数背后的数学原理，以及使用 Python 创建 sigmoid 函数导数的逻辑。

1. 神经网络需要用 sigmoid 函数的导数来预测准确的性别输出。sigmoid 函数的导数用下面的公式计算。

$$\frac{\text{dsigmoid}(x)}{\text{d}x}=(\frac{1}{1+\text{e}^{-x}})^2\times\frac{\partial}{\partial x}(1+\text{e}^{-x})=\text{sigmoid}(x)\times(1-\text{sigmoid}(x))$$

2. 可以使用 Python 中原始的 sigmoid() 创建 sigmoid 函数的导数 sigmoid_derivate()。可以将这两个函数一起绘制，如下图所示：

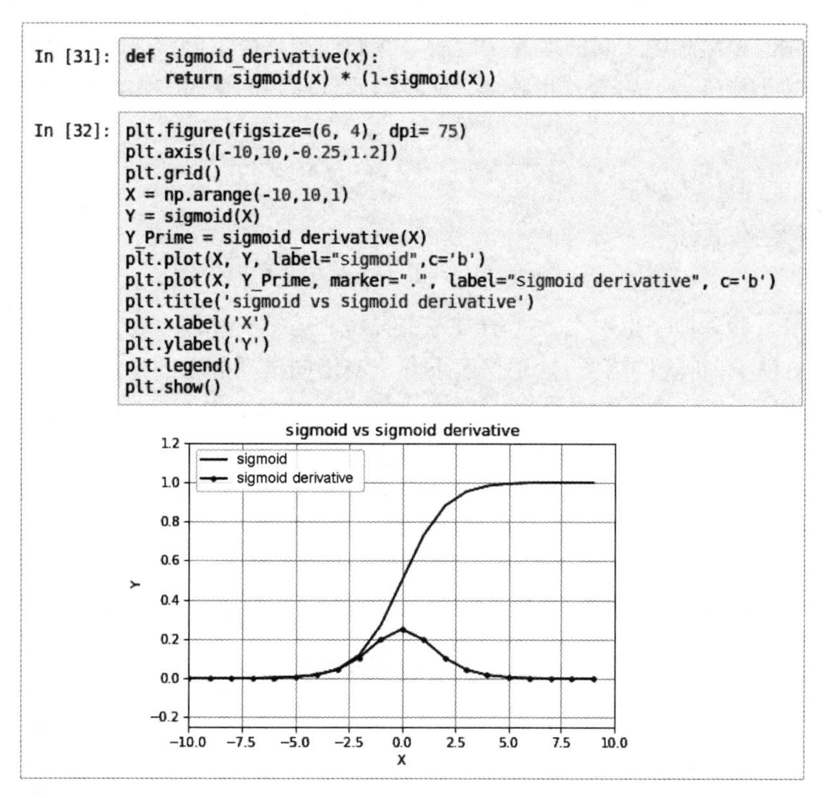

3. **sigmoid 函数的导数**与原始 sigmoid 函数的斜率大致相同。在绘图前期，当 **sigmoid** 的斜率完全水平时，**sigmoid** 的导数是 0。当斜率值接近 1 时，**sigmoid** 的导数也是 0，因为曲线坡度接近水平。**sigmoid** 曲线斜率的峰值在 x 轴的中点。因此，这也是 **sigmoid 函数导数**的峰值。

其他

要深入了解导数，请访问以下网站：

链接31

计算神经网络中的代价函数

为计算代价函数，现在要汇总本章前重点讲解的部分。神经网络将使用代价函数来确定预测结果与原始结果或实际结果的匹配程度，目前有 29 个单独的数据点。代价函数的目的是识别实际值和预测值之间的差异。之后，我们使用梯度下降法来增大或减小 w1、w2 和 b 的值来减小代价函数的值，并最终实现我们的目标，即导出与实际值匹配的预测值。

准备

代价函数的公式如下：

$$\text{cost}(x)=(\text{predicted}-\text{actual})^2$$

代价函数看起来似乎很熟悉，那是因为它实际上是另一种最小化实际输出值和预测值差的平方的方法。在神经网络中，使用梯度下降法或反向传播的目的是使代价函数最小化，直到该值接近 0。此时，权重和偏差（w1、w2 和 b）将不再是 numpy 生成的随机且无关紧要的值，而是对神经网络模型有实际意义的显著权重。

实现

本节将介绍计算代价函数的步骤。

1. 将学习速率的值设置为 0.1 以逐步更改权重和偏差，直到最后选择最终输出。我们使用以下脚本：

```
learningRate = 0.1
```

2. 使用以下脚本启动名为 allCosts 的 Python 列表：

```
allCosts = []
```

3. 使用以下脚本创建一个 for 循环来迭代 100,000 个场景：

```
In [36]: learning_rate = 0.1

         all_costs = []

         for i in range(100000):
             # set the random data points that will be used to calculate the summation
             random_number = np.random.randint(len(data_array))
             random_person = data_array[random_number]

             # the height and weight from the random individual are selected
             height = random_person[0]
             weight = random_person[1]

             z = w1*height+w2*weight+b
             predictedGender = sigmoid(z)

             actualGender = random_person[2]

             cost = (predictedGender-actualGender)**2

             # the cost value is appended to the list
             all_costs.append(cost)

             # partial derivatives of the cost function and summation are calculated
             dcost_predictedGender = 2 * (predictedGender-actualGender)
             dpredictedGenger_dz = sigmoid_derivative(z)
             dz_dw1 = height
             dz_dw2 = weight
             dz_db = 1

             dcost_dw1 = dcost_predictedGender * dpredictedGenger_dz * dz_dw1
             dcost_dw2 = dcost_predictedGender * dpredictedGenger_dz * dz_dw2
             dcost_db  = dcost_predictedGender * dpredictedGenger_dz * dz_db

             # gradient descent calculation
             w1 = w1 - learning_rate * dcost_dw1
             w2 = w2 - learning_rate * dcost_dw2
             b  = b  - learning_rate * dcost_db
```

4. 使用以下脚本绘制 100,000 次迭代中收集的成本值：

```
plt.plot(all_costs)
plt.title('Cost Value over 100,000 iterations')
plt.xlabel('Iteration')
plt.ylabel('Cost Value')
plt.show()
```

5. 使用以下脚本查看权重和偏差的最终值：

```
print('The final values of w1, w2, and b')
```

```
print('----------------------------------')
print('w1 = {}'.format(w1))
print('w2 = {}'.format(w2))
print('b = {}'.format(b))
```

说明

本节介绍如何使用代价函数生成权重和偏差。

1. 通过 for 循环对权重和偏差执行梯度下降法来调整值，直到代价函数接近 0。
2. 循环将在代价函数上迭代 100,000 次。每次从 29 个人中随机选择一个人的身高值和体重值。
3. 用随机身高值和体重值计算一个总和值 z。用户的输入将用于使用 sigmoid 函数计算一个预测性别（predictedGender）的得分。
4. 计算代价函数并将其添加到一个列表中，该列表跟踪经过 100,000 次迭代的所有代价函数，即 allCosts。
5. 根据累加值(z)和代价函数计算一系列偏导数。
6. 这些计算最终用于更新与代价函数相关的权重和偏差，直到它们（w1、w2 和 b）在 100,000 次迭代中为代价函数返回一个接近 0 的值。
7. 我们的目标是：随着迭代次数的增加，代价函数的值逐渐减小。经过 100,000 次迭代的代价函数值的输出如下图所示：

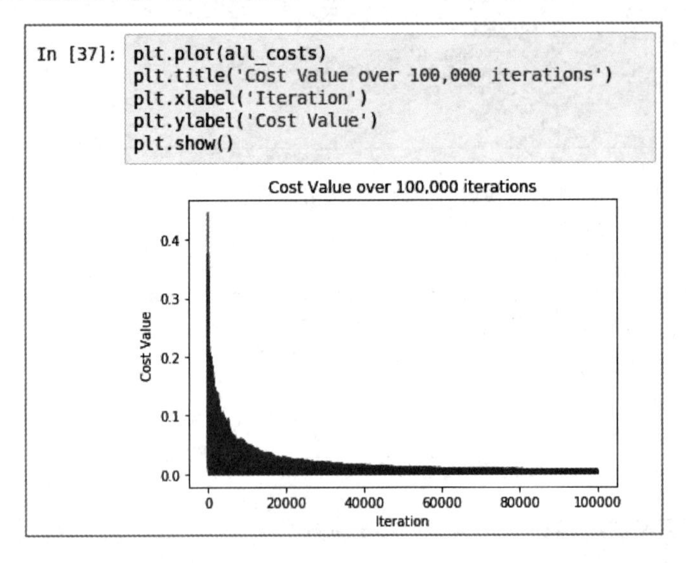

8. 在迭代过程中，成本值从~0.45 下降到~0.01。
9. 另外，我们可以查看 `w1`、`w2` 和 `b` 值的最终输出，它们产生了代价函数的最小值，如下图所示：

```
In [38]: print('The final values of w1, w2, and b')
         print('---------------------------------')
         print('w1 = {}'.format(w1))
         print('w2 = {}'.format(w2))
         print('b  = {}'.format(b))

         The final values of w1, w2, and b
         ---------------------------------
         w1 = 1.8209212481467743
         w2 = 10.501412686537124
         b  = 2.6922206902934818
```

扩展

现在可以通过测试权重和偏差的最终值以查看代价函数在计算预测值时的工作情况，以及与实际得分的比较。

以下脚本将为每个人创建一个循环，并根据权重（`w1`，`w2`）和偏差（`b`）计算预测的性别分数：

```
for i in range(len(data_array)):
    random_individual = data_array[i]
    height = random_individual[0]
    weight = random_individual[1]
    z = height*w1 + weight*w2 + b
    predictedGender=sigmoid(z)
    print("Individual #{} actual score: {} predicted score:
{}".format(i+1,random_individual[2],predictedGender))
```

脚本的输出结果如下图所示：

```
In [39]: for i in range(len(data_array)):
             random_individual = data_array[i]
             height = random_individual[0]
             weight = random_individual[1]
             z = height*w1 + weight*w2 + b
             predictedGender=sigmoid(z)
             print("Individual #{} actual score: {} predicted score: {}"
                   .format(i+1,random_individual[2],predictedGender))

         Individual #1 actual score: 1.0 predicted score: 0.9921049600550155
         Individual #2 actual score: 0.0 predicted score: 0.03372805542036423
         Individual #3 actual score: 0.0 predicted score: 0.016372819700798374
         Individual #4 actual score: 1.0 predicted score: 0.9999862828839244
         Individual #5 actual score: 0.0 predicted score: 0.0469456203497416
         Individual #6 actual score: 1.0 predicted score: 0.9999999688535043
         Individual #7 actual score: 0.0 predicted score: 0.0004915890916453382
         Individual #8 actual score: 1.0 predicted score: 0.9999999999972711
         Individual #9 actual score: 0.0 predicted score: 1.6712931344961645e-08
         Individual #10 actual score: 0.0 predicted score: 0.00010349306890725019
         Individual #11 actual score: 1.0 predicted score: 0.9999999709268494
         Individual #12 actual score: 1.0 predicted score: 0.9835862381176147
         Individual #13 actual score: 1.0 predicted score: 0.999999966632299
         Individual #14 actual score: 0.0 predicted score: 0.00011877876719320243
         Individual #15 actual score: 1.0 predicted score: 0.9903924909384766
         Individual #16 actual score: 1.0 predicted score: 0.9999984336125107
         Individual #17 actual score: 0.0 predicted score: 0.019887295647811554
         Individual #18 actual score: 1.0 predicted score: 0.9999999934453481
         Individual #19 actual score: 1.0 predicted score: 0.9216999710497804
         Individual #20 actual score: 0.0 predicted score: 0.009583378854204839
         Individual #21 actual score: 1.0 predicted score: 0.9999946799439814
         Individual #22 actual score: 0.0 predicted score: 3.535054577059945e-08
         Individual #23 actual score: 1.0 predicted score: 0.999999988724343
         Individual #24 actual score: 0.0 predicted score: 0.001897139967360123
         Individual #25 actual score: 1.0 predicted score: 0.9999709865300538
         Individual #26 actual score: 0.0 predicted score: 0.029515249648309982
         Individual #27 actual score: 1.0 predicted score: 0.999980642653134
         Individual #28 actual score: 0.0 predicted score: 0.003259106640364197
         Individual #29 actual score: 0.0 predicted score: 9.114783430185142e-08
```

当四舍五入时，29 个实际分数都近似预测分数。这有助于确认该模型对训练数据产生的匹配结果，且最终，测试将确定该模型能否对新引入的个体做出准确的性别预测。

其他

要了解有关使用梯度下降法最小化代价函数的更多信息，请访问以下站点：

链接32

根据身高值和体重值预测性别

只有当预测模型能够根据新的信息进行预测时，它才是有用的。简单的逻辑回归、线性回归或更复杂的神经网络模型都是如此。

准备

从这里开始，内容将会变得有趣一些。本节的唯一要求是提取男性和女性个体的样本数据点，并使用他们的身高值和体重值来评估上一节创建的模型的准确度。

实现

本节将介绍根据身高值和体重值预测性别的步骤。

1. 创建一个名为 `input_normalize` 的 Python 函数，以输入身高值和体重值的新值，并输出规范化的身高值和体重值，如下面的脚本所示：

```
def input_normalize(height, weight):
    inputHeight = (height - x_mean[0])/x_std[0]
    inputWeight = (weight - x_mean[1])/x_std[1]
    return inputHeight, inputWeight
```

2. 为函数指定一个名为 `score` 的变量，值为 70 英寸（高）和 180 磅（重），脚本如下所示：

```
score = input_normalize(70, 180)
```

3. 创建另一个名为 `predict_gender` 的 Python 函数，通过应用 `w1`、`w2` 和 `b` 的求和以及 `sigmoid` 函数，输出 0 到 1 之间的概率得分，`gender_score`，以及性别描述，脚本如下所示：

```
def predict_gender(raw_score):
    gender_summation = raw_score[0]*w1 + raw_score[1]*w2 + b
    gender_score = sigmoid(gender_summation)
    if gender_score <= 0.5:
        gender = 'Female'
    else:
        gender = 'Male'
    return gender, gender_score
```

说明

下面解释如何使用身高值和体重值的新输入来生成性别预测得分。

1. 创建一个函数来输入新的身高值和体重值，并将实际值转换为规范化的身高值和体重值，分别称为 `inputHeight` 和 `inputWeight`。

2. 使用变量 `score` 存储规范化值，并创建另一个函数 `predictGender` 来输入得分值，根据上一节创建的 `w1`、`w2` 和 `b` 的值输出性别得分和描述。这些值已经使用梯度下降法进行了预调整，并最小化了代价函数。
3. 将得分值 `score` 应用于 `predict_gender` 函数，显示 **gender** 描述和 **score**，如下图所示：

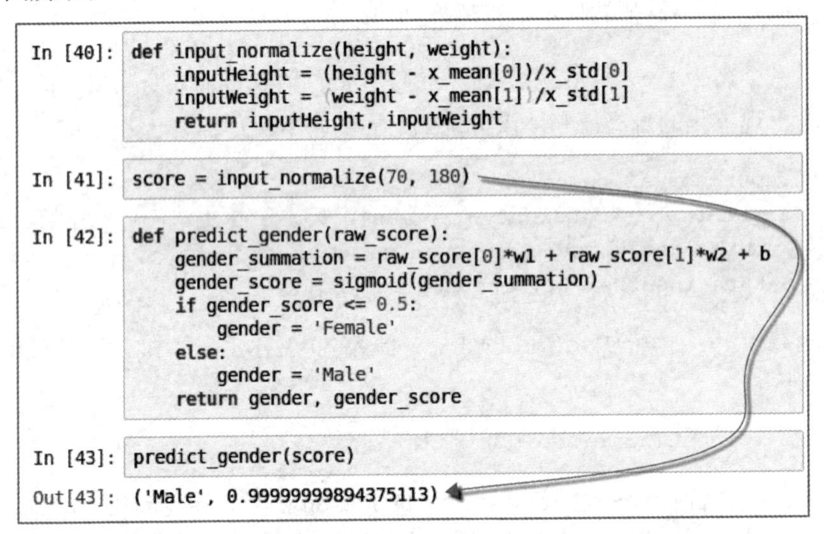

```
In [40]: def input_normalize(height, weight):
             inputHeight = (height - x_mean[0])/x_std[0]
             inputWeight = (weight - x_mean[1])/x_std[1]
             return inputHeight, inputWeight

In [41]: score = input_normalize(70, 180)

In [42]: def predict_gender(raw_score):
             gender_summation = raw_score[0]*w1 + raw_score[1]*w2 + b
             gender_score = sigmoid(gender_summation)
             if gender_score <= 0.5:
                 gender = 'Female'
             else:
                 gender = 'Male'
             return gender, gender_score

In [43]: predict_gender(score)

Out[43]: ('Male', 0.99999999894375113)
```

4. 看起来，**男性 Male** 的高预测值的规格是高为 70 英寸和重量为 180 磅。
5. 对于高 50 英寸和重 150 磅的另一项测试可能会显示出不同的性别，如下图所示：

```
In [44]: score = input_normalize(50,120)

In [45]: predict_gender(score)

Out[45]: ('Female', 8.3923134541706229e-09)
```

6. 类似地，输入值经 `sigmoid` 函数计算后，得到一个非常低的分数（0.00000000839），表明这些特征与女性性别密切相关。

其他

要了解有关测试、训练和验证数据集的更多信息，请访问以下网站：

链接33

预测分数并进行可视化

除了可根据具有一定高度和重量的个体来单独预测性别外，还可使用每个数据点对整个数据集进行图表绘制和评分，以确定输出结果为女性还是男性。

准备

本节不需要准备额外内容。

实现

本节将介绍可视化图形中所有预测点的步骤。

1. 使用以下脚本计算图形的最小点和最大点：

```
x_min = min(data_array[:,0])-0.1
x_max = max(data_array[:,0])+0.1
y_min = min(data_array[:,1])-0.1
y_max = max(data_array[:,1])+0.1
increment= 0.05

print(x_min, x_max, y_min, y_max)
```

2. 以 0.05 为单位的增量生成 x 值和 y 值，然后创建一个名为 `xy_data` 的数组，如以下脚本所示：

```
x_data= np.arange(x_min, x_max, increment)
y_data= np.arange(y_min, y_max, increment)
xy_data = [[x_all, y_all] for x_all in x_data for y_all in y_data]
```

3. 最后，使用与本章前面使用的类似脚本生成性别得分并填充图表，脚本如下所示：

```
for i in range(len(xy_data)):
    data = (xy_data[i])
    height = data[0]
    weight = data[1]
```

```
z_new = height*w1 + weight*w2 + b
predictedGender_new=sigmoid(z_new)
# 打印（身高、体重、新的预测性别）
ax = plt.scatter(height[predictedGender_new<=0.5],
        weight[predictedGender_new<=0.5],
        marker = 'o', c= 'r', label = 'Female')
bx = plt.scatter(height[predictedGender_new > 0.5],
        weight[predictedGender_new>0.5],
        marker = 'o', c= 'b', label = 'Male')
# 绘图值、标题、图例、x轴和y轴
plt.title('Weight vs Height by Gender')
plt.xlabel('Height (in)')
plt.ylabel('Weight (lbs)')
plt.legend(handles=[ax,bx])
```

说明

本节介绍如何创建数据点以生成将要绘制的预测值。

1. 图的最小值和最大值是根据数组的值计算的。脚本的输出内容如下图所示：

```
In [46]: x_min = min(data_array[:,0])-0.1
         x_max = max(data_array[:,0])+0.1
         y_min = min(data_array[:,1])-0.1
         y_max = max(data_array[:,1])+0.1
         increment= 0.05
         print(x_min, x_max, y_min, y_max)

         -2.24700848159 2.12373526733 -1.8245797669 2.02829477995
```

2. 我们为最小值和最大值的每个数据点生成 x 值和 y 值，增量为 0.05，然后将每个 (x, y)点输入预测分数函数中以绘制这些值。女性性别得分被指定为红色，男性性别得分被指定为蓝色，如下图所示：

```
In [50]: for i in range(len(xy_data)):
             data = (xy_data[i])
             height = data[0]
             weight = data[1]
             z_new = height*w1 + weight*w2 + b
             predictedGender_new=sigmoid(z_new)
             # print(height, weight, predictedGender_new)
             ax = plt.scatter(height[predictedGender_new<=0.5],
                              weight[predictedGender_new<=0.5],
                              marker = 'o', c= 'r', label = 'Female')
             bx = plt.scatter(height[predictedGender_new > 0.5],
                              weight[predictedGender_new>0.5],
                              marker = 'o', c= 'b', label = 'Male')
             # plot values, title, legend, x and y axis
             plt.title('Weight vs Height by Gender')
             plt.xlabel('Height (in)')
             plt.ylabel('Weight (lbs)')
             plt.legend(handles=[ax,bx])
```

Weight vs Height by Gender

Female
Male

Weight (lbs)

2.0 1.5 1.0 0.5 0.0 −0.5 −1.0 −1.5 −2.0

−2 −1 0 1 2

Height (in)

3. 该图显示了性别得分之间的界限具体取决于所选择的身高值和体重值。

3

卷积神经网络的难点

本章将介绍以下内容：

- 难点 1：导入 MNIST 图像
- 难点 2：可视化 MNIST 图像
- 难点 3：将 MNIST 图像导出为文件
- 难点 4：增加 MNIST 图像
- 难点 5：利用备用资源训练图像
- 难点 6：为卷积神经网络优先考虑高级库

介绍

卷积神经网络（Convolutional Neural Networks，简称 CNN）在几年前开始被人们青睐，它在图像识别方面取得了巨大成功。在智能手机普及的今天，图像识别非常重要，因为任何人都可以拍摄大量照片，并将照片发布到社交媒体网站上。因此，卷积神经网络在当今的市场上需求很大。

为了最佳地运行卷积神经网络，需要以下内容：

- 大量的训练数据。
- 视觉和空间数据。
- 强调过滤（池化）、激活和卷积，而不是传统神经网络中更常见的全连接层。

虽然卷积神经网络已非常流行，但由于计算需求和为获得性能良好的模型所需训练数据量等因素，卷积神经网络的使用仍受很大限制。我们将重点介绍可应用于数据的技术，这些技术最终将帮助卷积神经网络的发展并解决一些局限性问题。在后面的章节中，我们将在开发图像分类模型时应用其中一些技术。

难点 1：导入 MNIST 图像

用于图像分类的最常见的数据集之一是 **MNIST 数据集**（Modified National Institute of Standards and Technology，国家标准与技术研究所校正手写体数据集），它由数千个手写数字样本组成。Yann LeCun、Corinna Cortes 和 Christopher J.C. Burges 认为 MNIST 很有用，他们的解释是：

对于那些想在真实数据上尝试学习技术和模式识别方法，同时在预处理和格式化方面花费较低的人们来说，它是一个很好的数据库。

有几种方法可将 MNIST 图像导入我们的 Jupyter Notebook 中。我们将在本章中介绍以下两种方法：

1. 直接通过 TensorFlow 库导入。
2. 手动通过 MNIST 网站导入。

需要注意的是，我们主要用 MNIST 图像来示范如何在卷积神经网络中提高性能。所有这些应用于 MNIST 图像的技术都可以应用于任何用于训练卷积神经网络的图像。

准备

我们只需安装 TensorFlow。由于它也许不会被预先安装在 **anaconda3** 包中，因此，我们可用一个简单的 pip 安装确认 TensorFlow 是否可用，以及在 TensorFlow 不可应用时安装它。TensorFlow 可被轻松安装在终端，如下图所示：

```
asherif844@ubuntu: ~
asherif844@ubuntu:~$ pip install tensorflow
Requirement already satisfied: tensorflow in ./anaconda3/lib/python3.6/site-pack
ages
Requirement already satisfied: numpy>=1.11.0 in ./anaconda3/lib/python3.6/site-p
ackages (from tensorflow)
Requirement already satisfied: protobuf>=3.3.0 in ./anaconda3/lib/python3.6/site
-packages (from tensorflow)
Requirement already satisfied: six>=1.10.0 in ./anaconda3/lib/python3.6/site-pac
kages (from tensorflow)
Requirement already satisfied: tensorflow-tensorboard<0.2.0,>=0.1.0 in ./anacond
a3/lib/python3.6/site-packages (from tensorflow)
Requirement already satisfied: wheel>=0.26 in ./anaconda3/lib/python3.6/site-pac
kages (from tensorflow)
Requirement already satisfied: setuptools in ./anaconda3/lib/python3.6/site-pack
ages/setuptools-27.2.0-py3.6.egg (from protobuf>=3.3.0->tensorflow)
Requirement already satisfied: html5lib==0.9999999 in ./anaconda3/lib/python3.6/
site-packages (from tensorflow-tensorboard<0.2.0,>=0.1.0->tensorflow)
Requirement already satisfied: markdown>=2.6.8 in ./anaconda3/lib/python3.6/site
-packages (from tensorflow-tensorboard<0.2.0,>=0.1.0->tensorflow)
Requirement already satisfied: bleach==1.5.0 in ./anaconda3/lib/python3.6/site-p
ackages (from tensorflow-tensorboard<0.2.0,>=0.1.0->tensorflow)
Requirement already satisfied: werkzeug>=0.11.10 in ./anaconda3/lib/python3.6/si
te-packages (from tensorflow-tensorboard<0.2.0,>=0.1.0->tensorflow)
asherif844@ubuntu:~$
```

实现

TensorFlow 库有一组可供直接使用的内置示例。其中一个示例数据集是 `MNIST`。本节将介绍获取这些图像的步骤。

1. 使用以下脚本将 TensorFlow 导入别名为 `tf` 的库中：

   ```
   import tensorflow as tf
   ```

2. 从库中下载并提取图像，并使用以下脚本将其保存到本地文件夹：

   ```
   from tensorflow.examples.tutorials.mnist import input_data
   data = input_data.read_data_sets('MNIST/', one_hot=True)
   ```

3. 得到训练和测试数据集的最终计数，这些计数将用于评估图像分类的准确度。我们需使用以下脚本：

   ```
   print('Image Inventory')
   print('----------')
   print('Training: ' + str(len(data.train.labels)))
   print('Testing: '+ str(len(data.test.labels)))
   print('----------')
   ```

说明

本节将介绍访问 MNIST 数据集的步骤：

1. 一旦确认 TensorFlow 库已正确安装，我们就可将其导入 Jupyter Notebook 中。
2. 我们可以确认 TensorFlow 的版本并将图像提取到 `MNIST/` 本地文件夹中。提取过程在 Notebook 的输出中可见，如下图所示：

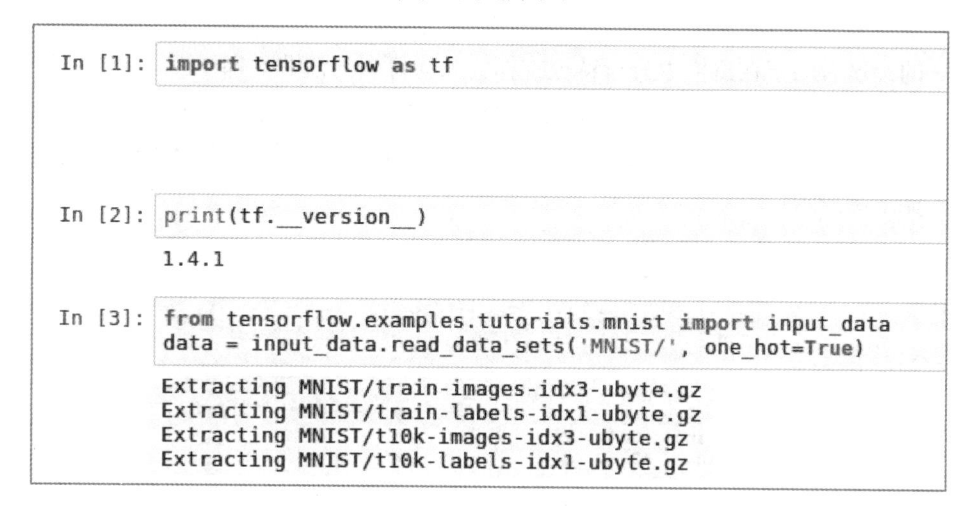

3. 提取的 4 个文件命名如下：

```
1. t10k-images-idx3-ubyte.gz
2. t10k-labels-idx1-ubyte.gz
3. train-images-idx3-ubyte.gz
4. train-labels-idx1-ubyte.gz
```

4. 它们已被下载到 `MNIST/`文件夹中，如下图所示：

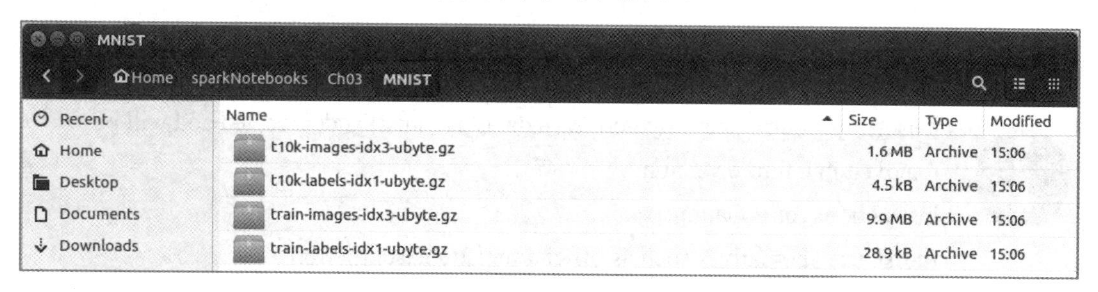

5. 此外，我们可在 Jupyter Notebook 中查看这 4 个文件，如下图所示：

```
In [4]: import os
        os.listdir('MNIST/')

Out[4]: ['t10k-images-idx3-ubyte.gz',
         't10k-labels-idx1-ubyte.gz',
         'train-labels-idx1-ubyte.gz',
         'train-images-idx3-ubyte.gz']
```

6. 这 4 个文件是具有标签的测试和训练图像数据集，用于区分每张测试图像和训练图像。另外，`one_hot = True` 特征是显式定义的。这表明标签的独热编码是激活的，这有助于在建模中进行特征选择，因为每列的值非 0 即 1。
7. 库的子类也会被导入，它将 MNIST 的手写图像存储到指定的本地文件夹中。包含所有图像的文件夹大小约为 12MB，它有 **55,000** 张训练图像和 **10,000** 张测试图像，如下图所示：

```
In [4]: print('Image Inventory')
        print('----------')
        print('Training: {}'.format(len(data.train.labels)))
        print('Testing:  {}'.format(len(data.test.labels)))
        print('----------')

        Image Inventory
        ----------
        Training: 55000
        Testing:  10000
        ----------
```

8. 我们的模型有 10,000 张图像用来测试准确度，并在 55,000 张图像上进行训练。

扩展

有时，直接通过 TensorFlow 访问 MNIST 数据集可能会出现错误或警告。正如之前所述，我们在导入 MNIST 时收到以下警告：

WARNING: tensorflow: From <ipython-input-3-ceaef6f48460>:2:
read_data_sets (from
tensorflow.contrib.learn.python.learn.datasets.mnist) is deprecated and will be removed in a future version.
Instructions for updating:
Please use alternatives such as official/mnist/dataset.py from
Tensorflow/ models.

该数据集可能会在 TensorFlow 的未来版本中被弃用，因此，我们以后也许不能直接进行访问。有时，我们通过 TensorFlow 提取 MNIST 图像时可能会遇到典型的 *HTTP 403* 错误。这是由于网站暂时不可用。但不用担心，有一种方法可以手动下载 4 个 `.gz` 文件，可以使用以下链接：

链接34

这些文件位于网站上，如下图所示：

下载这些文件并将它们保存到一个可访问的本地文件夹中，类似我们直接从 TensorFlow 获取文件进行的操作。

其他

要了解有关 `MNIST` 手写数字数据库的更多信息，请访问以下网站：

链接35

要了解有关独热编码的更多信息，请访问以下网站：

链接36

难点 2：可视化 MNIST 图像

在用 Jupyter Notebook 处理图像时，绘制图像通常是一个难点。从训练数据集显示手写图像至关重要，尤其是在比较与手写图像关联的标签实际值时。

准备

显示手写图像只需导入numpy和matplotlib这两个Python库，它们都可通过Anaconda包获得。如果由于特殊原因导致它们不可用，则可使用以下 pip 命令将它们安装在终端上：

- pip install matplotlib
- pip install numpy

实现

本节将介绍在 Jupyter Notebook 中可视化 MNIST 手写图像的步骤。

1. 导入 numpy 和 matplotlib 两个库，并使用以下脚本配置 matplotlib 在窗口内进行绘制：

```
import numpy as np
import matplotlib.pyplot as plt
%matplotlib inline
```

2. 使用以下脚本绘制前两个样本图像：

```
for i in range(2):
    image = data.train.images[i]
    image = np.array(image, dtype='float')
    label = data.train.labels[i]
    pixels = image.reshape((28, 28))
    plt.imshow(pixels, cmap='gray')
    print('-----------------')
    print(label)
    plt.show()
```

说明

本节将介绍如何在 Jupyter Notebook 中查看 MNIST 手写图像。

1. 在 Python 中生成一个循环，它将从训练数据集中采样两张图像。
2. 最初，这些图像只是存储在 numpy 数组中的一系列介于 0 到 1 之间的浮点值。数组的值是一个名为 image 的标记图像。然后，将 image 数组重新构造为一个名为 pixels 的 28 像素×28 像素的矩阵，对于 0 处的任何值都使用黑色，对于非 0 处的任何颜色都使用灰色阴影。值越高，灰色阴影越浅。在这里有一个数字 **8** 的示例，如下图所示：

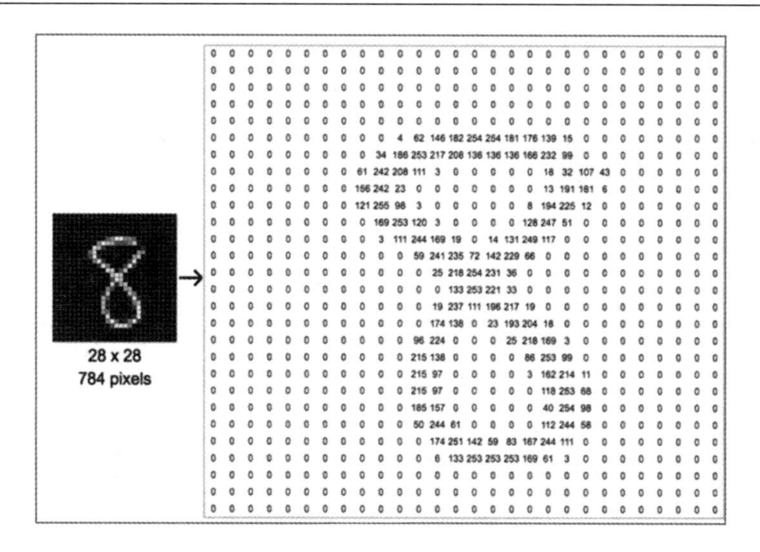

3. 循环的输出为数字 **7** 和 **3** 生成的两个手写图像及其标签，如下图所示：

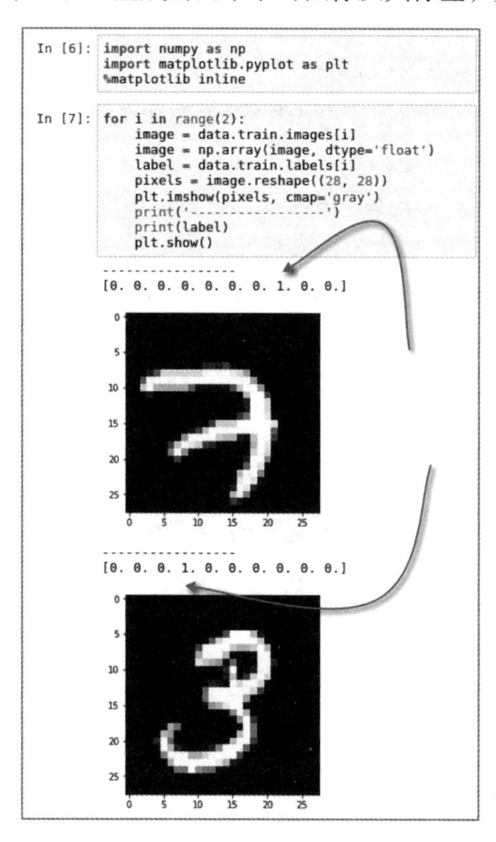

4. 除了绘制图像之外，训练数据集中的标签也会被打印在图像上。标签是长度为 10 的数组，数组中的元素非 0 即 1。对于数字 7，数组中的第 8 个元素的值为 1，其他所有元素均为 0。对于数字 3，数组中的第 4 个元素的值为 1，其他所有元素均为 0。

扩展

图像中的数值也许不是很清晰，虽然大多数人能够识别第一张图像显示的是数字 7，第二张图像显示的是数字 3，但我们也可通过标签中的数组帮助确认。

数组中有 10 个元素，每个元素引用标记为 0 到 9 的数值，且这些元素按数字大小排列。由于第一个数组的第 8 个元素是一个正值或更准确地说是数字 1，这表示图像的值是 7，因为数字 7 对应数组中第 8 个元素。数组中的其他元素都应为 0。此外，第二幅图像中第 4 个元素的值为 1，表示图像是正数 3。

其他

Leun、Cortes 和 Burges 在下面的声明中讨论了为什么将图像设置为 28 像素 × 28 像素：

> "NIST 的原始黑白（双层）图像在保持它们的纵横比的同时，进行了尺寸规范化以适应 20 像素×20 像素的像素框。规范化算法使用抗锯齿技术得到的图像包含灰度。在计算得到 28 像素×28 像素图像的中点后，将 NIST 图像放在 28 像素×28 像素图像的正中，并在确保不移动图像中点的情况下放大图像。"
>
> ——*Leun,*、*Cortes* 和 *Burges* 语录，摘自链接 37

难点 3：将 MNIST 图像导出为文件

我们经常需要直接在图像中工作而非在数组向量中。本节将指导大家将数组转换为`.png`图像。

准备

将向量导出到图像需要导入以下库：

- 从 matplotlib 导入 image。

实现

本节介绍将 MNIST 数组样本转换为本地文件夹中文件的步骤。

1. 创建一个子文件夹，使用以下脚本将图像保存到 MNIST/ 的主文件夹中：

```
if not os.path.exists('MNIST/images'):
   os.makedirs('MNIST/images/')
os.chdir('MNIST/images/')
```

2. 遍历 MNIST 数组的前 10 个样本，并使用以下脚本将它们转换为.png 文件：

```
from matplotlib import image
for i in range(1,10):
     png = data.train.images[i]
     png = np.array(png, dtype='float')
     pixels = png.reshape((28, 28))
     image.imsave('image_no_{}.png'.format(i),pixels,cmap = 'gray')
```

3. 执行以下脚本查看从 image_no_1.png 到 image_no_9.png 的图像列表：

```
print(os.listdir())
```

说明

下面介绍如何将 MNIST 数组转换为图像并保存到本地文件夹。

1. 我们创建了一个名为 MNIST/images 的子文件夹，用来帮助存储临时的.png 图像，并将它们与 MNIST 数组和标签分开。
2. 我们再次遍历 data.train 图像，得到 9 个可用于采样的数组。然后将图像以.png 文件的形式保存到本地目录，格式如下：

```
'image_no_{}.png'.format(i), pixels, cmap = 'gray'
```

3. 这 9 幅图像的输出可以在本地目录中看到，如下图所示：

```
In [8]: if not os.path.exists('MNIST/images'):
            os.makedirs('MNIST/images/')
        os.chdir('MNIST/images/')

In [9]: from matplotlib import image
        for i in range(1,10):
            png = data.train.images[i]
            png = np.array(png, dtype='float')
            pixels = png.reshape((28, 28))
            image.imsave('image_no_{}.png'.format(i), pixels, cmap = 'gray')

In [10]: print(os.listdir())

['image_no_9.png', 'image_no_3.png', 'image_no_4.png', 'image_no_7.png', 'image_no_2.png', 'image_no_5.png',
'image_no_8.png', 'image_no_1.png', 'image_no_6.png']
```

扩展

除了在目录中查看图像列表外，还可以在 Linux 的目录中查看图像，如下图所示：

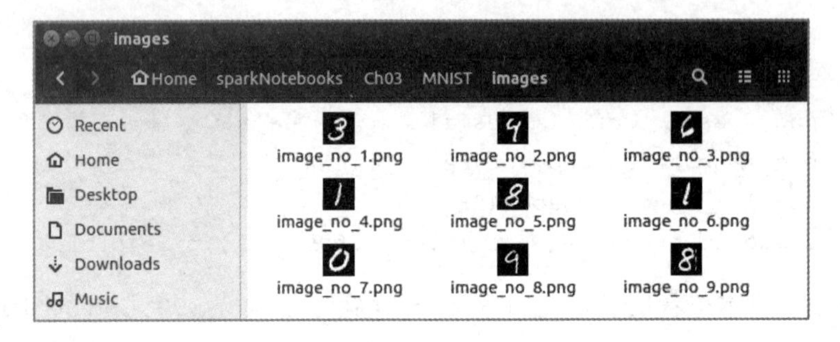

其他

要了解有关 `matplotlib` 中 `image.imsave` 的更多信息，请访问以下网站：

链接38

难点 4：增加 MNIST 图像

图像识别的一个主要缺点是可用图像缺乏多样性。这导致卷积神经网络不能像我们希望的那样以最佳状态运行。并且，由于训练数据缺乏多样性，返回的结果往往不太理想。但有一些技术可以绕过这些缺点，我们将在本节中讨论其中的一种技术。

准备

我们又完成了很多繁重的工作。下面我们将使用流行的 Python 包 `augmentor`，它经常与机器学习和深度学习一起建模使用，以生成经扭曲和增强的现有图像的其他版本。

首先应使用以下脚本安装软件包：

```
pip install augmentor
```

然后我们要确认已安装的软件包，如下图所示：

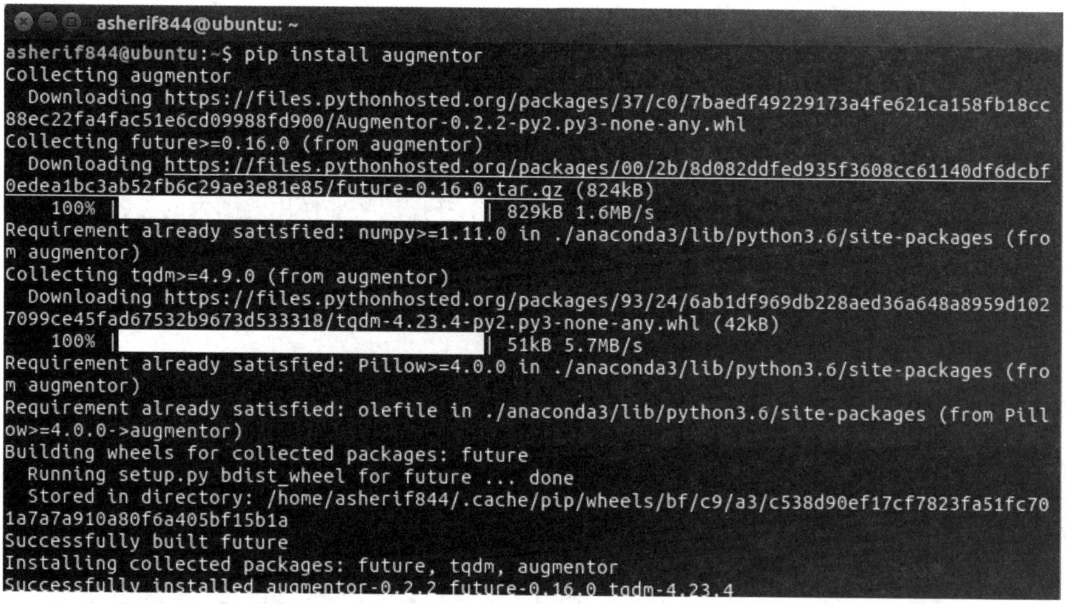

```
asherif844@ubuntu: ~
asherif844@ubuntu:~$ pip install augmentor
Collecting augmentor
  Downloading https://files.pythonhosted.org/packages/37/c0/7baedf49229173a4fe621ca158fb18cc
88ec22fa4fac51e6cd09988fd900/Augmentor-0.2.2-py2.py3-none-any.whl
Collecting future>=0.16.0 (from augmentor)
  Downloading https://files.pythonhosted.org/packages/00/2b/8d082ddfed935f3608cc61140df6dcbf
0edea1bc3ab52fb6c29ae3e81e85/future-0.16.0.tar.gz (824kB)
    100% |████████████████████████████████| 829kB 1.6MB/s
Requirement already satisfied: numpy>=1.11.0 in ./anaconda3/lib/python3.6/site-packages (fro
m augmentor)
Collecting tqdm>=4.9.0 (from augmentor)
  Downloading https://files.pythonhosted.org/packages/93/24/6ab1df969db228aed36a648a8959d102
7099ce45fad67532b9673d533318/tqdm-4.23.4-py2.py3-none-any.whl (42kB)
    100% |████████████████████████████████| 51kB 5.7MB/s
Requirement already satisfied: Pillow>=4.0.0 in ./anaconda3/lib/python3.6/site-packages (fro
m augmentor)
Requirement already satisfied: olefile in ./anaconda3/lib/python3.6/site-packages (from Pill
ow>=4.0.0->augmentor)
Building wheels for collected packages: future
  Running setup.py bdist_wheel for future ... done
  Stored in directory: /home/asherif844/.cache/pip/wheels/bf/c9/a3/c538d90ef17cf7823fa51fc70
1a7a7a910a80f6a405bf15b1a
Successfully built future
Installing collected packages: future, tqdm, augmentor
Successfully installed augmentor-0.2.2 future-0.16.0 tqdm-4.23.4
```

还需要从 augmentor 导入 pipeline 类：

```
from Augmentor import Pipeline
```

实现

本节将介绍为 9 幅示例图像增加频率和放大的步骤。

1. 使用以下脚本初始化 augmentor 函数：

```
from Augmentor import Pipeline
augmentor =
Pipeline('/home/asherif844/sparkNotebooks/Ch03/MNIST/images')
```

2. 执行以下脚本使 augmentor 函数按以下规范旋转图像：

```
augmentor.rotate(probability=0.9,max_left_rotation=25,
max_right_rotation=25)
```

3. 执行以下脚本，使每幅图像经过两轮迭代，每轮迭代 10 次：

```
for i in range(1,3):
     augmentor.sample(10)
```

说明

下面解释如何使用我们的 9 幅图像创建被扭曲的其他图像。

1. 我们需要为图像转换创建一个 `Pipeline`，并指定将要使用的图像的位置。这确保了以下内容：
   （1）图像的源位置。
   （2）要转换的图像数量。
   （3）图像的目标位置。
2. 可以看到，我们的目标位置是使用名为`/output/`的子文件夹创建的，如下图所示：

```
In [11]: from Augmentor import Pipeline

In [12]: augmentor = Pipeline('/home/asherif844/sparkNotebooks/Ch03/MNIST/images')
         Initialised with 9 image(s) found.
         Output directory set to /home/asherif844/sparkNotebooks/Ch03/MNIST/images/output.
```

3. `augmentor` 函数将每幅图像向右旋转 25° 或向左旋转 25° ，概率为 90%。基本上，概率配置决定了增强发生的频率。
4. 创建一个循环来遍历每幅图像两次，并对每幅图像应用两个转换；然而，由于我们在每个变换中都增加了一个概率，有些图像可能不会被变换，而有些图像可能会被变换两次以上。转换完成后，我们会收到一条消息，如下图所示：

```
In [14]: for i in range(1,3):
             augmentor.sample(10)
         Processing <PIL.Image.Image image mode=RGBA size=28x28 at 0x7FAA10DA6358>: 100%|██████████| 10/10 [00:00<00:0
         0, 214.06 Samples/s]
         Processing <PIL.Image.Image image mode=RGBA size=28x28 at 0x7FAA10DA6208>: 100%|██████████| 10/10 [00:00<00:0
         0, 194.51 Samples/s]
```

5. 一旦完成了变换，我们就可以访问`/output/`子目录，看看每个数字是如何轻微改变的，如下图所示：

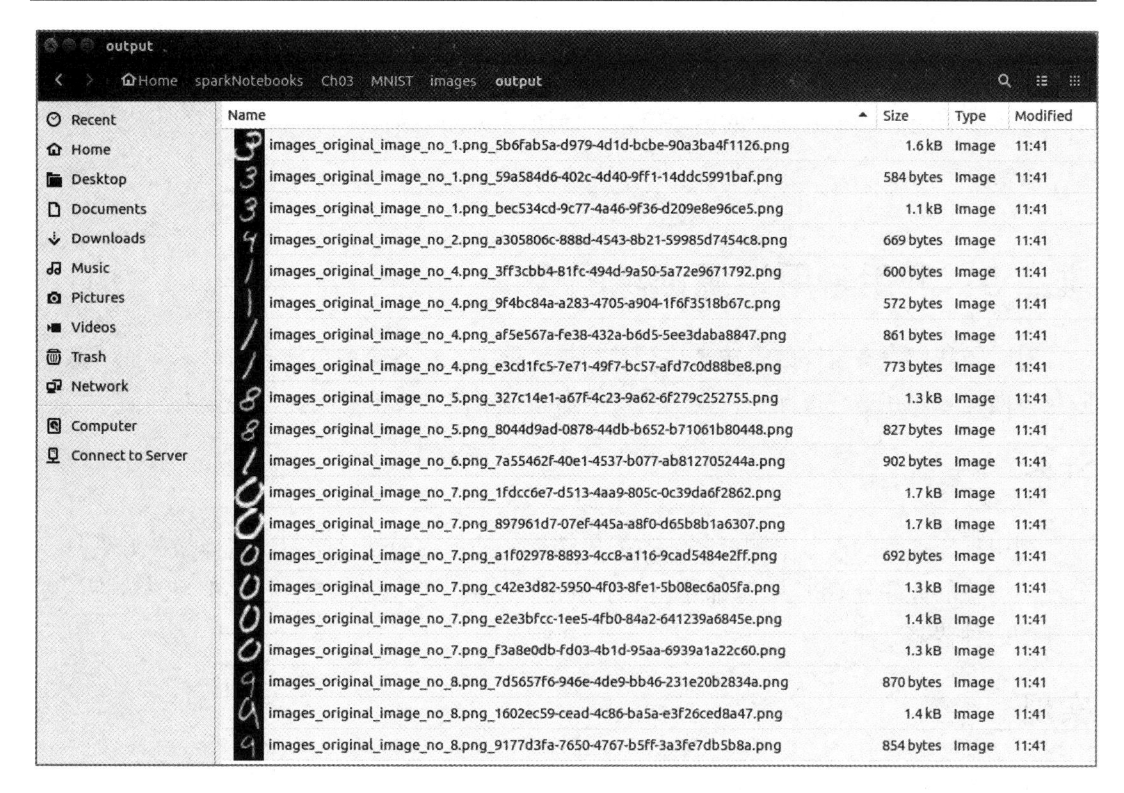

6. 可以看到，数字 **3**、**1**、**8**、**0** 和 **9** 都有不同程度的旋转。现在，我们已经将样本数据集扩大了三倍，并增加了更多的种类，而不必为训练和测试而提取更多图像了。

扩展

我们只应用了旋转变换；然而，还有几个转换和增强函数可以应用于图像：

- 透视倾斜
- 弹性扭曲
- 剪切
- 裁剪
- 镜像

虽然在寻求增加训练数据集的频率和多样性时，并非所有转换都是必要的，但使用一些特征组合并评估模型性能可能有益。

其他

要了解有关 `augmentor` 的更多信息，请访问以下网站：

链接39

难点 5：利用备用资源训练图像

有时候我们没有足够的资源来执行卷积神经网络。这些资源可能会在计算方面或数据收集方面受限。在这种情况下，我们需要依靠其他资源来帮忙对图像进行分类。

准备

利用预先训练的模型来测试其他数据集结果的技术称为迁移学习。这样做的好处是，分配给训练的大部分 CPU 资源都外包给了预先训练的模型。近年来，迁移学习已成为深度学习的一种普遍延伸。

实现

下面解释迁移学习的过程。

1. 将你感兴趣的一系列数据集或图像进行收集分类，像使用传统的机器学习或深度学习的方法一样。
2. 将数据集拆分为训练和测试两组，比例为 75/25 或 80/20。
3. 确认一个预先训练的模型，该模型将用于识别和标识要分类的图像。
4. 构建深度学习管道，将训练数据连接到预先训练的模型，并开发识别测试数据所需的权重和参数。
5. 最后，评估测试数据的模型的性能。

说明

下面解释应用于 MNIST 数据集时的迁移学习过程。

1. 我们肯定采用迁移学习的快捷方法，因为我们的资源、时间或两者往往都受限。我们希望能尽量使用已经完成的先前工作，并希望它们能帮助我们解决新事物。

2. 由于我们处理的是图像分类问题，所以应该使用一个预先训练的模型，该模型已对过去常见的图像进行分类。有很多常见的模型，其中最突出的两个是：

   （1）微软开发的 ResNet 模型。

   （2）谷歌开发的 Inception 模型。

3. 这两个模型对图像分类都很有用，因为微软和谷歌都有各种各样可供它们训练的图像，该模型可以更详细地提取特征。

4. 我们可直接在 Spark 中构建深度学习管道并调用名为 `DeepImageFeaturizer` 的类，并将 `InceptionV3` 模型应用于从训练数据中收集的一组特征。然后使用某种类型的二进制或多分类评估器在测试数据上对训练后的数据集进行评估。

5. 深度学习或机器学习中的管道就是一个流水线程。它始于从数据收集环境中获取数据，止于对收集的数据进行评估或分类。

扩展

和世间所有事情一样，使用迁移学习有其优缺点。正如我们在本节前面讨论的，在资源有限的情况下，构建大型数据集时运用迁移学习是理想的做法。但也会出现这样的情况，即手头上的源数据在预先训练的模型中没有显示出它的许多特征，从而导致模型性能较差。我们总是可以从一个预先训练的模型切换到另一个模型，并评估模型性能。此外，迁移学习是一种快速失败方法，可以在没有其他选择时予以采用。

其他

要了解有关微软 ResNet 的更多信息，请访问以下网站：

链接40

要了解有关谷歌 Inception 的更多信息，请访问以下网站：

链接41

要更具体地了解 InceptionV3，你可以阅读下面这篇康奈尔大学的论文——*Rethinking the Inception Architecture for Computer Vision*：

链接42

难点 6：为卷积神经网络优先考虑高级库

有许多可用来执行卷积神经网络的库。其中一些被认为是低级的，比如 TensorFlow，它的配置和安装往往需要大量编码。对于没有经验的开发人员来说这可能是一个难点。还有一些其他库，如 Keras，它是构建在 TensorFlow 等库之上的高级框架。这些库构建卷积神经网络所需的代码要少得多。通常，开发人员在开始构建神经网络时，会尝试使用 TensorFlow 来实现模型，但会在此过程中遇到一些问题。本节将建议最初使用 Keras 构建卷积神经网络来预测来自 MNIST 数据集的手写图像。

准备

在本节中，我们将用 Keras 训练一个识别 MNIST 手写图像的模型。你可以通过在终端执行以下命令来安装 Keras：

```
pip install keras
```

实现

下面将介绍构建模型以识别 MNIST 手写图像的步骤。

1. 使用以下脚本，根据变量中的 MNIST 数据集创建测试和训练的图像和标签：

```
xtrain = data.train.images
ytrain = np.asarray(data.train.labels)
xtest = data.test.images
ytest = np.asarray(data.test.labels)
```

2. 使用以下脚本重塑测试和训练数组：

```
xtrain=xtrain.reshape(xtrain.shape[0],28,28,1)
xtest=xtest.reshape(xtest.shape[0],28,28,1)
ytest=ytest.reshape(ytest.shape[0],10)
ytrain=ytrain.reshape(ytrain.shape[0],10)
```

3. 从 Keras 导入以下内容以构建卷积神经网络模型：

```
import keras
import keras.backend as K
from keras.models import Sequential
from keras.layers import Dense, Flatten, Conv2D
```

4. 使用以下脚本设置图像排序：

```
K.set_image_dim_ordering('th')
```

5. 使用以下脚本初始化顺序模型（Sequential model）：

```
model = Sequential()
```

6. 使用以下脚本向模型添加图层：

```
model.add(Conv2D(32, kernel_size=(3, 3),activation='relu',
            input_shape=(1,28,28)))
model.add(Flatten())
model.add(Dense(128, activation='relu'))
model.add(Dense(10, activation='sigmoid'))
```

7. 使用以下脚本编译模型：

```
model.compile(optimizer='adam',loss='binary_crossentropy',
             metrics=['accuracy'])
```

8. 使用以下脚本训练模型：

```
model.fit(xtrain,ytrain,batch_size=512,epochs=5,
            validation_data=(xtest, ytest))
```

9. 使用以下脚本测试模型性能：

```
stats = model.evaluate(xtest, ytest)
print('The accuracy rate is {}%'.format(round(stats[1],3)*100))
print('The loss rate is {}%'.format(round(stats[0],3)*100))
```

说明

下面介绍如何在 Keras 上构建卷积神经网络来识别来自 MNIST 的手写图像。

1. 对于任何模型开发，我们都需要对测试和训练数据集的特征和标签有一定了解。在我们的示例中，它们非常简单，因为来自 TensorFlow 的 MNIST 数据已经被分解为用于特征的 data.train.images 和用于标签的 data.train.labels。此外，我们希望将标签转换为数组，因此使用 np.asarray() 来处理 ytest 和 ytrain。
2. xtrain、xtest、ytrain 和 ytest 数组目前的形状不适合用于 Keras 中的卷积神

经网络。正如我们在本章前面所指出的，MNIST 图像的特征表示 28 像素 × 28 像素的图像，标签表示 0 到 9 之间的 10 个值中的一个。x 数组将被重新构造为**(, 28,28,1)**，y 数组将被重新构造为**(,10)**。新数组的形状如下图所示：

```
In [15]: xtrain = data.train.images
         ytrain = np.asarray(data.train.labels)
         xtest = data.test.images
         ytest = np.asarray(data.test.labels)

In [16]: xtrain = xtrain.reshape( xtrain.shape[0],28,28,1)
         xtest = xtest.reshape(xtest.shape[0],28,28,1)
         ytest= ytest.reshape(ytest.shape[0],10)
         ytrain = ytrain.reshape(ytrain.shape[0],10)

In [17]: print(xtrain.shape)
         print(ytrain.shape)
         print(xtest.shape)
         print(ytest.shape)

         (55000, 28, 28, 1)
         (55000, 10)
         (10000, 28, 28, 1)
         (10000, 10)
```

3. 正如前面描述，Keras 是一个高级库；因此，如果没有像 TensorFlow 这样的底层库的帮助，它就不能执行张量或卷积操作。为了配置这些操作，我们将 Keras 的后端（`backend`）设置为 `K`，按图像的维数排序 `image_dim_ordering`，将 TensorFlow 的 `tf` 设置为 `K`。

请注意，后端也可以设置为其他低级库，如 Theano。我们将维度顺序设置为 `th`，而不是 `tf`。另外，我们需要重建特征的形状。然而，在过去几年中，Theano 并没有像 TensorFlow 那样被广泛采用。

4. 一旦导入了构建卷积神经网络模型必要的库，就可以开始构建模型的序列或层，`Sequential()`。为方便演示，我们将使该模型尽可能简单，只有 4 层，以证明我们仍然可以在最小复杂度的情况下获得高准确度。每个层都使用 `.add()` 方法添加。
   （1）第一层设置为构建二维卷积层（`Conv2D`），这在 MNIST 数据等空间图像中很常见。因为它是第一层，所以必须明确定义输入数据的输入形状（`input_shape`）。此外，需要指定一个内核大小（`kernel_size`），用于设置用于卷积的窗口过滤器的高度和宽度。通常，32 滤波器的窗口过滤器常设置为 3×3 或 5×5。此外，必须为这一层设置一个激活函数，为了提高效率，尤其是在神经网络的早期，校正线性单元 `relu` 是一个很好的选择。

（2）接下来，第二层将第一层输入展平以检索分类，我们可以使用该分类来确定图像是否是可能的 10 个数字之一。

（3）第三步，将第二层的输出传递到一个密集层（dense），该层具有 128 个隐藏层和另一个 relu 激活函数。密集连接层中的函数涉及输入形状、内核大小和偏移，以便为 128 个隐藏层中的每一层创建输出。

（4）最后一层是输出，它将确定 MNIST 图像的预测值。我们添加另一个具有 sigmoid 函数的密集层来输出 MNIST 图像 10 种可能场景中每一种的概率。sigmoid 函数对二元或多类分类结果很有用。

5. 下一步我们使用 adam 作为优化器编译模型并评估度量的准确度。adam 优化器在卷积神经网络模型中很常用，就像我们在处理 10 种可能结果的多分类场景时使用分类交叉作为损失函数一样。

6. 我们一次使用 512 张图像训练模型，反复执行 5 次，并捕获每次迭代的损失和准确度，如下图所示：

```
In [18]: import keras
         import keras.backend as K
         from keras.models import Sequential
         from keras.layers import Dense, Flatten, Conv2D

         K.set_image_dim_ordering('tf')

         model = Sequential()

         model.add(Conv2D(32, kernel_size=(5, 5),activation='relu', input_shape=(28,28,1)))
         model.add(Flatten())
         model.add(Dense(128, activation='relu'))
         model.add(Dense(10, activation='sigmoid'))

         Using TensorFlow backend.

In [19]: model.compile(optimizer='adam',loss='categorical_crossentropy',
                       metrics=['accuracy'])

In [20]: model.fit(xtrain,ytrain,batch_size=512,
                   epochs=5,
                   validation_data=(xtest, ytest))

         Train on 55000 samples, validate on 10000 samples
         Epoch 1/5
         55000/55000 [==============================] - 46s 832us/step - loss: 0.3617 - acc: 0.9032 - val_loss: 0.1214
         - val_acc: 0.9651
         Epoch 2/5
         55000/55000 [==============================] - 44s 797us/step - loss: 0.0928 - acc: 0.9731 - val_loss: 0.0809
         - val_acc: 0.9770
         Epoch 3/5
         55000/55000 [==============================] - 44s 796us/step - loss: 0.0555 - acc: 0.9837 - val_loss: 0.0521
         - val_acc: 0.9839
         Epoch 4/5
         55000/55000 [==============================] - 42s 756us/step - loss: 0.0410 - acc: 0.9881 - val_loss: 0.0521
         - val_acc: 0.9823
         Epoch 5/5
         55000/55000 [==============================] - 43s 782us/step - loss: 0.0309 - acc: 0.9909 - val_loss: 0.0457
         - val_acc: 0.9861

Out[20]: <keras.callbacks.History at 0x7fe18d115c88>
```

7. 通过评估测试数据集中的训练模型来计算**准确度**和**损失率**，如下图所示：

```
In [21]: stats = model.evaluate(xtest, ytest)
         print('The accuracy rate is {}%'.format(round(stats[1],3)*100))
         print('The loss rate is {}%'.format(round(stats[0],2)*100))

         10000/10000 [==============================] - 3s 324us/step
         The accuracy rate is 98.6%
         The loss rate is 5.0%
```

8. 我们的模型看起来运行良好，**准确度为 98.6%**，**损失率为 5%**。
9. 我们在 Keras 中使用 5 行代码构建了一个简单的卷积神经网络，用于实际的模型设计。Keras 是一种很好的在短时间和短代码中运行模型的方式。一旦准备好进行更复杂的模型开发和控制，在 TensorFlow 中构建卷积神经网络会更有意义。

扩展

除了检索模型的准确度之外，我们还可以通过执行以下脚本在卷积神经网络建模过程的每个层中生成形状：

```
model.summary()
```

`model.summary()`的输出如下图所示：

```
In [22]: model.summary()

         _________________________________________________________________
         Layer (type)                 Output Shape              Param #
         =================================================================
         conv2d_1 (Conv2D)            (None, 24, 24, 32)        832
         _________________________________________________________________
         flatten_1 (Flatten)          (None, 18432)             0
         _________________________________________________________________
         dense_1 (Dense)              (None, 128)               2359424
         _________________________________________________________________
         dense_2 (Dense)              (None, 10)                1290
         =================================================================
         Total params: 2,361,546
         Trainable params: 2,361,546
         Non-trainable params: 0
         _________________________________________________________________
```

我们看到，第一层**(None, 24,24,32)**的输出形状通过进行 $24 \times 24 \times 32$ 的运算，在第二层内被展平为**(None, 18432)**的形状。此外，可以看到，第三层和第四层的形状也是我们使用密集层函数指定的。

其他

要了解有关 Keras 中二维卷积层开发的更多信息，请访问以下网站：

链接43

要了解如何使用 MNIST 图像在 TensorFlow 中构建卷积神经网络，请访问以下网站：

链接44

4

循环神经网络的难点

本章将介绍以下内容：

- 前馈网络简介
- 循环神经网络的顺序工作
- 难点 1：梯度消失问题
- 难点 2：梯度爆炸问题
- 长短期记忆单元的顺序工作

介绍

循环神经网络已被证明在学习和预测序列数据方面非常有效。然而，当涉及自然语言时，长期依赖的问题就出现了，这基本上就是记住特定对话、段落或句子的上下文，以便更好地预测未来。例如，考虑这样一个句子：

去年，我碰巧访问了中国。我发现中国本地的中国菜与世界其他地方的中国菜不同，而且那里的人们还非常热情好客。在这个美丽国家逗留的三年里，我学会了说话，而且说得很好……

如果将上面的句子输入一个循环神经网络来预测句子中的下一个单词（比如汉语），神经网络会很难预测，因为它对句子的上下文没有记忆。这就是我们所说的长期依赖。为了正确预测汉语单词，网络需要知道这个句子的上下文，并记住我去年访问过中国这个事实。因此，循环神经网络在执行此类任务时变得低效。然而，**长短期记忆单元（LSTM）**克服了这一问题，该单元能够记住长期相关性并将信息存储在单元状态中。我们将在稍后讨论

LSTM，但本章的大部分内容将集中在神经网络的基本介绍、激活函数、循环网络、循环网络的一些重难点或缺点，以及如何使用 LSTM 克服这些缺点。

前馈网络简介

要了解循环神经网络，必须先了解前馈网络的基本知识。这两种网络是根据在网络节点上执行的一系列数学运算进行信息移动的方式命名的。其中一种网络只向每个节点提供一个方向的信息（从不接触给定的节点两次），而另一种网络通过循环将信息反馈给同一个节点（有点像反馈循环）。更容易理解的第一种类型的网络被称为**前馈网络**；后者是循环的。

准备

在理解任何神经网络图时，最重要的是理解计算图的概念。计算图只是相互连接的神经网络的节点，每个节点执行特定的数学函数。

实现

前馈神经网络通过一组计算节点引导输入（到输入层），这些计算节点只是用来计算网络输出的数学运算符和分层排列的激活函数。输出层是神经网络的最后一层，它通常包含线性函数。输入层和输出层之间的层称为**隐藏层**，通常包含非线性元素或函数。

1. 下图左侧的（a）图显示了节点如何在具有多个层的前馈神经网络中互连：

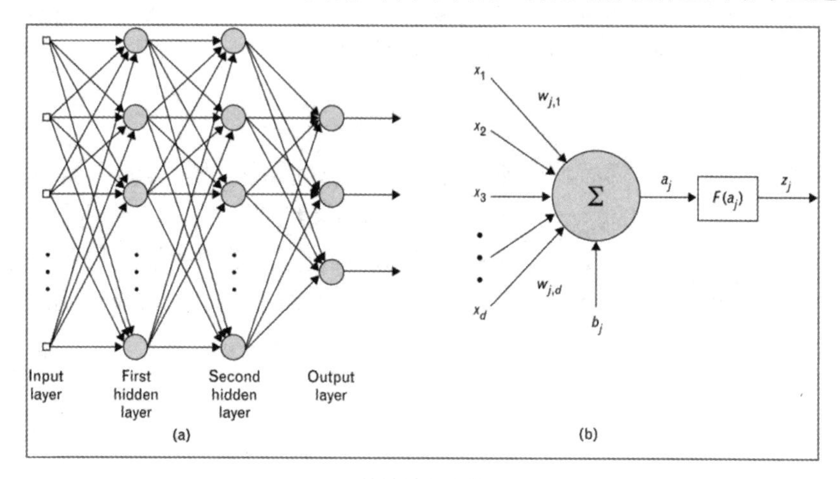

前馈神经网络

2. 不同前馈神经网络之间的差异主要在于隐藏层节点所使用的函数类型（激活函数）。它们的差异还体现在训练过程中用于优化网络其他参数的算法上。
3. 图中所示节点之间的关系不需要将每个节点都完全填充。优化策略通常从大量隐藏节点开始，随着训练的进行，通过消除连接（或是消除节点）来优化网络。在训练过程中可能没有必要使用每个节点。

说明

神经元是任何神经网络的基本结构元素。神经元可被理解为一个简单的数学函数或运算符，它对流经它的输入进行操作，并产生流出它的输出。神经元的输入乘以节点的权重矩阵，对所有输入求和、转换并通过激活函数。这些基本上是数学中的矩阵运算，如下所述：

1. 神经元的计算图如上一页图中右侧的（b）图所示。
2. 单个神经元或节点的传递函数如下：

$$y = f\left(\sum_{i=1}^{n} w_i x_i + b\right)$$

   这里，x_i是第 i 个节点的输入，w_i是与第 i 个节点相关联的权重项，b 是为了防止过拟合而添加的偏差，$f(\cdot)$是在流经节点的输入上运行的激活函数，y 是节点的输出。
3. 具有 sigmoidal 激活函数的神经元通常用于神经网络的隐藏层，而识别函数通常用于输出层。
4. 激活函数的选择通常能确保节点的输出严格递增、平滑（连续一阶导数）或渐近。
5. 下面的逻辑函数被用作一个 S 形激活函数：

$$f(x) = \frac{1}{1 + \mathrm{e}^{-x}}$$

6. 如果激活函数是反对称函数，则使用反向传播算法训练的神经元来加快学习。比如，$f(-x)$=$-f(x)$对 S 型激活函数成立。反向传播算法将在本章后面进行详细讨论。
7. 然而，如果逻辑函数不是反对称的，我们也可以通过简单的缩放和平移得到反对称函数，从而得到一阶导数为$f'(x) = 1 - f^2(x)$的双曲正切函数，如下面的数学函数：

$$f(x) = \tanh x = \frac{\mathrm{e}^x - \mathrm{e}^{-x}}{\mathrm{e}^x + \mathrm{e}^{-x}}$$

8. S 型函数及其导数的简单形式可以快速准确地计算优化权重和偏差所需的梯度，并执行二阶误差分析。

扩展

在神经网络层中的每个神经元/节点执行一系列矩阵运算。下图给出了可视化前馈网络的一种更加数学化的方式，它将帮助你更好地理解每个节点/神经元的操作：

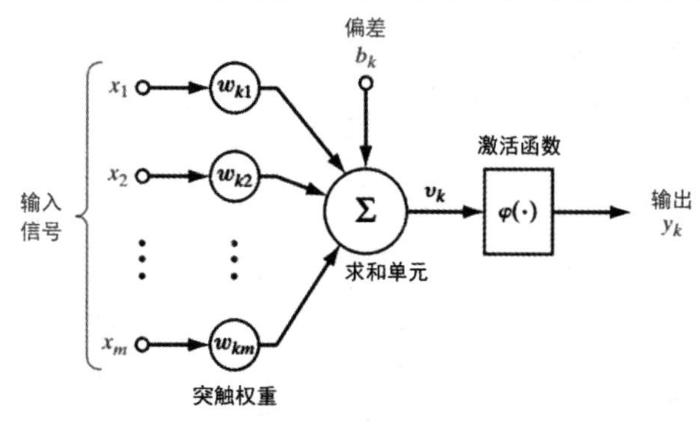

1. 直觉上，我们可以看到输入（向量或矩阵）首先乘以权重矩阵。偏差被添加到该项，然后使用激活函数（例如，线性整流函数 ReLU、双曲正切函数 tanh、S 形函数 sigmoid、阈值函数 threshold 等）激活以产生输出。激活函数是确保网络能够学习线性和非线性函数的关键。
2. 然后，该输出作为输入流入下一个神经元，并且再次执行相同的操作集。许多这样的神经元组合在一起形成一个层，它用于执行特定函数或学习输入向量的某个特征。许多这样的层组合在一起形成前馈神经网络，可以学习如何完全地识别输入，如下图所示：

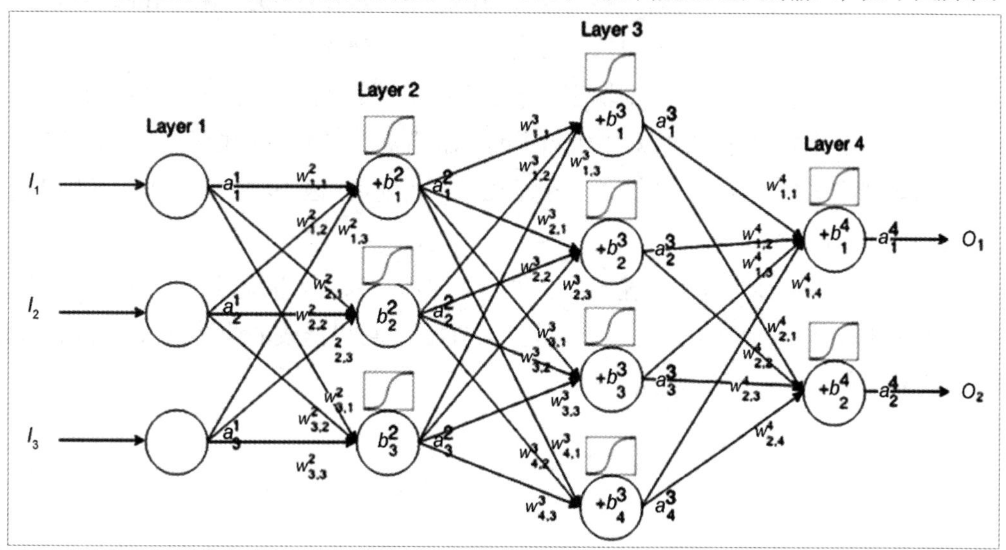

3. 假设我们的前馈网络都已经过训练，可以对狗的图像和猫的图像进行分类。一旦网络被训练，如下图所示，它将学习在呈现新图像时将图像标记为狗或猫：

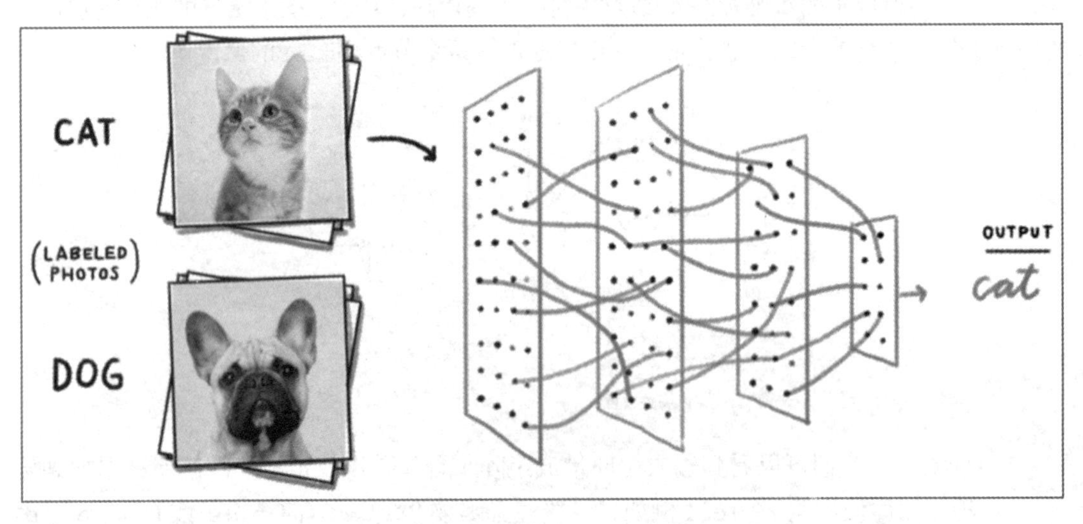

4. 在这种网络中，当前输出与之前输出或未来输出之间都没有关系。
5. 这意味着前馈网络基本上可以识别任何随机的图像集合，并且它所识别的第一张图像不一定会改变它对第二张或第三张图像的分类方式。因此，我们可以说，时间步长 t 的输出与时间步长 t-1 的输出无关。
6. 前馈网络在图像分类等数据不是连续的情况下工作良好。前馈网络在两个相关变量上也表现良好，如温度和位置、身高和体重、车速和品牌等。
7. 但是，在某些情况下，当前输出依赖于以前步骤的输出（数据顺序很重要）。
8. 考虑一下读书的情况。你对书中句子的理解是基于你对句子中所有单词的理解。使用前馈网络来预测句子中的下一个单词是不可能的，因为在这种情况下的输出将取决于先前的输出。
9. 类似地，在许多情况下，输出需要先前的输出或来自先前输出的一些信息（例如，股票市场数据、自然语言处理、语音识别等）。可以修改前馈网络以从先前的输出中获取信息，如下图所示：

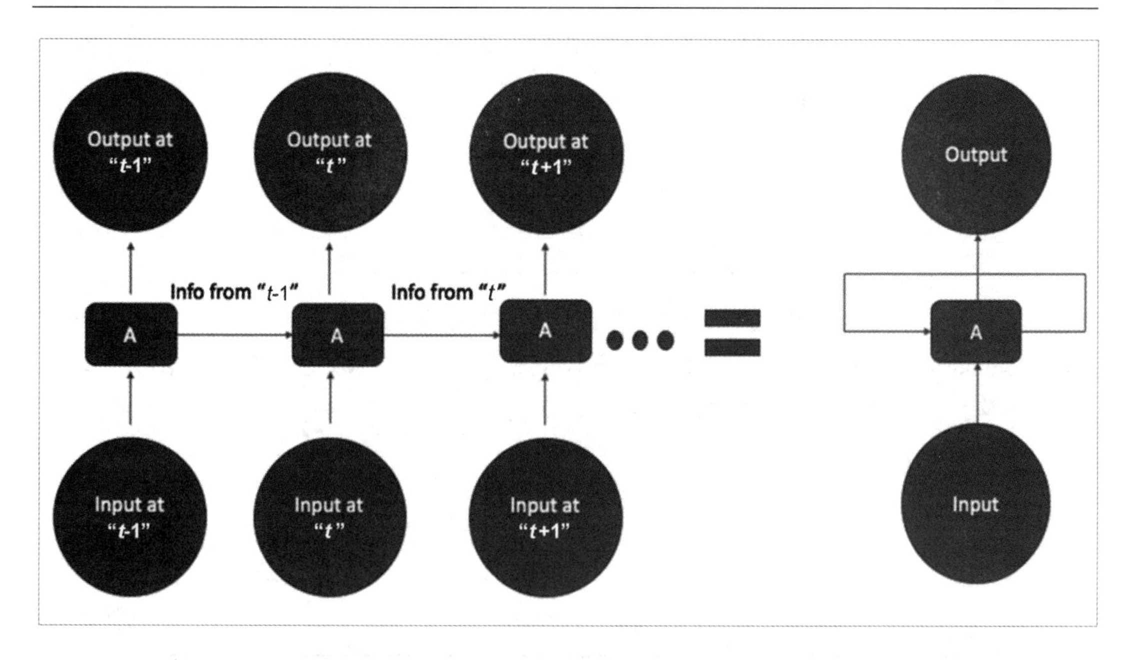

10. 在 t 时刻，将 t 时刻的输入和 t-1 时刻的信息提供给网络，得到 t 时刻的输出。
11. 同样，t 时刻的信息以及新的输入在 t+1 时刻被输入网络，产生 t+1 时刻的输出。上图的右侧是表示这样的网络的一种通用方法，其中网络的输出流回网络作为未来时间步的输入。这种网络称为**循环神经网络**（RNN）。

其他

激活函数（Activation Function）：在人工神经网络中，节点的激活函数决定了节点在给定一个输入或给定输入集合时产生的输出类型。输出 y_k 由通过激活函数 $\phi(\cdot)$的输入 u_k 和偏差 b_k 得出，如下面的表达式所示：

$$y_k = \varphi\left(u_k + b_k\right)$$

有各种类型的激活函数，以下是较常用的几个。

1. 阈值函数

$$\varphi(v) = \begin{cases} 1 & v \geqslant 0 \\ 0 & v < 0 \end{cases}$$

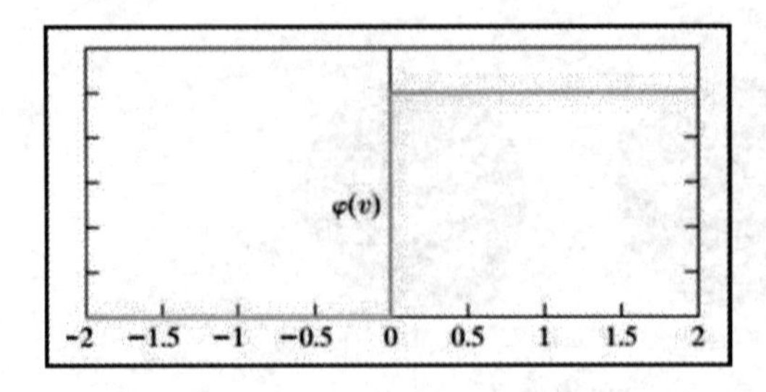

从上图中可以看出，这种函数将神经元的输出值限制在 0 到 1 之间。这在很多情况下都是有用的。然而，这个函数是不可微分的，这意味着它不能用于学习非线性，这一点在使用反向传播算法时至关重要。

2. S 型函数

$$\varphi(v)=\frac{1}{1+\mathrm{e}^{(-av)}}$$

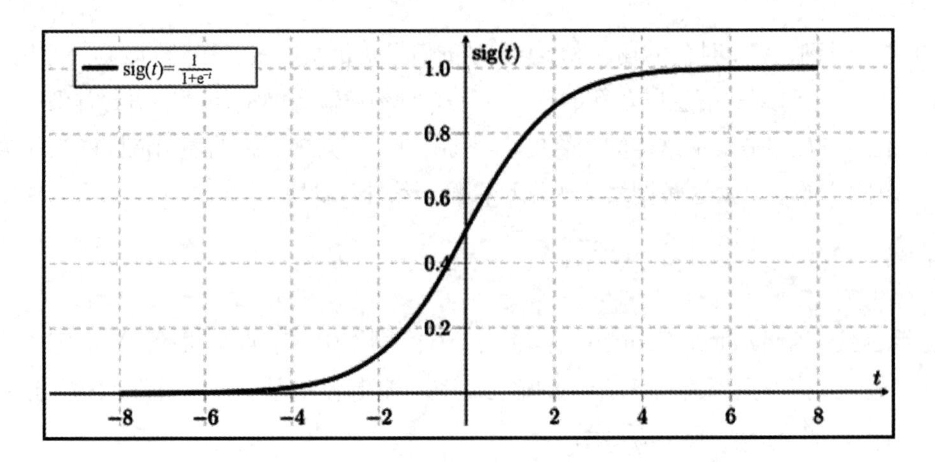

sigmoid 函数是一种下限为 0，上限为 1 的逻辑函数，与阈值函数一样。该激活函数是连续的，因此也是可微分的。在 sigmoid 函数中，前一函数的斜率参数由 α 给出。该函数本质上是非线性的，这对于提升性能至关重要。因为与常规线性函数不同的是，它能够适应输入数据中的非线性。具有非线性能力可确保权重和偏差的微小变化导致神经元输出的显著变化。

3. **双曲正切函数（tanh）**

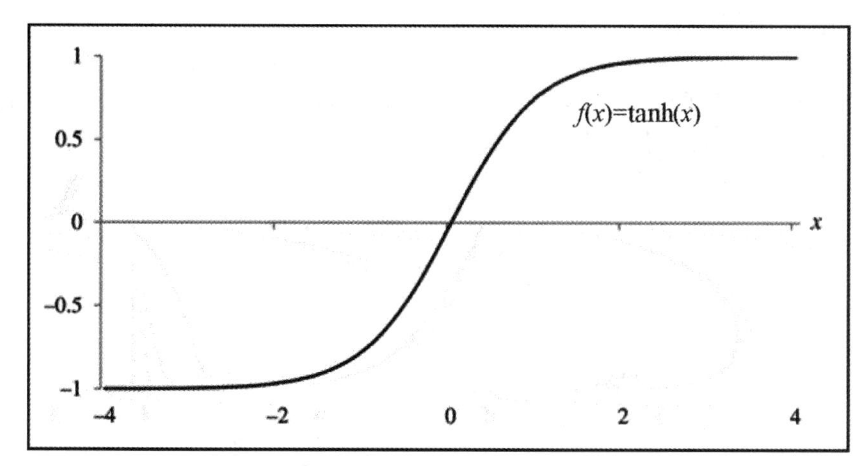

此函数使激活函数的范围从−1 到+1，而不是像前面的情况一样介于 0 和 1 之间。

4. **线性整流函数（ReLU 函数，又称修正线性单元函数）**：ReLU 是许多逻辑单元之和的平滑近似，并产生稀疏活动向量。以下是该函数的表达式：

$$y = max\left\{0, b + \sum_{i=1}^{k} x_i w_i\right\}$$

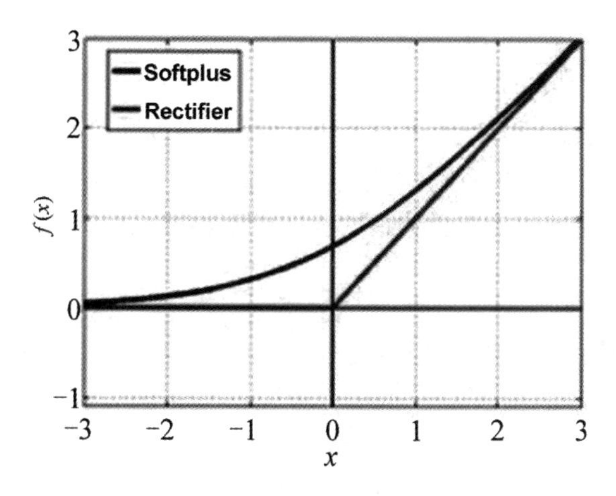

线性整流函数图像

在上图中，softplus $f(x)= \log(1 + e^x)$是整流器的平滑近似值。

5. **Maxout 函数**：该函数利用“压差”技术，提高了压差技术快速近似模型平均的准确度，以便于优化。

   Maxout 网络不仅学习隐藏单元之间的关系，还学习每个隐藏单元的激活函数。通过主动丢弃隐藏单元，网络被迫在训练过程中找到其他路径以在给定输入的情况下到达输出。下图是其工作原理的图形描述：

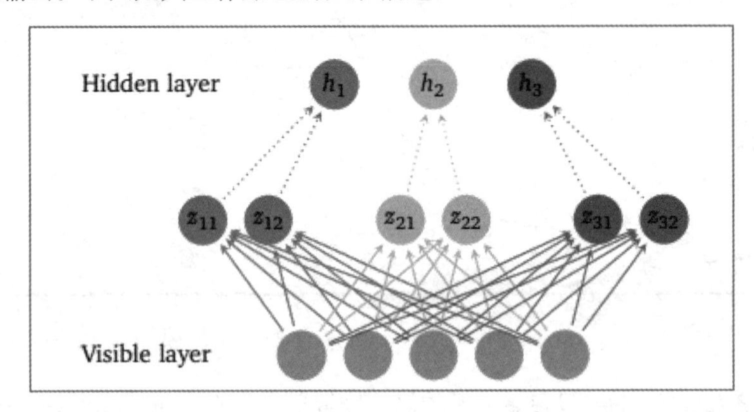

Maxout网络

上图所示的是有 5 个可见单元、3 个隐藏单元和每个隐藏单元有 2 个神经元的 Maxout 网络。Maxout 函数由以下等式给出：

$$h_i = max_{j\in[1,k]}\boldsymbol{Z}_{ij}$$

$$\boldsymbol{Z}_{ij} = \sum x_m \boldsymbol{W}_{mij} + b_{ij} = x\boldsymbol{W}_{mij} + b_{ij}$$

在此，$\boldsymbol{W}_{\cdot\cdot ij}$ 是通过访问矩阵 $\boldsymbol{W}\in\mathbb{R}^{m*n*k}$ 在第二坐标 i 和第三坐标 j 处得到的输入大小的均值向量。中间单元(k)的数量称为 Maxout 网使用的块数。下图显示了 Maxout 函数、线性整流函数和**参数化线性整流单元（PReLU）**函数的比较：

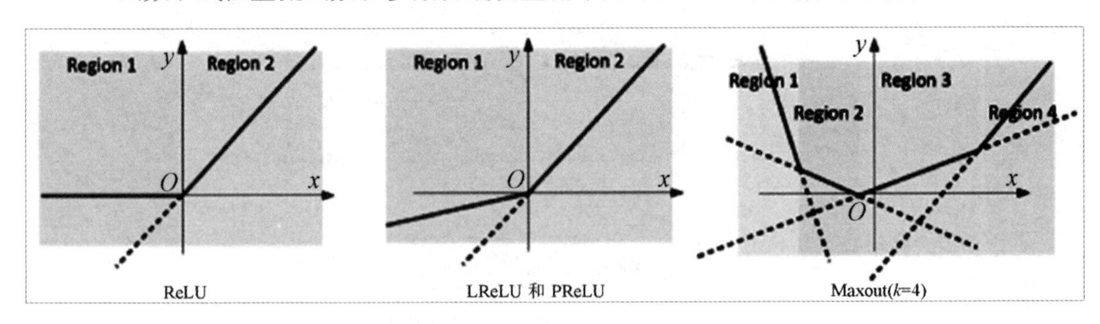

Maxout函数图像、线性整流函数图像和参数化线性整流单元函数图像的比较

循环神经网络的顺序工作

循环神经网络是一种用于识别和学习数据序列模式的人工神经网络。这些顺序数据如：

- 手写
- 客户评论、书籍、源代码等文本
- 口语/自然语言
- 数字时间序列/传感器数据
- 股票价格变动数据

准备

在循环神经网络中，前一个时间步的隐藏状态在下一个时间步反馈到网络中，如下图所示：

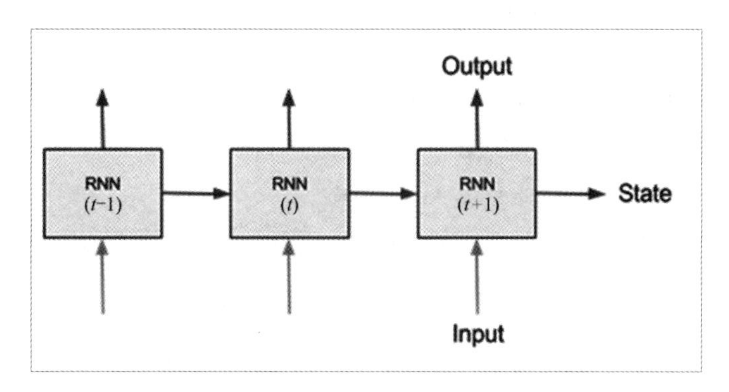

通常，进入网络的向上箭头表示在每个时间步到 RNN 的输入（矩阵/向量），而从网络出来的向上箭头表示每个 RNN 单元的输出。水平箭头表示将在特定时间步（通过特定神经元）学习的信息传递到下一个时间步。

要了解有关使用循环神经网络的更多信息，请访问：
链接 45

实现

在循环神经网络的每个节点/神经元处执行一系列矩阵乘法步骤。首先，将输入向量/矩阵乘以权重向量/矩阵，然后在该项添加偏差，最后通过激活函数传递以产生输出（就像前馈网络一样）：

1. 下图以计算图的形式显示了可视化 RNN 的直观数学方法：

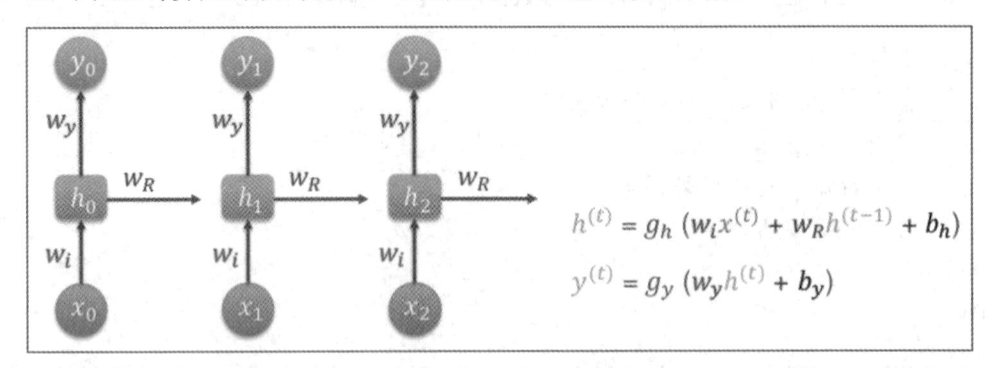

2. 在第一个时间步（即 t=0）中，h_0 是使用上图右侧显示的第一个公式计算的。由于 h^{-1} 不存在，中间项变为零。
3. 输入矩阵 x_0 乘以权重矩阵 w_i 后，将偏差 b_h 加到该项。
4. 添加前两个矩阵，然后通过激活函数 g_h 获得 h_0。
5. 类似地，用上图右侧显示的第二个公式计算 y_0 时，将 h_0 与权重矩阵 w_y 相乘并向其添加偏差，并通过激活函数 g_y 得到结果。
6. 在下一个时间步（t =1），$h^{(t-1)}$确实存在，它就是 h_0。该项乘以权重矩阵 w_R 后，和新的输入矩阵 x_1 一起作为网络的输入。
7. 这个过程在许多时间步上重复，权重、矩阵和偏差伴随不同的时间步流经整个网络。
8. 整个过程在一次迭代中执行，该迭代构成了网络的正向传递。

说明

训练前馈神经网络最常用的方法是通过时间进行反向传播。它是一种通过每次时间步后更新网络中的权重和偏差来减少损失函数的监督学习方法。执行许多训练周期（也称为迭代），其中由损失函数确定的错误通过一种称为梯度下降的技术向后传播。在每次迭代训练结束时，网络更新其权重和偏差，以生成更接近期望输出的输出，直到误差足够小时停止训练。

1. 反向传播算法在每次迭代期间基本上实现了以下三个基本步骤：
   - 输入数据的正向传递和计算损失函数。
   - 梯度和误差的计算。

- 通过时间进行反向传播以相应地调整权重和偏差。

2. 当输入的加权和（添加偏差后通过激活函数传递）输入网络并得到输出后，网络立即比较预测输出与实际情况（正确输出）的差异。
3. 接下来，由网络计算误差。这其实就是从实际/正确的输出中减去网络输出。
4. 下一步涉及基于计算的误差在整个网络中进行的反向传播。通过更新权重和偏差来观察误差是增加还是减少。
5. 该网络还能记住误差增加的原因是增加或减少权重还是增加或减小偏差。
6. 根据前面的推断，网络在每次迭代过程中都会不断更新权重和偏差来将误差降到最小。下面的例子能更清晰地说明这个过程。
7. 考虑一个简单的例子，教一台机器如何将一个数字加倍，如下表所示：

输入	正确输出	模型输出（$W=3$）	绝对误差	平方误差
0	0	0	0	0
1	2	3	1	1
2	4	6	2	4
3	6	9	3	9

8. 可以看到，通过随机初始化权重（$W=3$），我们得到了 0、3、6 和 9 的输出。
9. 误差是从模型输出的列值中减去正确输出的列值来计算的。平方误差就是每个误差项乘以自身。使用平方误差通常更佳，因为它消除了误差项中的负值。
10. 然后模型意识到需要更新权重来最小化误差。
11. 假设模型在下一次迭代中将权重更新为 $W=4$。这将产生以下输出：

输入	正确输出	模型输出（$W=3$）	绝对误差	平方误差
0	0	0	0	0
1	2	4	2	4
2	4	8	4	16
3	6	12	6	36

12. 该模型现在意识到将权重增加到 $W=4$ 实际上增加了误差。因此，模型会在下一次迭代中再次更新其权重（将权重减小到 $W=2$），并获得了实际/正确的输出。
13. 注意，在这个简单的例子中，当权重增加时误差增大，当权重减少时误差减小，如下所示：

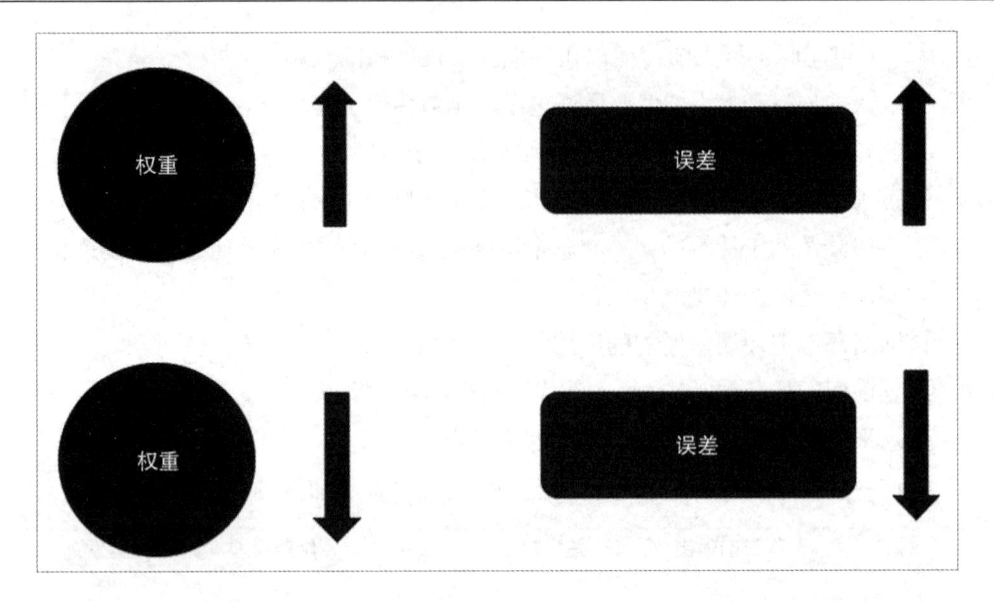

14. 在实际的神经网络中，在每次迭代期间执行许多这样的权重更新操作，直到模型向实际/正确输出收敛。

扩展

从前面的例子中可以看出，当权重增加时误差增大，而当权重减小时误差减小。但情况并非总是如此。网络使用下图来确定如何更新权重以及何时停止更新权重：

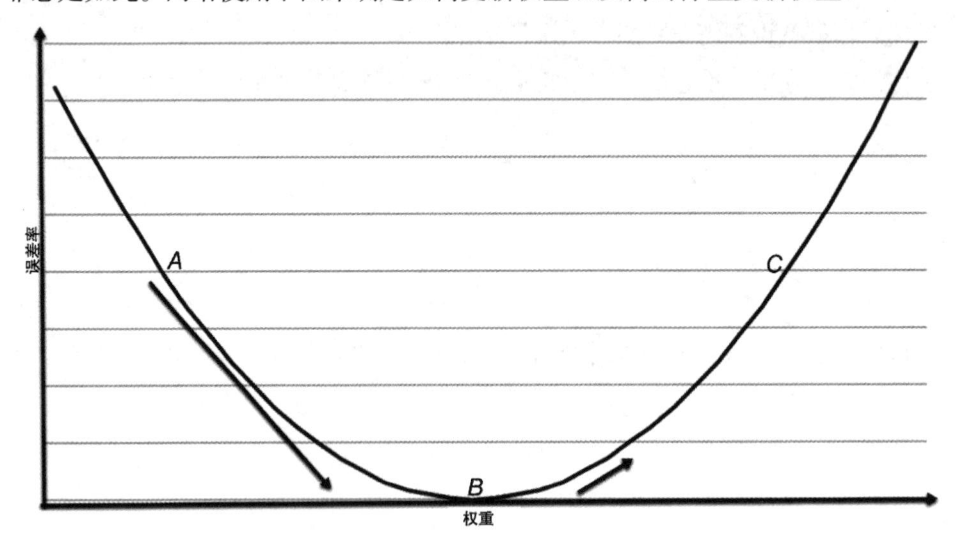

- 让权重在第一次迭代开始时初始化为零。当网络将权重从 *A* 点增加到 *B* 点时，误差开始降低。
- 权重到达 *B* 点，误差率变为最小。网络不断跟踪误差率。
- 当权重从 *B* 点进一步增加到 *C* 点时，网络意识到误差率开始再次增加。因此，网络停止更新其权重，并返回到 *B* 点的权重，因为它是最优的。
- 在下一个场景中，考虑这样一种情况：权重被随机初始化为某个值（如点 *C*），如下图所示：

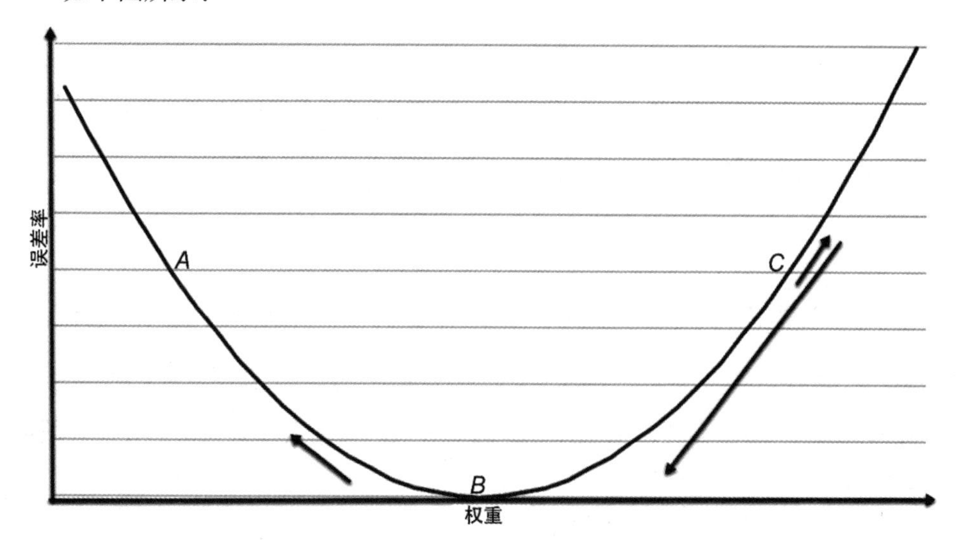

- 当进一步增加这个随机权重时，误差也会增加（从点 *C* 开始，向背离点 *B* 的方向移动，如图中的小箭头所示）。
- 网络意识到误差在增大，从 *C* 点开始减小权重来减小误差（图中用从 *C* 点向 *B* 点移动的长箭头表示）。权重一直减少，直到误差达到最小值（图上的 *B* 点）。
- 即使到达了 *B* 点，网络也会继续更新其权重（图中用从 *B* 点向 *A* 点移动的箭头表示）。然后网络意识到误差又在增加。因此，它停止权重更新，并返回到给出最小误差值的权重（即 *B* 点的权重）。
- 这就是神经网络在反向传播后执行权重更新的方式。这种权重更新是基于动量的。它依赖于每次迭代时，网络中每个神经元的计算梯度，如下图所示：

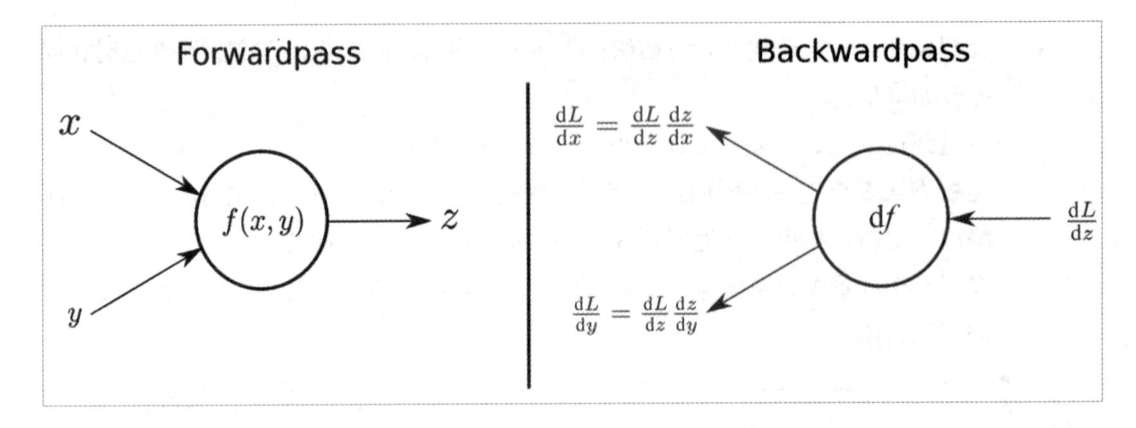

基本上，每当有输入流入时，神经元都会计算每个输入相对应输出的梯度。链式法则就是计算反向传播时的梯度的一种方法。

其他

可以在以下链接中找到反向传播运用到的数学知识的详细说明：

- 链接 46
- 链接 47

Andrej Karpathy 的博客提供了大量关于循环神经网络的有用信息。这是一个解释其不合理有效性的链接：

- 链接 48

难点 1：梯度消失问题

循环神经网络非常适合处理顺序数据的任务。然而，它也有缺点。本节将重点讨论其中一个缺陷——**梯度消失问题**。

准备

梯度消失问题源于：在反向传播步骤中，一些梯度消失或变为零。从技术上讲，这意味着在网络的向后传递过程中不存在向后传播的误差项。当网络变得更深更复杂时，这就成了一个大问题。

实现

本节将描述循环神经网络中梯度消失问题是如何发生的。

- 当使用反向传播时，网络首先计算误差，就是模型输出减去实际输出的平方（例如误差平方）。
- 利用这个误差，模型计算相对于权重变化的误差变化（de/dw）。
- 计算得到的导数乘以学习速率 η 得到$\triangle w$，这就是权重的变化。将$\triangle w$ 添加到原始权重将其更新为新权重。
- 如果 de/dw 的值远小于 1，则该项乘以学习速率 η（总是远小于 1）得到的值非常小，可忽略不计。
- 之所以会发生这种情况，是因为反向传播期间的权重更新只对最近的时间步保持准确，而对于反向传播之前的时间步，这种精度会降低。当权重更新流经多个之前的时间步时，这种精度几乎无关紧要。
- 在某些情况下，句子可能会非常长并且神经网络试图预测句子中的下一个单词。它基于句子的上下文这样做，需要许多先前时间步的信息（这被称为**长期依赖性，long-term dependencies**）。随着句子长度的增加，网络需要更多反向传播的先前时间步。在这种情况下，循环神经网络无法记住过去许多时间步的信息，因此无法做出准确的预测。
- 当发生这种情况时，网络需要进行许多更复杂的计算，因此迭代的次数大量增加，在此期间误差项的变化消失（通过减少时间），权重的变化（$\triangle w$）变得微不足道。因此，新的或更新后的权重几乎等于以前的权重。
- 由于没有发生权重更新，网络停止学习或无法更新其权重，这是一个问题，因为这将导致模型过度拟合数据。
- 整个过程如下图所示：

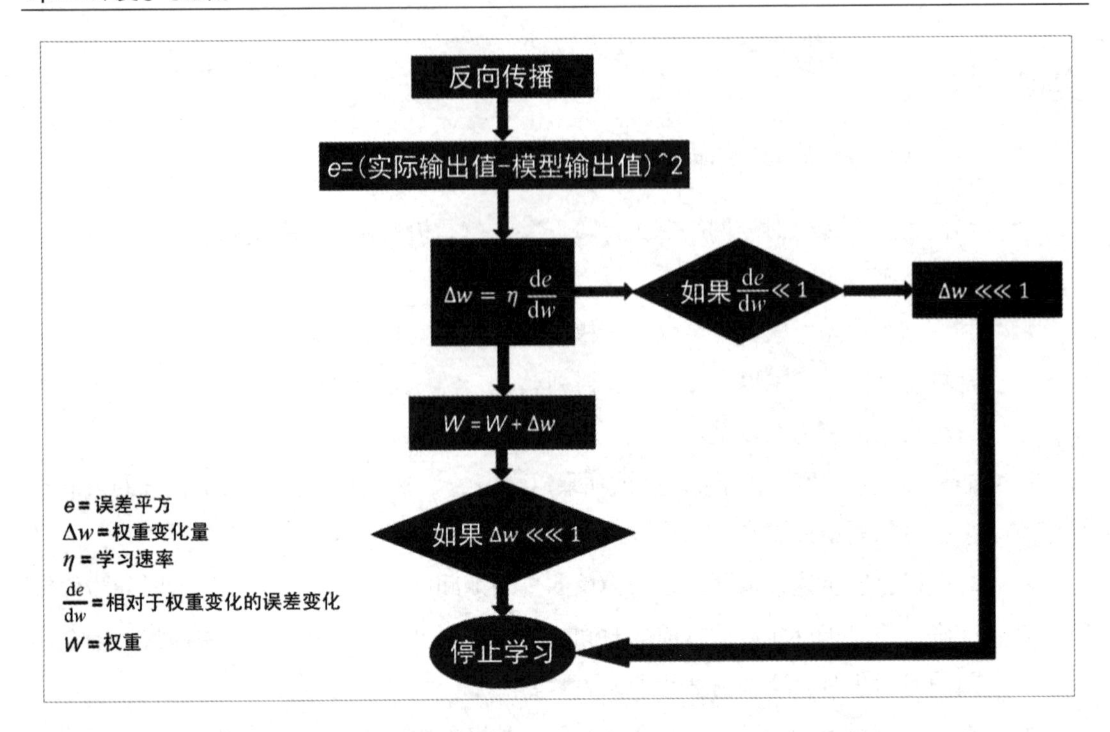

说明

本节将描述梯度消失问题的一些影响。

1. 当使用某种基于梯度的优化技术训练神经网络模型时会出现该问题。
2. 通常，添加更多隐藏层往往可使网络学习更复杂的任意函数，从而更好地预测未来结果。深度学习因其拥有的隐藏层数量不同而有很大差异。隐藏层的数量从 10 到 200 不等。现在我们可以理解复杂的顺序数据，并执行语音识别、图像分类、图像描述等任务。
3. 前面步骤导致的问题是，在某些情况下，梯度变得很小，几乎消失，这反过来又阻止权重在后面的时间步中更新它的值。
4. 在最坏的情况下，它可能导致网络的训练过程停止，这意味着网络停止学习那些通过训练步骤学习到的不同特征。
5. 反向传播背后的主要思想是，它允许我们这些研究人员监控和理解机器学习算法如何处理和学习各种函数。当梯度消失时，我们无法解释网络发生了什么，因此识别和调试错误变得非常困难。

扩展

下面是一些解决梯度消失问题的方法：

- 一种方法是通过使用 ReLU 激活函数在一定程度上解决该问题。它计算函数 $f(x)=\max(0,x)$（即，激活函数将较低的输出电平阈值设置为零）并防止网络产生负梯度。
- 解决该问题的另一种方法是分别对每一层进行无监督训练，然后通过反向传播微调整个网络，正如 Jürgen Schmidhuber 在他的神经网络中多级分层的研究那样。在本节后面提供了该论文的链接。
- 第三种解决方案是使用 LSTM 或 GRU（门控循环单元），它们是特殊类型的循环神经网络。

其他

下面的链接提供了对梯度消失问题更深入的描述以及解决这个问题的方法。

- 链接 49
- 链接 50
- 链接 51

难点 2：梯度爆炸问题

循环神经网络的另一个缺陷是梯度爆炸问题。它类似于梯度消失问题，但情况是相反的。有时，在反向传播期间，梯度会“爆炸”成一个非常大的值。与消失梯度问题一样，随着网络体系结构的深入，梯度爆炸问题也会随之产生。

准备

梯度爆炸问题的名称源于这样的事实：在反向传播步骤中，一些梯度消失或变为零。从技术上讲，这意味着在网络的反向传播期间存在没有向后传播的误差项。当网络变得更深更复杂时，这成了一个大问题。

实现

本节将描述循环神经网络中的梯度爆炸问题：

- 梯度爆炸问题与梯度消失问题非常相似，只是情况是相反的。
- 当循环神经网络中出现长期依赖性时，误差项通过网络向后传播有时会“爆炸”或变得非常大。
- 误差项乘以学习速率 η 会得到一个非常大的$\triangle w$,这就产生了一个看起来与以前的权重非常不同的新的权重。由于梯度值过大，所以它被称为梯度爆炸问题。
- 下图以算法的方式说明了梯度爆炸问题：

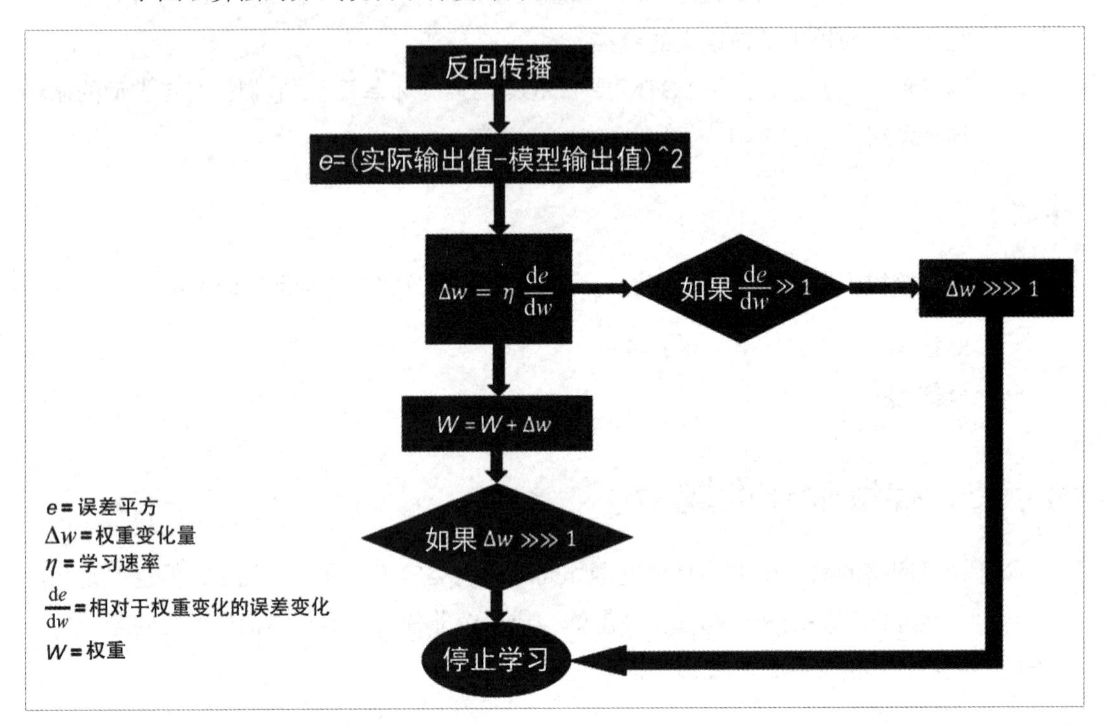

说明

由于神经网络使用基于梯度的优化技术来学习数据中存在的特征，为了计算基于梯度变化的误差，我们必须保留这些梯度。下面将描述在循环神经网络中是如何发生梯度爆炸问题的：

- 当使用反向传播时，网络首先计算误差，即模型输出减去实际输出的平方（例如误差平方）。
- 利用这个误差，模型计算出相对于权重变化的误差变化（de/dw）。
- 计算出的导数乘以学习速率 η 得到$\triangle w$，$\triangle w$ 就是权重的变化量。将$\triangle w$ 项添加到原始权重中，以便将其更新为新的权重。
- 假设 de/dw 的值大于 1，那么该项乘以学习速率 η 得到了一个非常大的数字。在进一步优化权重时，该数字对网络没用，因为权重不再在同一范围内。
- 之所以会发生这种情况，是因为反向传播期间的权重值更新只对最近的时间步来说是准确的，而对于反向传播之前的时间步来说，精度会降低。当权重值更新流经多个前面的时间步后，这种精度变得无关紧要。
- 随着输入数据中序列数量的增加，网络需要反向传播的先前步骤数量也会增加。在这种情况下，循环神经网络无法记住过去许多时间步的信息，因此无法准确预测未来的时间步长。
- 当发生这种情况时，网络需要进行许多复杂的计算，因此迭代的次数显著增加，在此期间误差项的变化超过 1，并且权重的变化（$\triangle w$）急剧增加。因此，与以前的权重相比，新的或更新的权重完全超出了学习范围。
- 由于没有发生权重更新，网络将停止学习或无法在指定范围内更新其权重，这是一个问题，因为这会导致模型对数据的过度拟合。

扩展

以下是可以解决梯度爆炸问题的一些方法。

- 可以应用某些梯度限幅技术来解决梯度爆炸问题。
- 防止出现这种情况的另一种方法是使用截断的基于时间的反向传播，而不是在最后一个步骤（或输出层）开始反向传播，我们可以选择较小的时间步（比如 15）来开始反向传播。这意味着网络将仅反向传播一个实例的最后 15 个步骤，并仅学习与这 15 个步骤相关的信息。这类似于向网络提供小批量数据，因为在非常大的数据集的情况下，计算数据集中每个单一元素的梯度将变得非常昂贵。
- 防止梯度爆炸的最后一个选择是监控梯度并相应地调整学习速率。

其他

关于梯度消失和梯度爆炸问题的更详细解释可以在以下链接中找到：

- 链接 52
- 链接 53
- 链接 54

长短期记忆单元的顺序工作

与循环神经网络相比，**长短期记忆单元（LSTM）**只是稍微高级一些的体系结构。可以将 LSTM 看作一种特殊的循环神经网络，具有学习序列数据中长期依赖关系的能力。这背后的主要原因是 LSTM 包含存储器，因此与循环神经网络不同的是，它能够在单位内存储和更新信息。

准备

长短期记忆单元的主要组成部分如下：

- 输入门
- 遗忘门
- 更新门

这些门中的每一个都由 S 型层和逐点乘法运算构成。S 型层输出 0 到 1 之间的数字。这些值描述了允许每个组件通过相应门的信息量。值为零表示门将不允许任何信息通过它，而值为 1 表示门允许所有信息通过。

了解长短期记忆单元的最佳方法和了解循环神经网络一样，都是通过计算图。

LSTM 最初由 Sepp Hochreiter 和 Jürgen Schmidhuber 在 1997 年开发。以下是他们发表论文的链接：

- 链接 55

实现

下面将描述单个 LSTM 单元的内部组件，主要是单元内存在的三个不同的门。许多这样的单元堆叠在一起形成了 LSTM 网络。

1. LSTM 也有类似 RNN 的链状结构。标准的 RNN 基本上是重复单元的模块，就像一个简单的函数（如 tanh）。
2. 与 RNN 相比，LSTM 具有长时间保存信息的能力，因为每个单元中都有存储器。这使它能够在输入序列的早期阶段学习重要的信息，并使它能够对模型在每个时间步结束时所做的决策产生重大影响。
3. 通过从输入序列的早期阶段直接存储的信息，LSTM 可以主动保留能通过时间或层的反向传播的错误，而不是让错误消失或爆炸。
4. LSTM 能通过许多时间步学习信息。因此，LSTM 可通过保留通过这些层反向传播的错误获得更密集的层结构。
5. 称为“门”的单元结构使 LSTM 能够保留信息、添加信息或从**单元状态**中删除信息。
6. 下图说明了 LSTM 的结构。理解了 LSTM 的关键特性就了解了 LSTM 网络架构和单元状态。

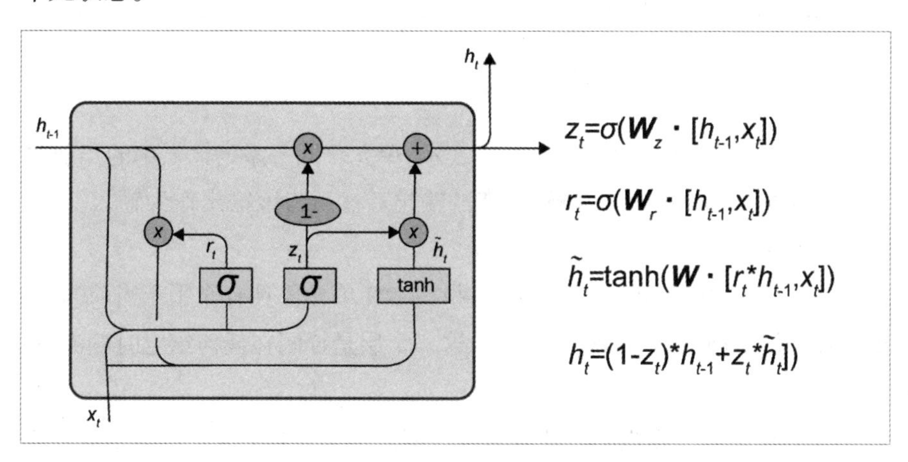

7. 在上面的图中，x_t 和 h_{t-1} 是单元的两个输入。x_t 是当前时间步的输入，h_{t-1} 是前一时间步的输入（该输入是前一单元的输出）。除了这两个输入，我们还有 h，它是在通过门时对两个输入执行操作后来自 LSTM 单元的当前输出（即，时间步 t）。
8. 在上面的图中，r_t 表示来自输入门的输出，输入门接收 h_{t-1} 和 x_t，将这些输入与它的权重矩阵 $\boldsymbol{W}_z$ 相乘，并将它传递给一个 sigmoid 激活函数。

9. 类似地，术语 z_t 表示在遗忘门的输出。该门具有一组权重矩阵（由 $\boldsymbol{W}_r$ 表示），这些权重矩阵特定于这个特定门并控制门如何工作。
10. 最后，还有 $\tilde{h}_t$，它是来自更新门的输出。它包含两部分，第一部分是一个 sigmoid 层，也称为输入门层，它的主要功能是决定更新哪些值。另一部分是 tanh 层，该层的主要功能是创建包含可以添加到单元状态的新值的向量或数组。

说明

许多 LSTM 单元/单元的组合形成 LSTM 网络。这种网络的体系结构如下图所示：

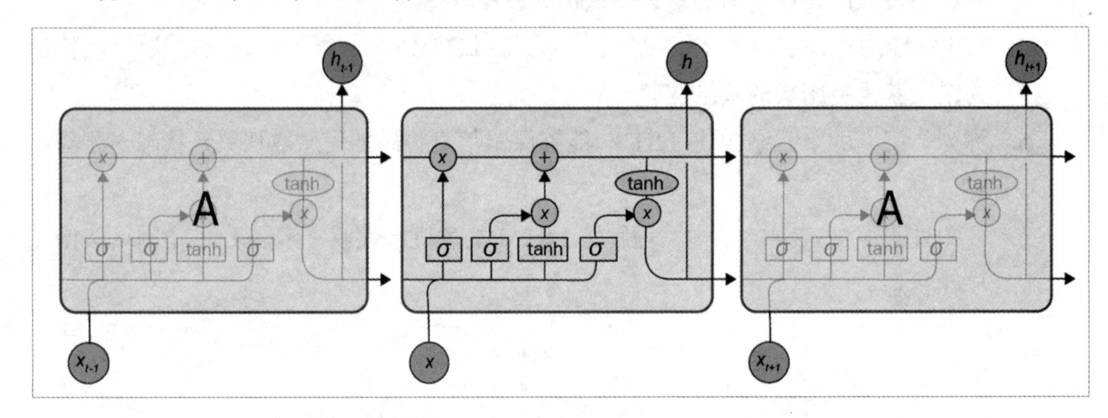

1. 在上图中，完整的 LSTM 单元用“A”表示。单元获取一系列输入中的当前输入（x_i），并产生（h_i），这就是当前隐藏状态的输出。然后将该输出作为输入发送到下一个 LSTM 单元。
2. LSTM 单元比 RNN 单元稍微复杂一些。RNN 单元仅具有作用于当前输入的一个函数/层，而 LSTM 单元具有三个层，这三个层是控制在任何给定时刻流过单元的信息的三个门。
3. 该单元的作用与计算机中的硬盘非常相似。该单元具有允许在其单元状态内写入、读取和存储信息的能力。该单元还决定要存储哪些信息，何时允许读取、写入和擦除信息，相应地打开或关闭的门就可以实现这一功能。
4. 与当今计算机中的数字存储系统不同的是，LSTM 单元中存在的门是模拟的。这意味着只能通过 sigmoid 的元素级乘法来控制这些门，生成 0 到 1 之间的概率值。高值将导致门保持打开，低值将导致门保持关闭。

5. 模拟系统在神经网络操作方面优于数字系统，因为它是可微分的。这使得模拟系统更适合于主要依赖于梯度的反向传播等任务。
6. 门根据信息的强度和重要性可传递信息或阻止信息，或只让信息的一部分流过。在每个时间步通过特定于每个门的权重矩阵集对信息进行过滤。因此，每个门都完全控制如何对其接收的信息采取行动。
7. 与每个门相关的权重矩阵，如调节输入和隐藏状态的权重值，是基于循环神经网络的学习过程和梯度下降来调整的。
8. 第一种门被称为**遗忘门**，它控制从先前状态维护的信息。此门将前一个单元的输出（h_{t-1}）作为其输入并与当前输入（x_t）一起使用，并应用 sigmoid 激活函数（σ）以便为每个隐藏单元生成并输出介于 0 和 1 之间的值。接下来是与当前状态的元素相乘（由前页图中的第一个操作说明）。
9. 第二种门被称为**更新门**，其主要功能是根据当前输入更新单元状态。该门将与遗忘门的输入（h_{t-1} 和 x_t）一样，将输入传递到 sigmoid 激活层（σ），接着传递到 tanh 激活层，然后在这两个结果之间执行逐元素乘法。接下来，使用结果和当前状态执行逐元素加法（由前页图中的第二个操作说明）。
10. 最后一种门被称为**输出门**，它控制哪些信息以及有多少信息可被传输到相邻的单元，以便作为下一个时间步的输入。当前单元状态通过 tanh 激活层传递，并与单元输入（h_{t-1} 和 x_t）相乘，然后通过 sigmoid 层进行此操作。
11. 更新门的作用类似于过滤器，它决定该单元输出到下一个单元的内容。然后，这个输出 h_t 传递到下一个 LSTM 单元，并作为它的输入。如果许多 LSTM 单元彼此堆叠在一起，输出 h_t 也将传递到上面的层。

扩展

与前馈网络和循环神经网络相比，LSTM 是一个巨大的飞跃。人们可能想知道近期的重要发展是什么，或可能是什么。许多研究人员十分相信“注意力”是人工智能领域的下一个重要发展点。随着每天数据量的大幅增长，处理每一位数据变得不可能。这就是“注意力”可能成为潜在的改变游戏规则的地方，它可引导网络仅关注那些具有高优先级或让人感兴趣的数据或区域，并忽视无用的信息。例如，如果正在使用 RNN 来创建图像字幕引擎，“注意力”将仅选择图像的一部分以使其注意其输出的每个字。

Kelvin Xu 等人最近（2015）的论文就是这样做的。他们增加了对 LSTM 单元的关注。阅读这篇文章是开始学习“注意力”在神经网络中的使用的好方法。将“注意力”用于各种任务已经取得了一些良好的成果，目前人们正在对这一课题进行更多的研究。Kelvin Xu 等人的论文可以通过以下链接找到：

链接56

“注意力”不是 LSTM 的唯一变体。其他一些活跃的研究是基于网格 LSTM 的使用的，正如 Kalchbrenner 等人的论文中所使用的，链接如下：

链接57

其他

通过访问以下链接，可以找到与生成网络中的 RNN 和 LSTM 相关的一些有用信息和论文：

- 链接 58
- 链接 59
- 链接 60
- 链接 61

5 用 Spark 机器学习预测消防部门呼叫

本章将介绍以下内容：

- 下载旧金山消防局呼叫数据集
- 识别逻辑回归模型的目标变量
- 为逻辑回归模型准备特征变量
- 应用逻辑回归模型
- 评估逻辑回归模型的准确度

介绍

分类模型是预测已定义分类结果的一种常用方法。我们一直在使用分类模型产生的输出。每当去剧院观看电影时，我们都想知道这部电影是否值得看。数据科学领域最流行的分类模型之一是逻辑回归。逻辑回归模型产生一种由 sigmoid 函数激活的响应。sigmoid 函数使用模型的输入并产生介于 0 和 1 之间的输出。该输出通常以概率分数的形式呈现。许多深度学习模型也用于分类。通常会找到与深度学习模型一起执行的逻辑回归模型来帮助建立测量深度学习模型的基线。作为激活函数之一，sigmoid 激活函数也用于深度学习中的深度神经网络以产生概率输出。我们将利用 Spark 内置的机器学习库来构建逻辑回归模型，该模型将预测旧金山消防部门的呼叫来电是与火灾还是其他事故有关。

下载旧金山消防局呼叫数据集

旧金山市在收集消防部门服务电话方面做得很好。正如它在其网站上所述，每个记录都包括呼叫号码、事件编号、地址、单元标识符、呼叫类型和处理方式。包含旧金山消防局呼叫数据的官方网站可在以下链接中找到：

链接62

下图显示了与数据集的列数和行数相关的一些基本信息：

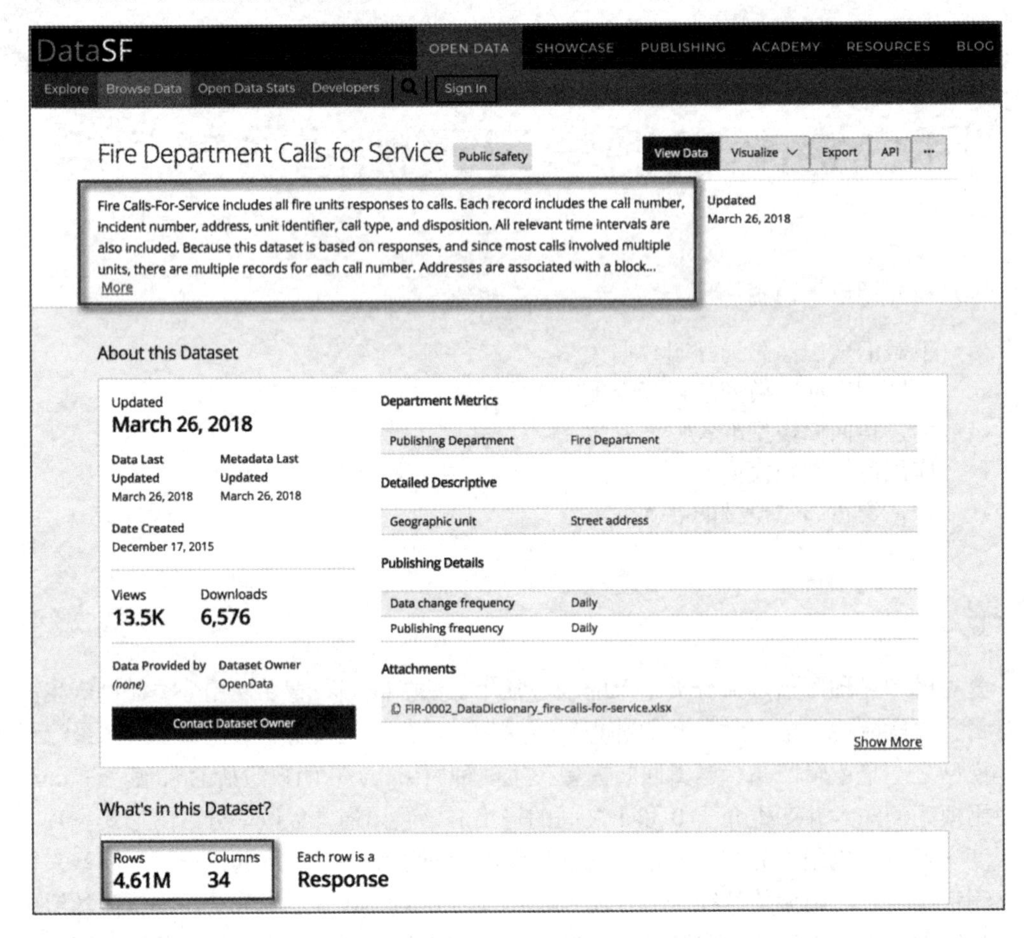

该数据集于 2018 年 3 月 26 日更新，约有 **461** **万**行，**34** 列。

准备

该数据集以 `.csv` 文件的形式提供，可下载到你的本地计算机中，然后将其导入 Spark。

实现

下面介绍下载.csv 文件并将其导入 Jupyter Notebook 的步骤：

1. 选择 **Export** 后再选择 **CSV**，即可从网站下载数据集，如下图所示：

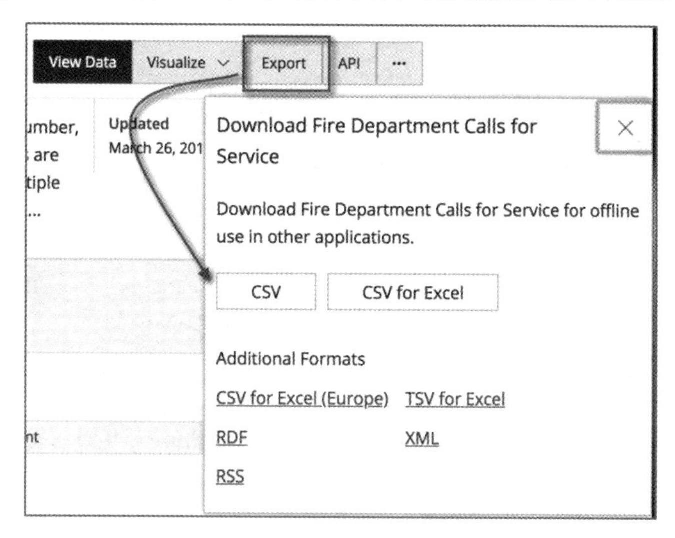

2. 检查下载的数据集的名称，将其命名为：

```
Fire_Department_Calls_for_Service.csv
```

3. 可将数据集保存到本地任何目录中，但理想情况下应将其保存到包含将在本章中使用的 Spark Notebook 的同一文件夹中，如下图所示：

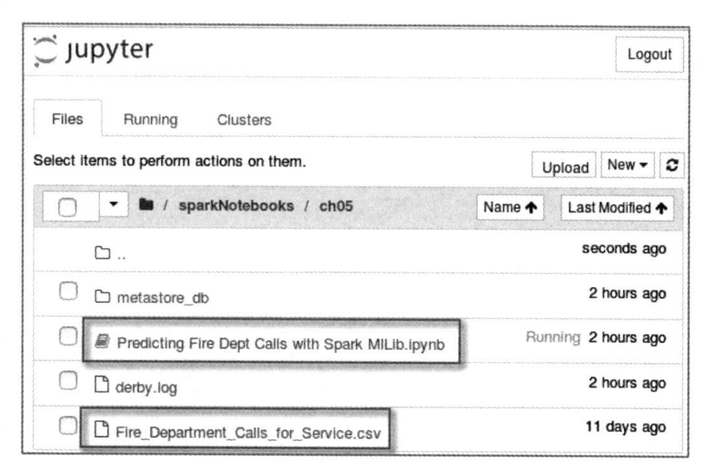

4. 将数据集保存到与 Notebook 相同的目录中后，执行以下 pyspark 脚本将数据集导入 Spark 并创建名为 df 的数据帧：

```
from pyspark.sql import SparkSession
spark = SparkSession.builder \
                    .master("local") \
                    .appName("Predicting Fire Dept Calls") \
                    .config("spark.executor.memory", "6gb") \
                    .getOrCreate()
df = spark.read.format('com.databricks.spark.csv')\
                    .options(header='true', inferschema='true')\
                    .load('Fire_Department_Calls_for_Service.csv')
df.show(2)
```

说明

将数据集保存到与 Jupyter Notebook 所在的同一目录中，以便于导入 Spark Session。

1. 通过从 pyspark.sql 导入 SparkSession 来初始化本地 pyspark Session。
2. 通过使用选项 header = 'true'和 inferschema = 'true'读取 CSV 文件来创建数据帧 df。
3. 最后，我们始终可以运行脚本显示已通过数据帧导入 Spark 的数据，并确认数据已导入完成。脚本的结果显示了从旧金山消防部门调用的数据集的前两行，如下图所示：

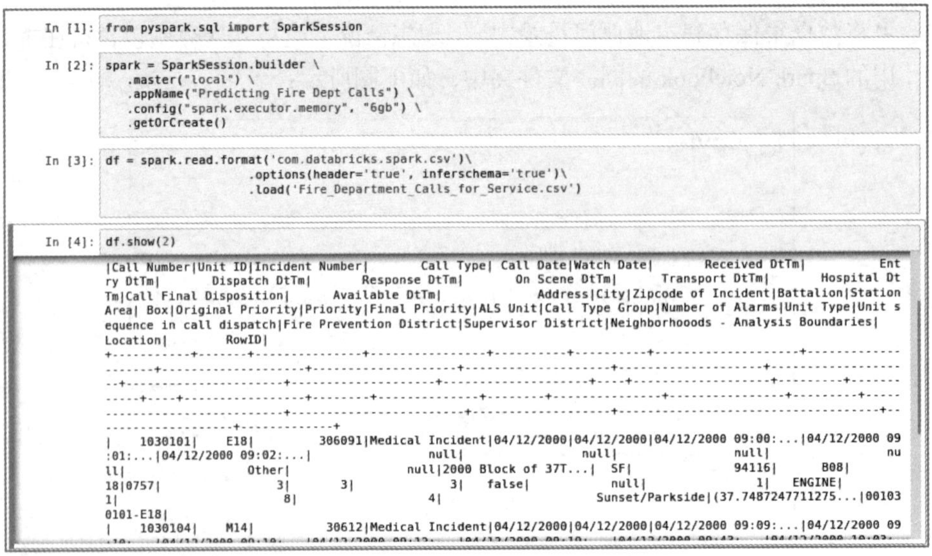

```
In [1]: from pyspark.sql import SparkSession

In [2]: spark = SparkSession.builder \
           .master("local") \
           .appName("Predicting Fire Dept Calls") \
           .config("spark.executor.memory", "6gb") \
           .getOrCreate()

In [3]: df = spark.read.format('com.databricks.spark.csv')\
                          .options(header='true', inferschema='true')\
                          .load('Fire_Department_Calls_for_Service.csv')

In [4]: df.show(2)

|Call Number|Unit ID|Incident Number|        Call Type| Call Date|Watch Date|        Received DtTm|         Ent
ry DtTm|        Dispatch DtTm|        Response DtTm|        On Scene DtTm|       Transport DtTm|      Hospital Dt
Tm|Call Final Disposition|       Available DtTm|                  Address|City|Zipcode of Incident|Battalion|Station
Area| Box|Original Priority|Priority|Final Priority|ALS Unit|Call Type Group|Number of Alarms|Unit Type|Unit s
equence in call dispatch|Fire Prevention District|Supervisor District|Neighborhooods - Analysis Boundaries|
Location|        RowID|
|    1030101|    E18|         306091|Medical Incident|04/12/2000|04/12/2000|04/12/2000 09:00:...|04/12/2000 09
:01:...|04/12/2000 09:02:...|                 null|                 null|                 null|                 nu
ll|                 Other|                 null|2000 Block of 37T...| SF|              94116|      B08|
18|0757|                3|       3|             3|   false|           null|               1|   ENGINE|
1|                       8|                  4|             Sunset/Parkside|(37.7487247711275...|00103
0101-E18|
|    1030104|    M14|          30612|Medical Incident|04/12/2000|04/12/2000|04/12/2000 09:09:...|04/12/2000 09
```

请注意，当将文件读入 Spark 时，我们使用`.load()`将`.csv`文件放入 Jupyter Notebook。这很符合我们的要求，因为我们正在使用本地集群，而如果使用 Hadoop 中的集群则无法工作。

扩展

数据集附有一个数据字典，用于定义 34 列中每一列的标题。可以通过以下链接从同一网站访问此数据字典：

链接63

其他

旧金山政府网站允许在线可视化数据，这可用于进行一些快速数据分析。我们可以通过选择 **Visualize** 下拉列表中的选项在网站上访问可视化应用程序，如下图所示：

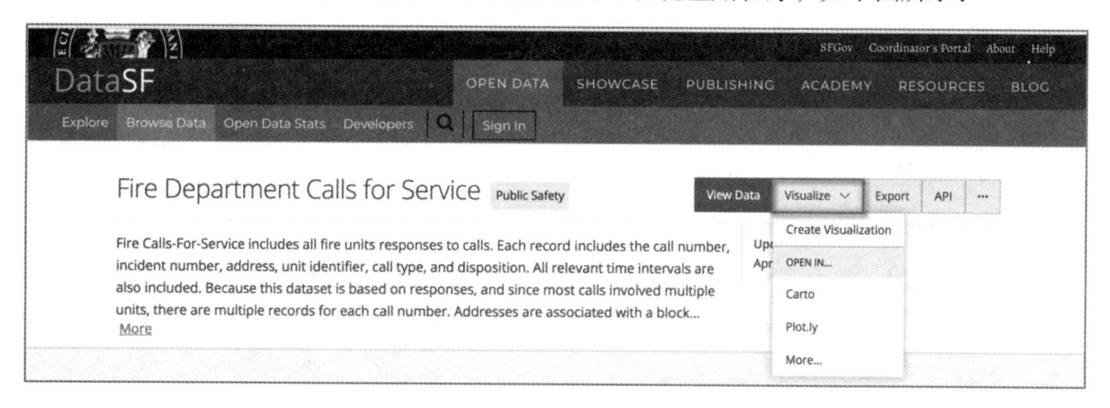

识别逻辑回归模型的目标变量

逻辑回归模型是一种预测二元结果的分类算法。在本节中，我们将指定数据集中的最佳列，以预测操作员收到的传入呼叫是否与火灾事件有关。

准备

在本节中将有许多数据点需要可视化，需要的内容如下：

1. 在命令行执行 `pip install matplotlib` 来确保安装 `matplotlib`。
2. 运行 `import matplotlib.pyplot as plt`，并通过运行 `%matplotlib inline` 确保在单元格内查看图形。

另外，`pyspark.sql` 中会有一些函数操作需要将函数以名称“F”导入。

实现

下面介绍如何将来自旧金山消防局的数据可视化。

1. 执行以下脚本以获取“呼叫类型分组（`Call Type Group`）”列中唯一值的粗略标识：

```
df.select('Call Type Group').distinct().show()
```

2. 呼叫类型分组主要有以下 5 类：

   - 报警
   - 潜在生命危险
   - 无生命危险
   - 火灾
   - 空值（Null）

3. 不幸的是，其中一个类别是空值。获取每个唯一值的行计数以识别数据集中有多少空值非常有用。执行以下脚本生成“呼叫类型分组”列的每个唯一值的行计数：

```
df.groupBy('Call Type Group').count().show()
```

4. 不幸的是，有超过 280 万行数据没有与之关联的呼叫类型分组。超过 461 万可用行的 60%。执行以下脚本可查看条形图中空值的不平衡情况：

```
df2 = df.groupBy('Call Type Group').count()
graphDF = df2.toPandas()
graphDF = graphDF.sort_values('count', ascending=False)

import matplotlib.pyplot as plt
%matplotlib inline

graphDF.plot(x='Call Type Group', y = 'count', kind='bar')
```

```
plt.title('Call Type Group by Count')
plt.show()
```

5. 我们可能需要选择另一个指标来确定目标变量。相反，我们可以通过分析呼叫类型（Call Type）来识别与火灾相关的呼叫及其他所有呼叫。执行以下脚本分析呼叫类型：

```
df.groupBy('CallType').count().orderBy('count',
ascending=False).show(100)
```

6. 与呼叫类型分组不同，这里似乎没有任何空值。呼叫类型有 32 个唯一类别；因此，它将作为火灾事件的目标变量。执行以下脚本来标记呼叫类型中包含 Fire 的列：

```
from pyspark.sql import functions as F
fireIndicator = df.select(df["Call Type"],F.when(df["Call
Type"].like("%Fire%"),1)\.otherwise(0).alias('Fire Indicator'))
fireIndicator.show()
```

7. 执行以下脚本检索火警指示器（Fire Indicator）的不同计数：

```
fireIndicator.groupBy('Fire Indicator').count().show()
```

8. 执行以下脚本将火警指示器列添加到原始数据帧 df：

```
df = df.withColumn("fireIndicator",\
F.when(df["Call Type"].like("%Fire%"),1).otherwise(0))
```

9. 最后，将火警指示器列添加到数据帧 df 中，并通过执行以下脚本进行确认：

```
df.printSchema()
```

说明

构建成功的逻辑回归模型的关键步骤之一是建立一个用作预测结果的二元目标变量。本节将介绍选择目标变量的逻辑。

1. 通过识别呼叫类型分组的唯一列值来执行潜在目标列的数据分析。我们可以查看呼叫类型分组中列的唯一值，如下图所示：

```
In [5]: df.select('Call Type Group').distinct().show()

+--------------------+
|     Call Type Group|
+--------------------+
|               Alarm|
|                null|
|Potentially Life-...|
|Non Life-threatening|
|                Fire|
+--------------------+
```

2. 我们的目标是确定“呼叫类型分组”列中是否存在任何缺失值以及如何使用这些缺失值执行操作。我们有时删除列中的缺失值，有时为它们填充值。
3. 下图显示了空值的数量：

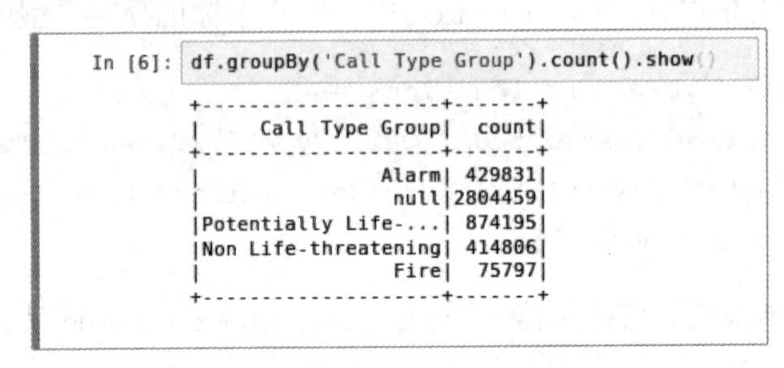

```
In [6]: df.groupBy('Call Type Group').count().show()

+--------------------+-------+
|     Call Type Group|  count|
+--------------------+-------+
|               Alarm| 429831|
|                null|2804459|
|Potentially Life-...| 874195|
|Non Life-threatening| 414806|
|                Fire|  75797|
+--------------------+-------+
```

4. 此外，我们还可以绘制空值数量，以获得更好的视觉感知，如下图所示：

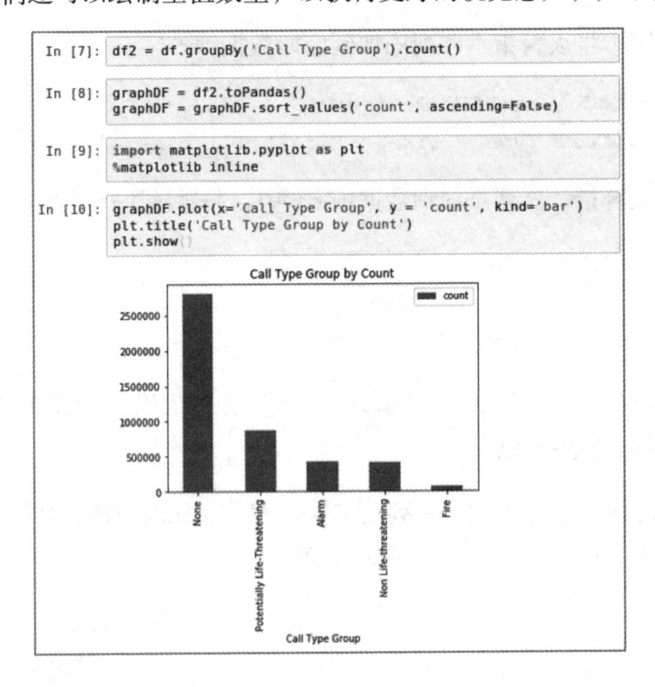

```
In [7]: df2 = df.groupBy('Call Type Group').count()

In [8]: graphDF = df2.toPandas()
        graphDF = graphDF.sort_values('count', ascending=False)

In [9]: import matplotlib.pyplot as plt
        %matplotlib inline

In [10]: graphDF.plot(x='Call Type Group', y = 'count', kind='bar')
         plt.title('Call Type Group by Count')
         plt.show()
```

5. 由于呼叫类型分组中有超过280万行的空值，如df.groupBy脚本和条形图所示，删除所有这些值没有意义，因为这超过数据集总行数的60%。因此，需要选择另一列作为目标指标。

6. 在分析"呼叫类型（Call Type）"列时，我们发现32个唯一可能值中没有任何空行。这使得呼叫类型成为逻辑回归模型目标变量的更佳候选者。以下是已分析的"呼叫类型"列的图示：

```
In [11]: df.groupBy('Call Type').count().orderBy('count', ascending=False).show(100)

+--------------------+-------+
|           Call Type|  count|
+--------------------+-------+
|    Medical Incident|2979993|
|      Structure Fire| 609473|
|              Alarms| 491741|
|    Traffic Collision| 188097|
|               Other|  74038|
|Citizen Assist / ...|  69549|
|        Outside Fire|  53682|
|        Vehicle Fire|  22492|
|        Water Rescue|  21861|
|Gas Leak (Natural...|  17147|
|    Electrical Hazard|  12845|
|Odor (Strange / U...|  12339|
|Elevator / Escala...|  12028|
|Smoke Investigati...|  10118|
|          Fuel Spill|   5386|
|              HazMat|   3839|
|Industrial Accidents|   2803|
|           Explosion|   2530|
|  Aircraft Emergency|   1511|
|       Assist Police|   1318|
|Train / Rail Inci...|   1224|
|   High Angle Rescue|   1154|
|Watercraft in Dis...|    884|
|Extrication / Ent...|    672|
|           Oil Spill|    516|
|Confined Space / ...|    467|
|Mutual Aid / Assi...|    423|
|         Marine Fire|    359|
|  Suspicious Package|    314|
|      Administrative|    266|
|   Train / Rail Fire|     10|
|Lightning Strike ...|      9|
+--------------------+-------+
```

7. 由于逻辑回归在存在二元结果时效果最佳，因此我们使用df数据帧中的withColumn()运算符来创建新列，捕获指示符（0或1）以确定呼叫是否与火灾相关事件有关。新列名为火警指示器（fireIndicator），如下图所示：

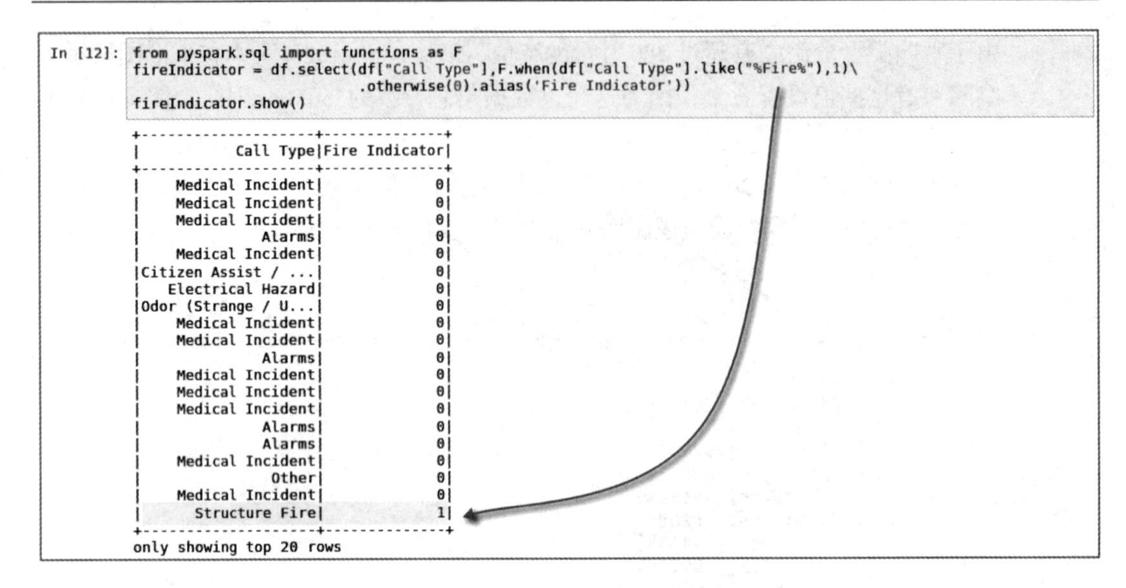

8. 我们可以通过执行 groupBy().count()来确定火警呼叫与其余呼叫相比的情况，如下图所示：

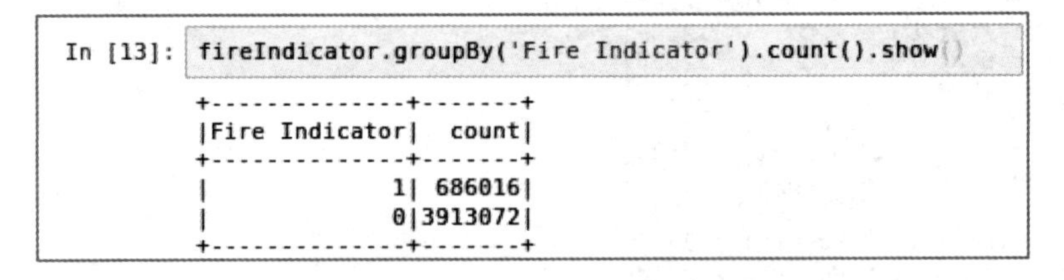

9. 最佳做法是通过执行新修改数据帧的 printSchema() 脚本来确认新列已附加到现有数据帧。我们可以在下图中看到新架构的输出：

```
In [15]: df.printSchema()

root
 |-- Call Number: integer (nullable = true)
 |-- Unit ID: string (nullable = true)
 |-- Incident Number: integer (nullable = true)
 |-- Call Type: string (nullable = true)
 |-- Call Date: string (nullable = true)
 |-- Watch Date: string (nullable = true)
 |-- Received DtTm: string (nullable = true)
 |-- Entry DtTm: string (nullable = true)
 |-- Dispatch DtTm: string (nullable = true)
 |-- Response DtTm: string (nullable = true)
 |-- On Scene DtTm: string (nullable = true)
 |-- Transport DtTm: string (nullable = true)
 |-- Hospital DtTm: string (nullable = true)
 |-- Call Final Disposition: string (nullable = true)
 |-- Available DtTm: string (nullable = true)
 |-- Address: string (nullable = true)
 |-- City: string (nullable = true)
 |-- Zipcode of Incident: integer (nullable = true)
 |-- Battalion: string (nullable = true)
 |-- Station Area: string (nullable = true)
 |-- Box: string (nullable = true)
 |-- Original Priority: string (nullable = true)
 |-- Priority: string (nullable = true)
 |-- Final Priority: integer (nullable = true)
 |-- ALS Unit: boolean (nullable = true)
 |-- Call Type Group: string (nullable = true)
 |-- Number of Alarms: integer (nullable = true)
 |-- Unit Type: string (nullable = true)
 |-- Unit sequence in call dispatch: integer (nullable = true)
 |-- Fire Prevention District: string (nullable = true)
 |-- Supervisor District: string (nullable = true)
 |-- Neighborhooods - Analysis Boundaries: string (nullable = true)
 |-- Location: string (nullable = true)
 |-- RowID: string (nullable = true)
 |-- fireIndicator: integer (nullable = false)
```

扩展

本小节对 pyspark.sql 模块进行了几次列操作。withColumn()运算符通过添加新列或修改同名的现有列来返回新数据帧或修改现有数据帧。我们不应将它与 withColumnRenamed()运算符混淆，虽然后者也返回新的数据帧，但它通过修改现有列的名称来产生新列。最后，我们需要执行一些逻辑操作，将与火警有关的数值转换为 0，将与火警无关的数值转换为 1。这需要使用 pyspark.sql.functions 模块并将 where 函数合并为与 SQL 中使用的 case 语句的等效函数。该函数使用以下语法创建了一个 case 语句：

```
CASE WHEN Call Type LIKE %Fire% THEN 1 ELSE 0 END
```

两列（呼叫类型和火警指示器）的新数据集的结果如下所示：

```
In [16]: df.select('Call Type', 'fireIndicator').show(20)

+--------------------+-------------+
|           Call Type|fireIndicator|
+--------------------+-------------+
|    Medical Incident|            0|
|    Medical Incident|            0|
|    Medical Incident|            0|
|              Alarms|            0|
|    Medical Incident|            0|
|Citizen Assist / ...|            0|
|   Electrical Hazard|            0|
|Odor (Strange / U...|            0|
|    Medical Incident|            0|
|    Medical Incident|            0|
|              Alarms|            0|
|    Medical Incident|            0|
|    Medical Incident|            0|
|    Medical Incident|            0|
|              Alarms|            0|
|              Alarms|            0|
|    Medical Incident|            0|
|               Other|            0|
|    Medical Incident|            0|
|      Structure Fire|            1|
+--------------------+-------------+
only showing top 20 rows
```

其他

要了解有关 Spark 中可用的 `pyspark.sql` 模块的更多信息，请访问以下网站：

链接64

为逻辑回归模型准备特征变量

在上一节中，我们确定了目标变量，该变量将在逻辑回归模型中用作火灾报警的预测器。本节将重点确定所有的特征，这些特征将最好地帮助模型确定目标应该是什么。这就是所谓的**特征选择**。

准备

本节需要从 `pyspark.ml.feature` 导入 `StringIndexer`。为了确保选择正确的特征，我们需要将字符串列映射到索引列。这将有助于为分类变量生成不同的数值，这将为机器学习模型提供方便的计算，以提取用于预测目标结果的自变量。

实现

本节将介绍为模型准备特征变量的步骤。

1. 执行以下脚本，选择独立于所有火警指示器的字段来更新数据帧 df：

```
df = df.select('fireIndicator',
     'Zipcode of Incident',
     'Battalion',
     'Station Area',
     'Box',
     'Number of Alarms',
     'Unit sequence in call dispatch',
     'Neighborhooods - Analysis Boundaries',
     'Fire Prevention District',
     'Supervisor District')
df.show(5)
```

2. 接下来识别数据帧中的空值，如果存在则将其删除。执行以下脚本以使用所有空值标识行计数：

```
print('Total Rows')
df.count()
print('Rows without Null values')
df.dropna().count()
print('Row with Null Values')
df.count()-df.dropna().count()
```

3. 有 **16,551** 行缺少值。执行以下脚本来更新数据帧以删除所有具有空值的行：

```
df = df.dropna()
```

4. 执行以下脚本检索火警指示器更新后的目标计数：

```
df.groupBy('fireIndicator').count().orderBy('count', ascending =
False).show()
```

5. 从 pyspark.ml.feature 导入 StringIndexer 类，为特征的每个分类变量分配数值，如以下脚本所示：

```
from pyspark.ml.feature import StringIndexer
```

6. 使用以下脚本为将在模型中使用的所有特征变量创建 Python 列表：

```
column_names = df.columns[1:]
```

7. 执行以下脚本以指定输出列格式 outputcol，该输出列格式将来自输入列 inputcol 的特征列表中的 stringIndexer：

```
categoricalColumns = column_names
indexers = []
for categoricalCol in categoricalColumns:
    stringIndexer = StringIndexer(inputCol=categoricalCol,
outputCol=categoricalCol+"_Index")
    indexers += [stringIndexer]
```

8. 执行以下脚本，创建用于拟合的输入列模型，并将新定义的输出列生成到现有数据帧 df：

```
models = []
for model in indexers:
     indexer_model = model.fit(df)
     models+=[indexer_model]

for i in models:
     df = i.transform(df)
```

9. 执行以下脚本，最终选择用于模型的数据帧 df 中的特征：

```
df = df.select(
          'fireIndicator',
          'Zipcode of Incident_Index',
          'Battalion_Index',
          'Station Area_Index',
          'Box_Index',
          'Number of Alarms_Index',
          'Unit sequence in call dispatch_Index',
          'Neighborhooods - Analysis Boundaries_Index',
          'Fire Prevention District_Index',
          'Supervisor District_Index')
```

说明

本节将解释为我们的模型准备特征变量的步骤背后的逻辑。

1. 数据帧中只有真正独立于火警指示器的指示器才能被选择并用于预测结果的逻辑回归模型。这是为了消除数据集中的任何潜在偏差，该数据集可能已经显示预测结果。这减少了人类与最终结果的交互。更新后的数据帧的输出如下图所示：

```
In [17]: df = df.select('fireIndicator',
                        'Zipcode of Incident',
                        'Battalion',
                        'Station Area',
                        'Box',
                        'Number of Alarms',
                        'Unit sequence in call dispatch',
                        'Neighborhooods - Analysis Boundaries',
                        'Fire Prevention District',
                        'Supervisor District',
                        'final priority')
         df.show()
```

```
+-------------+-------------------+---------+------------+----+----------------+-----------------------------
+------------------------------------+------------------------+-------------------+--------------+
|fireIndicator|Zipcode of Incident|Battalion|Station Area| Box|Number of Alarms|Unit sequence in call dispatch
|Neighborhooods - Analysis Boundaries|Fire Prevention District|Supervisor District|final priority|
+-------------+-------------------+---------+------------+----+----------------+-----------------------------
+------------------------------------+------------------------+-------------------+--------------+
|            0|              94116|      B08|          18|0757|               1|                            1
|                     Sunset/Parkside|                       8|                  4|             3|
|            0|              94122|      B08|          23|7651|               1|                            2
|                     Sunset/Parkside|                       8|                  4|             3|
|            0|              94102|      B02|          36|3111|               1|                            1
|                          Tenderloin|                       2|                  6|             3|
|            0|              94102|      B03|          01|1456|               1|                            3
|                          Tenderloin|                       3|                  6|             3|
|            0|              94108|      B03|          01|1322|               1|                            2
|                Financial Distric...|                       1|                  3|             3|
|            0|              94109|      B01|          03|1463|               1|                            1
|                            Nob Hill|                       1|                  3|             3|
|            0|              94109|      B04|          38|3155|               1|                            1
```

请注意，`Neighborhooods - Analysis of Boundaries` 列是我们提取数据时拼写错误所致。为了连续性，我们将继续在本章的其余部分使用错误拼写。但是，可以使用 Spark 中的 `withColumnRenamed()` 函数重命名列名。

2. 列的最终选择如下所示：
   - `fireIndicator`
   - `Zipcode of Incident`
   - `Battalion`
   - `Station Area`
   - `Box`
   - `Number of Alarms`

- `Unit sequence in call dispatch`
- `Neighborhooods - Analysis Boundaries`
- `Fire Prevention District`
- `Supervisor District`

3. 在我们的建模中，选择这些列是为了避免数据泄漏。数据泄漏在建模中很常见，并且可能导致生成无效的预测模型，因为它包含直接由我们试图预测的结果产生的特征。理想情况下，我们希望包含真正独立于结果的特征。有几个列可能导致数据泄漏，因此我们从数据帧和模型中将它们删除。
4. 所有有丢失值或有空值的行都被标识和删除，以便在避免夸大或低估关键特征的情况下从模型中获得最佳效果。丢失值的行清单可以计算出来，并显示为 **16551**，如下面的脚本所示：

```
In [18]: print('Total Rows')
         df.count()

         Total Rows

Out[18]: 4599088

In [19]: print('Rows without Null values')
         df.dropna().count()

         Rows without Null values

Out[19]: 4582537

In [20]: print('Row with Null Values')
         df.count()-df.dropna().count()

         Row with Null Values

Out[20]: 16551
```

5. 我们可以看一下与火警相关的调用频率和与之不相关的调用频率，如下图所示：

```
In [22]: df.groupBy('fireIndicator').count().orderBy('count', ascending = False).show()

         +-------------+-------+
         |fireIndicator|  count|
         +-------------+-------+
         |            0|3897625|
         |            1| 684912|
         +-------------+-------+
```

6. 引入 `StringIndexer` 是为了将一些分类或字符串转换为数值，以便在逻辑回归模型中进行计算。特征的输入需要采用向量或数组格式，这对于数值非常理想。在模型中使用的所有特征的列表如下图所示：

```
In [23]: from pyspark.ml.feature import StringIndexer

In [24]: column_names = df.columns[1:]
         column_names

Out[24]: ['Zipcode of Incident',
          'Battalion',
          'Station Area',
          'Box',
          'Number of Alarms',
          'Unit sequence in call dispatch',
          'Neighborhooods - Analysis Boundaries',
          'Fire Prevention District',
          'Supervisor District']
```

7. 为指定模型中使用的输入列（`inputCol`）和输出列（`outputCol`）的每个分类变量构建索引器。数据帧中的每一列都经过调整或转换以使用更新后的索引重建一个新的输出，范围从 0 到特定列的唯一计数的最大值。在新列的末尾附加`_Index`。创建更新列后，原始列仍然可以在数据帧中使用，如下图所示：

```
In [26]: models = []
         for model in indexers:
             indexer_model = model.fit(df)
             models+=[indexer_model]

         for i in models:
             df = i.transform(df)

In [27]: df.columns

Out[27]: ['fireIndicator',
          'Zipcode of Incident',
          'Battalion',
          'Station Area',
          'Box',
          'Number of Alarms',
          'Unit sequence in call dispatch',
          'Neighborhooods - Analysis Boundaries',
          'Fire Prevention District',
          'Supervisor District',
          'Zipcode of Incident_Index',
          'Battalion_Index',
          'Station Area_Index',
          'Box_Index',
          'Number of Alarms_Index',
          'Unit sequence in call dispatch_Index',
          'Neighborhooods - Analysis Boundaries_Index',
          'Fire Prevention District_Index',
          'Supervisor District_Index']
```

8. 我们可以查看新创建的列，将其与原始列进行比较以了解字符串是如何转换为数字类型的。下图显示了 Neighborhooods-Analysis Boundaries 与 Neighborhooods-Analysis Boundaries_Index 的比较：

```
In [28]: df.select('Neighborhooods - Analysis Boundaries', 'Neighborhooods - Analysis Boundaries_Index').show()

+-----------------------------------+-----------------------------------------+
|Neighborhooods - Analysis Boundaries|Neighborhooods - Analysis Boundaries_Index|
+-----------------------------------+-----------------------------------------+
|                    Sunset/Parkside|                                      5.0|
|                    Sunset/Parkside|                                      5.0|
|                         Tenderloin|                                      0.0|
|                         Tenderloin|                                      0.0|
|               Financial Distric...|                                      3.0|
|                           Nob Hill|                                      7.0|
|                           Nob Hill|                                      7.0|
|                      Outer Mission|                                     22.0|
|               Bayview Hunters P...|                                      4.0|
|                          Chinatown|                                     13.0|
|                    Sunset/Parkside|                                      5.0|
|                            Mission|                                      2.0|
|                        Mission Bay|                                     29.0|
|                   Western Addition|                                      6.0|
|                   Western Addition|                                      6.0|
|                    Sunset/Parkside|                                      5.0|
|                  West of Twin Peaks|                                     11.0|
|                  Lone Mountain/USF|                                     27.0|
|               Oceanview/Merced/...|                                     23.0|
|                    South of Market|                                      1.0|
+-----------------------------------+-----------------------------------------+
only showing top 20 rows
```

9. 修改数据帧使其仅包含数值，并移除数据帧已转换的原始分类变量。非数值不再服务于模型，而是从数据帧中删除。

10. 打印出新列以确认数据帧的每个值是双精度类型还是整数类型，如下图所示：

```
In [29]: df = df.select(
                 'fireIndicator',
                 'Zipcode of Incident_Index',
                 'Battalion_Index',
                 'Station Area_Index',
                 'Box_Index',
                 'Number of Alarms_Index',
                 'Unit sequence in call dispatch_Index',
                 'Neighborhooods - Analysis Boundaries_Index',
                 'Fire Prevention District_Index',
                 'Supervisor District_Index')

In [30]: df.printSchema()

root
 |-- fireIndicator: integer (nullable = false)
 |-- Zipcode of Incident_Index: double (nullable = true)
 |-- Battalion_Index: double (nullable = true)
 |-- Station Area_Index: double (nullable = true)
 |-- Box_Index: double (nullable = true)
 |-- Number of Alarms_Index: double (nullable = true)
 |-- Unit sequence in call dispatch_Index: double (nullable = true)
 |-- Neighborhooods - Analysis Boundaries_Index: double (nullable = true)
 |-- Fire Prevention District_Index: double (nullable = true)
 |-- Supervisor District_Index: double (nullable = true)
```

扩展

最后新修改的数据帧将仅显示数值，如下图所示：

```
In [31]: df.show(5)

+-------------+------------------------+---------------+------------------+---------+----------------------+
------------------------------------+------------------------------------------+-----------------------------
-+-------------------------+
|fireIndicator|Zipcode of Incident_Index|Battalion_Index|Station Area_Index|Box_Index|Number of Alarms_Index|
Unit sequence in call dispatch_Index|Neighborhooods - Analysis Boundaries_Index|Fire Prevention District_Inde
x|Supervisor District_Index|
+-------------+------------------------+---------------+------------------+---------+----------------------+
------------------------------------+------------------------------------------+-----------------------------
-+-------------------------+
|            0|                     18.0|            5.0|              29.0|   1733.0|                   0.0|
0.0|                                        5.0|                           7.0|                     10.0|
|            0|                      8.0|            5.0|              31.0|   1274.0|                   0.0|
1.0|                                        5.0|                           7.0|                     10.0|
|            0|                      0.0|            1.0|               2.0|     61.0|                   0.0|
0.0|                                        0.0|                           0.0|                      0.0|
|            0|                      0.0|            0.0|               0.0|      7.0|                   0.0|
2.0|                                        0.0|                           1.0|                      0.0|
|            0|                     17.0|            0.0|               0.0|     47.0|                   0.0|
1.0|                                        3.0|                           2.0|                      1.0|
+-------------+------------------------+---------------+------------------+---------+----------------------+
------------------------------------+------------------------------------------+-----------------------------
-+-------------------------+
only showing top 5 rows
```

其他

要了解有关 `StringIndexer` 的更多信息，请访问以下网站：

链接65

应用逻辑回归模型

该阶段已设置为将模型应用于数据帧。

准备

本节将重点介绍**逻辑回归**，这是一种非常常见的分类模型。该模型涉及从 Spark 导入以下部分内容：

```
from pyspark.ml.feature import VectorAssembler
from pyspark.ml.evaluation import BinaryClassificationEvaluator
from pyspark.ml.classification import LogisticRegression
```

实现

本节将介绍应用模型和评估结果的步骤。

1. 执行以下脚本，将数据帧中的所有特征变量放在一个名为“特征（features）”的列表中：

```
features = df.columns[1:]
```

2. 执行以下命令导入 VectorAssembler，并通过分配 inputCols 和 outputCol 来配置将分配给特征向量的字段：

```
from pyspark.ml.feature import VectorAssembler
feature_vectors = VectorAssembler(
     inputCols = features,
     outputCol = "features")
```

3. 执行以下脚本以使用转换(transform)函数将 VectorAssembler 应用于数据帧：

```
df = feature_vectors.transform(df)
```

4. 修改数据帧以删去除 fireIndicator 和 features 之外的所有列，如以下脚本所示：

```
df = df.drop( 'Zipcode of Incident_Index',
              'Battalion_Index',
              'Station Area_Index',
              'Box_Index',
              'Number of Alarms_Index',
              'Unit sequence in call dispatch_Index',
              'Neighborhooods - Analysis Boundaries_Index',
              'Fire Prevention District_Index',
              'Supervisor District_Index')
```

5. 修改数据帧以将 fireIndicator 重命名为 label，如以下脚本所示：

```
df = df.withColumnRenamed('fireIndicator', 'label')
```

6. 将整个数据帧 df 以 75：25 的比例拆分为训练集和测试集，随机种子集为 12345，如以下脚本所示：

```
(trainDF, testDF) = df.randomSplit([0.75, 0.25], seed = 12345)
```

7. 从 pyspark.ml.classification 导入 LogisticRegression 库，并合并数据帧中的 label 和 features，然后适配训练数据集 trainDF，如以下脚本所示：

```
from pyspark.ml.classification import LogisticRegression
logreg = LogisticRegression(labelCol="label",
featuresCol="features", maxIter=10)
LogisticRegressionModel = logreg.fit(trainDF)
```

8. 转换测试数据 testDF 以应用逻辑回归模型。具有预测分数的新数据帧被称为 df_predicted，如以下脚本所示：

```
df_predicted = LogisticRegressionModel.transform(testDF)
```

说明

本节将介绍应用模型和评估结果步骤背后的逻辑。

1. 当所有特征为了训练组合在一个向量中时，分类模型最有效。因此，我们通过将所有特征收集到一个称为 features 的列表中来开始向量化过程。由于我们的标签是数据帧的第一列，因此将其排除，然后将每列作为特征列或特征变量拉入。
2. 向量化过程将特征列表中的所有变量转换为单个向量输出到称为 features 的列。此过程需要从 pyspark.ml.feature 导入 VectorAssembler。
3. 创建一个名为 features 的新列并通过 VectorAssembler 转换数据帧，如下图所示：

```
In [33]: from pyspark.ml.feature import VectorAssembler

         feature_vectors = VectorAssembler(
                 inputCols = features,
                 outputCol = "features")

In [34]: df = feature_vectors.transform(df)

In [35]: df.columns

Out[35]: ['fireIndicator',
          'Zipcode of Incident_Index',
          'Battalion_Index',
          'Station Area_Index',
          'Box_Index',
          'Number of Alarms_Index',
          'Unit sequence in call dispatch_Index',
          'Neighborhooods - Analysis Boundaries_Index',
          'Fire Prevention District_Index',
          'Supervisor District_Index',
          'features']
```

4. 此时，我们在模型中使用的列是 fireIndicator 和 features 列。可以从数据帧中删除所有其他列，因为我们在建模时不再需要它们。
5. 另外，为了帮助使用逻辑回归模型，我们将名为 fireIndicator 的列更改为 label。df.show()脚本的输出可以在下图中看到，其中包含重新命名的列：

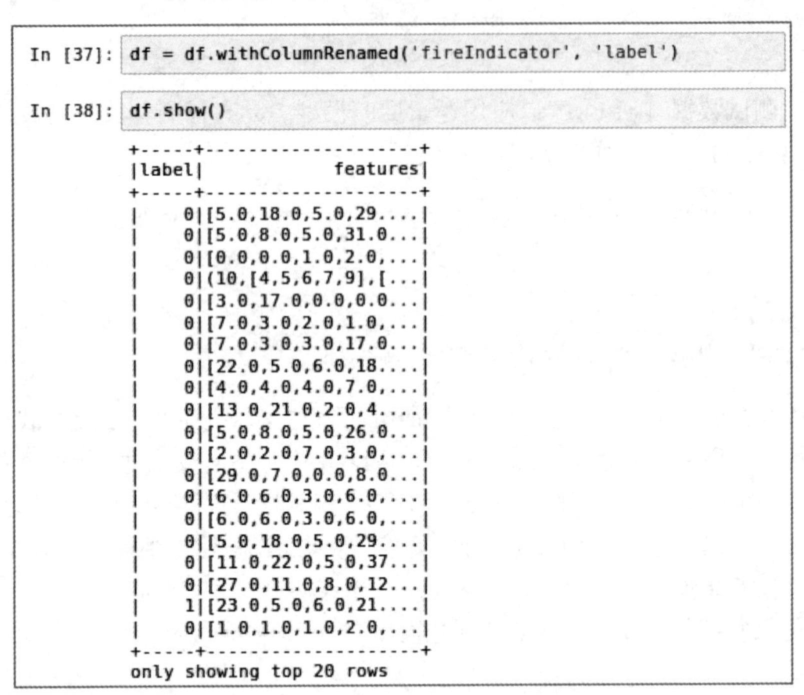

```
In [37]: df = df.withColumnRenamed('fireIndicator', 'label')

In [38]: df.show()

+-----+--------------------+
|label|            features|
+-----+--------------------+
|    0|[5.0,18.0,5.0,29....|
|    0|[5.0,8.0,5.0,31.0...|
|    0|[0.0,0.0,1.0,2.0,...|
|    0|(10,[4,5,6,7,9],[...|
|    0|[3.0,17.0,0.0,0.0...|
|    0|[7.0,3.0,2.0,1.0,...|
|    0|[7.0,3.0,3.0,17.0...|
|    0|[22.0,5.0,6.0,18....|
|    0|[4.0,4.0,4.0,7.0,...|
|    0|[13.0,21.0,2.0,4....|
|    0|[5.0,8.0,5.0,26.0...|
|    0|[2.0,2.0,7.0,3.0,...|
|    0|[29.0,7.0,0.0,8.0...|
|    0|[6.0,6.0,3.0,6.0,...|
|    0|[6.0,6.0,3.0,6.0,...|
|    0|[5.0,18.0,5.0,29....|
|    0|[11.0,22.0,5.0,37...|
|    0|[27.0,11.0,8.0,12...|
|    1|[23.0,5.0,6.0,21....|
|    0|[1.0,1.0,1.0,2.0,...|
+-----+--------------------+
only showing top 20 rows
```

6. 为了最大限度地减少过度拟合模型，数据帧将被拆分为测试数据集和训练数据集，以使模型适合训练数据集 trainDF，并在测试数据集 testDF 上进行测试。设置随机种子 12345 以便在每次执行单元时保持随机性一致。我们可以识别数据拆分的行数，如下图所示：

```
In [39]: (trainDF, testDF) = df.randomSplit([0.75, 0.25], seed = 12345)

In [40]: print(trainDF.count())
         print(testDF.count())

3436948
1145589
```

7. 从 pyspark.ml.classification 导入逻辑回归模型 LogisticRegression，再从与特征和标签相关的数据帧中输入适当的列名。此外，逻辑回归模型被分配给一个名为 logreg 的变量，该变量适合训练我们的数据集 trainDF。

8. 一旦对逻辑回归模型进行评分，系统就会根据测试数据帧 testDF 的变换创建一个新的数据帧 predict_df。该模型基于评分为 predict_df 创建了三个附加列。这三个附加列是 rawPrediction、probability 和 prediction，如下图所示：

```
In [41]: from pyspark.ml.classification import LogisticRegression
         logreg = LogisticRegression(labelCol="label", featuresCol="features", maxIter=10)
         LogisticRegressionModel = logreg.fit(trainDF)

In [42]: df_predicted = LogisticRegressionModel.transform(testDF)

In [43]: df_predicted.printSchema()

         root
          |-- label: integer (nullable = false)
          |-- features: vector (nullable = true)
          |-- rawPrediction: vector (nullable = true)
          |-- probability: vector (nullable = true)
          |-- prediction: double (nullable = true)
```

9. 最后，可对 df_predicted 中的新列进行分析，如下图所示：

```
In [44]: df_predicted.show(5)

         +-----+--------------------+--------------------+--------------------+----------+
         |label|            features|       rawPrediction|         probability|prediction|
         +-----+--------------------+--------------------+--------------------+----------+
         |    0|(10,[2,4,5,6,9],[...|[3.35781787060013...|[0.96635991125564...|       0.0|
         |    0|(10,[2,4,5,6,9],[...|[1.37857521738817...|[0.79876207643676...|       0.0|
         |    0|(10,[2,4,5,6,9],[...|[0.89555143586623...|[0.71003446414471...|       0.0|
         |    0|(10,[2,4,5,6,9],[...|[3.35359673300782...|[0.96622241822590...|       0.0|
         |    0|(10,[2,4,5,6,9],[...|[3.35359673300782...|[0.96622241822590...|       0.0|
         +-----+--------------------+--------------------+--------------------+----------+
         only showing top 5 rows
```

扩展

需要记住的一件重要事情是，我们的**概率**阈值在数据帧中被设置为 50%，因为它可能一开始看起来与直觉相反。任何**概率**为 0.500 及以上的调用的**预测值**为 **0.0**，任何**概率**小于 0.500 的调用的**预测值**为 **1.0**。这是在管道开发过程中设置的，我们只要知道阈值是什么以及如何分配预测，我们就处于良好的状态。

其他

要了解有关 VectorAssembler 的更多信息，请访问以下网站：

链接66

评估逻辑回归模型的准确度

我们现在将评估预测呼叫被正确归类为火灾事件的表现。

准备

我们将执行模型分析，这需要导入以下内容：

- 从 sklearn 导入矩阵。

实现

本节将介绍评估模型性能的步骤。

1. 使用.crosstab()函数创建混淆矩阵，如以下脚本所示：

```
df_predicted.crosstab('label', 'prediction').show()
```

2. 使用以下脚本从 sklearn 导入矩阵以帮助衡量准确度：

```
from sklearn import metrics
```

3. 使用以下脚本为数据帧中的实际列和预测列创建两个变量，这些变量将用于测量准确度：

```
actual = df_predicted.select('label').toPandas()
predicted = df_predicted.select('prediction').toPandas()
```

4. 使用以下脚本计算准确度预测分数：

```
metrics.accuracy_score(actual, predicted)
```

说明

本节将介绍如何评估模型的性能。

1. 为了计算模型的准确度，我们需要确认预测的准确度。通常，使用混淆矩阵交叉表可达到最好的可视化效果，显示正确和不正确的预测分数。我们使用 df_predicted 数据帧外的 crosstab()函数创建一个混淆矩阵，该矩阵显示我们对 0 的标签有 964,980 个正确预测，对 1 的标签有 48,034 个正确预测，如下图所示：

```
In [45]: df_predicted.crosstab('label', 'prediction').show()

         +----------------+------+-----+
         |label_prediction|   0.0|  1.0|
         +----------------+------+-----+
         |               1|123166|48034|
         |               0|964980| 9409|
         +----------------+------+-----+
```

2. 从本节前面的内容知道，testDF 数据帧总共有 1,145,589 行。因此，我们可以使用以下公式计算模型的准确度：(TP + TN)/Total。准确度将是 88.4%。
3. 值得注意的是，并非所有得分都是正确的。例如，将与火灾无关的呼叫分类为与火灾相关，从消防安全角度来看更为不利。这被称为假阴性。有一个衡量**假阴性（FN）**的指标，称为**召回率**。
4. 我们虽然可以手动计算出准确度，但如上一步所示，最好自动计算准确度。可以通过导入 sklearn.metrics 轻松执行。sklearn.metrics 是一个常用于评分和模型评估的模块。
5. sklearn.metrics 有两个参数，分别为标签的实际结果和从逻辑回归模型得到的预测值。因此，创建了两个变量，actual 和 predicted，并使用 accuracy_score()计算准确度得分函数，如下面的截图所示：

```
In [46]: from sklearn import metrics

In [47]: actual = df_predicted.select('label').toPandas()

In [48]: predicted = df_predicted.select('prediction').toPandas()

In [49]: metrics.accuracy_score(actual, predicted)
Out[49]: 0.88427350472115218
```

6. 准确度得分与我们手动计算的结果相同，为 88.4%。

扩展

现在我们知道，我们的模型能够以 88.4%的比例准确预测来电是否与火灾有关。起初，这听起来像是一个强有力的预测；然而，将其与基线得分比较总是很重要的。在基线得分中，每个调用都被预测为非火警呼叫。预测的数据帧 df_predicted，标签 1 和 0 的分类情况如下图所示：

```
In [50]: df_predicted.groupBy('label').count().show()

         +-----+------+
         |label| count|
         +-----+------+
         |    1|171200|
         |    0|974389|
         +-----+------+
```

我们可以在同一个数据帧上运行一些统计信息，以使用 `df_predicted.describe('label').show()`脚本获得值为 1 的标签出现的平均值。该脚本的输出如下图所示：

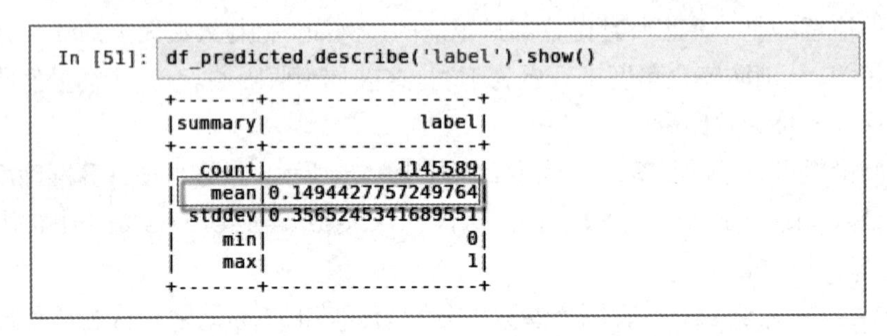

基本模型中标签 1 的预测值为 14.94%，换句话说，标签 0 的预测值为 100% – 14.94%，即 85.06%，而 85.06%小于模型预测值 88.4%。该模型提供了一种改进，避免了盲目猜测呼叫是否与火有关。

其他

要了解有关准确度的更多信息，请访问以下网站：

链接67

6

在生成网络中使用 LSTM

阅读本章后，你能够完成以下内容：

- 下载将用作输入文本的小说/书籍
- 准备和清理数据
- 标记句子
- 训练和保存 LSTM 模型
- 使用模型生成类似的文本

介绍

由于**循环神经网络（RNN）**在反向传播方面的缺点，**长短期记忆单元（LSTM）**和门**控循环单元（GRU）**近来在学习顺序输入数据时越来越受欢迎且更适合解决梯度消失和梯度爆炸问题。

下载将用作输入文本的小说/书籍

在本节中，我们将介绍下载小说/书籍所需的步骤。这些小说/书籍将用作输入文本。

准备

- 将输入数据以`.txt`文件的形式放在工作目录中。

- 该输入可以是任何类型的文本，例如歌词、小说、杂志文章和源代码。
- 大多数经典文本不再受版权保护，可以免费下载并用于实验。古腾堡计划（Project Gutenberg）是获得免费书籍的最佳地点。
- 在本章中，我们将使用鲁德亚德·吉卜林的《丛林奇谈》作为训练我们的模型的输入，并将生成的统计上的类似文本作为输出。下图显示了如何下载`.txt`格式的必要文件：

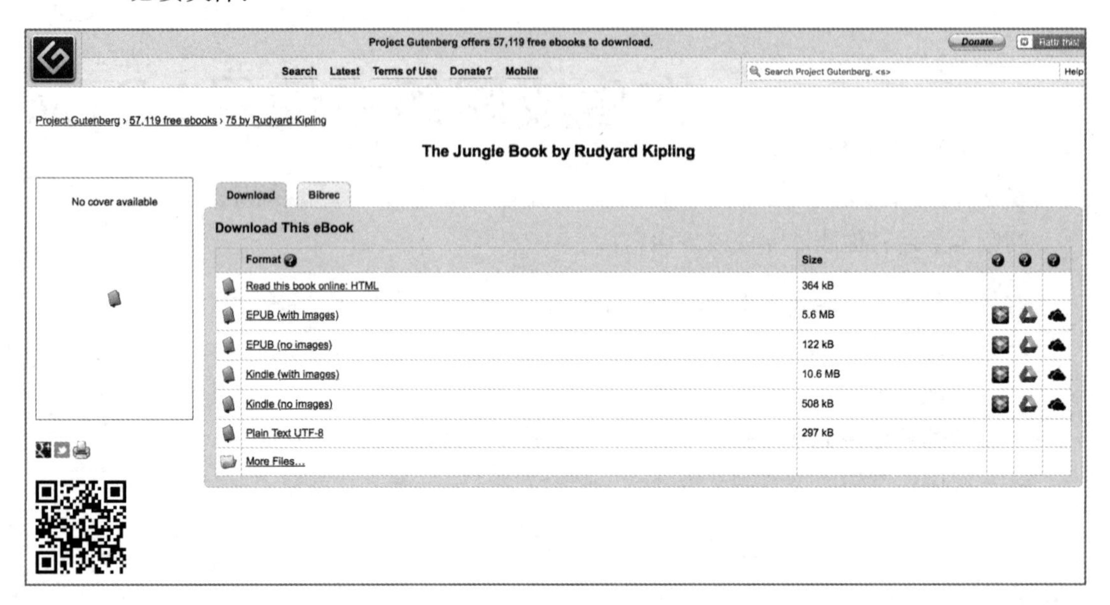

- 访问网站并搜索所需书籍后，单击 **Plain Text UTF-8** 并下载。UTF-8 基本上规定了编码类型。我们通过单击链接将文本复制粘贴或直接保存到工作目录中。

实现

在正式操作前，查看数据并进行分析总是有益的。查看数据后，我们发现有很多标点符号、空格、引号、大小写字母。在对数据进行任何类型的分析或将其提供给 LSTM 网络前，都需要先准备数据。我们需要使用一些库来降低处理数据的难度。

1. 使用以下命令导入必要的库：

```
from keras.preprocessing.text import Tokenizer
from keras.utils import to_categorical
from keras.models import Sequential
```

```
from keras.layers import Dense, lSTM, Dropout, Embedding
import numpy as np
from pickle import dump
import string
```

2. 上述命令的输出如下图所示：

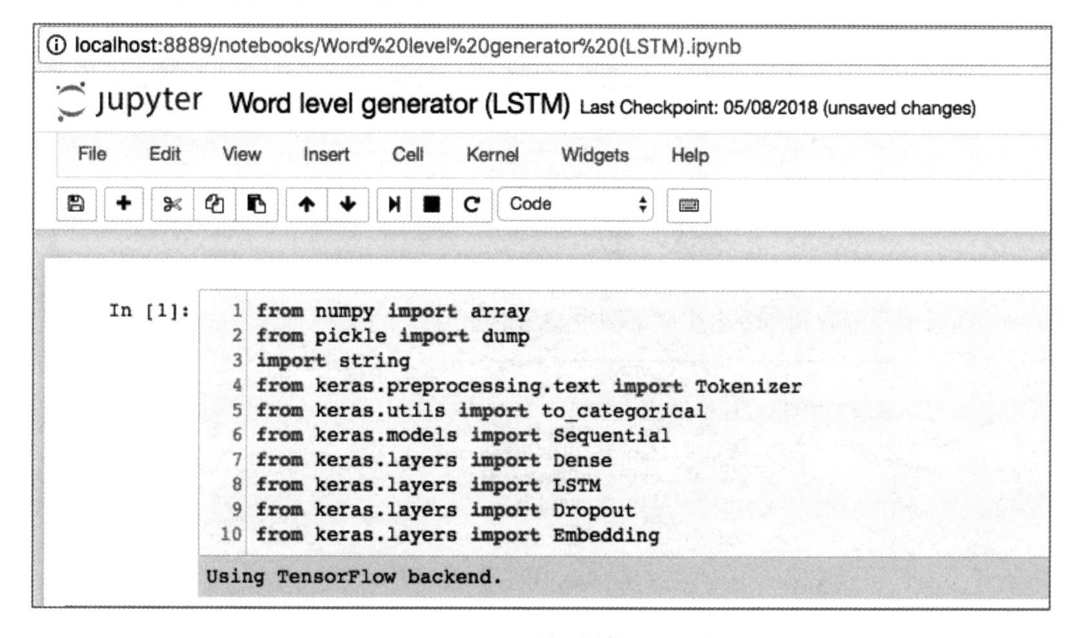

3. 反复检查当前工作目录并将所需文件夹作为工作目录。在我们的示例中，.txt 文件名为 junglebook.txt，它被保存在名为 Chapter 8 的文件夹中。因此，我们选择该文件夹作为整个章节的工作目录。如下图所示：

```
In [2]:  1 pwd
Out[2]: '/Users/Chanti'

In [3]:  1 cd '/Users/Chanti/Desktop/Cookbook/Chapter 8'
         /Users/Chanti/Desktop/Cookbook/Chapter 8

In [4]:  1 pwd
Out[4]: '/Users/Chanti/Desktop/Cookbook/Chapter 8'
```

4. 接下来，通过定义名为 load_document 的函数将文件加载到程序的内存中，这可以通过以下命令来完成：

```
def load_document(name):
     file = open(name, 'r')
     text = file.read()
     file.close()
     return text
```

5. 使用先前定义的函数将文档加载到内存中，并使用以下脚本打印文本文件的前 2000 个字符：

```
input_filename = 'junglebook.txt'
doc = load_document(input_filename)
print(doc[:2000])
```

6. 运行上述函数和命令会生成下图中显示的输出：

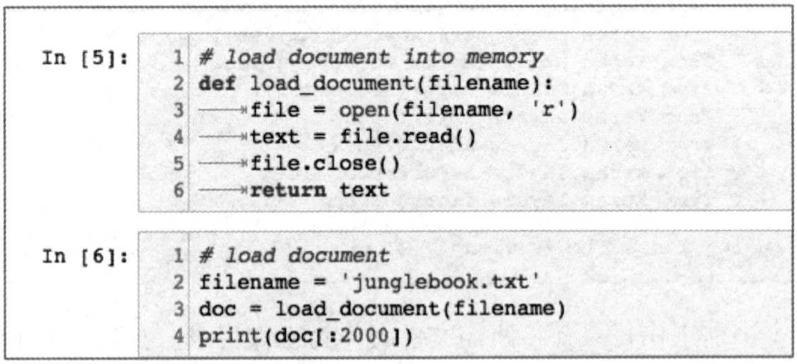

```
In [5]:  1 # load document into memory
         2 def load_document(filename):
         3     file = open(filename, 'r')
         4     text = file.read()
         5     file.close()
         6     return text

In [6]:  1 # load document
         2 filename = 'junglebook.txt'
         3 doc = load_document(filename)
         4 print(doc[:2000])
```

以上代码的输出显示在下图中：

```
The Project Gutenberg EBook of The Jungle Book, by Rudyard Kipling

This eBook is for the use of anyone anywhere at no cost and with
almost no restrictions whatsoever.  You may copy it, give it away or
re-use it under the terms of the Project Gutenberg License included
with this eBook or online at www.gutenberg.org


Title: The Jungle Book

Author: Rudyard Kipling

Release Date: January 16, 2006 [EBook #236]
Last Updated: October 6, 2016

Language: English

Character set encoding: UTF-8

*** START OF THIS PROJECT GUTENBERG EBOOK THE JUNGLE BOOK ***




Produced by An Anonymous Volunteer and David Widger





THE JUNGLE BOOK

By Rudyard Kipling
```

下图是前一输出的延续：

```
Contents

     Mowgli's Brothers
     Hunting-Song of the Seeonee Pack
     Kaa's Hunting
     Road-Song of the Bandar-Log
     "Tiger! Tiger!"
      Mowgli's Song
     The White Seal
     Lukannon
     "Rikki-Tikki-Tavi"
      Darzee's Chant
     Toomai of the Elephants
     Shiv and the Grasshopper
     Her Majesty's Servants
     Parade Song of the Camp Animals




Mowgli's Brothers

     Now Rann the Kite brings home the night
        That Mang the Bat sets free--
     The herds are shut in byre and hut
        For loosed till dawn are we.
     This is the hour of pride and power,
        Talon and tush and claw.
     Oh, hear the call!--Good hunting all
        That keep the Jungle Law!
     Night-Song in the Jungle

It was seven o'clock of a very warm evening in the Seeonee hills when
Father Wolf woke up from his day's rest, scratched himself, yawned, and
spread out his paws one after the other to get rid of the sleepy feeling
in their tips. Mother Wolf lay with her big gray nose dropped across her
four tumbling, squealing cubs, and the moon shone into the mouth of the
```

7. 如上图所示，.txt 文件的前 2000 个字符被打印出来了。在对数据执行任何预处理前，查看数据进行分析是一个好习惯。它将提供一个更接近预处理步骤更佳的想法。

说明

1. array 函数将用于处理数组形式的数据。numpy 库可以方便地提供这个功能。
2. 由于我们的数据是文本类型的，所以在将文本编码为可被输入的整数前，我们将令字符串库以字符串的形式处理所有输入数据。
3. tokenizer 函数用于将所有句子拆分为标记。每个标记代表一个单词。
4. 将字典保存到 pickle 文件中，我们需要使用 pickle 库中的 dump 函数。
5. Keras 库中的 to_categorical 函数将一个类向量（整数）转换为一个二进制类矩阵。例如，与 categorical_crosssentropy 一起使用，以便将符号映射到唯一整数，反之亦然。稍后我们将使用到 categorical_crossentropy 函数。
6. 本章需要的其他 Keras 层包括 LSTM 层、dense 层、dropout 层和 embedding 层。模型将按顺序被定义，为此我们需要 Keras 库的顺序模型。

扩展

- 你还可以对不同类型的文本使用相同的模型，比如网站上的客户评论、推文、源代码、数学理论等结构化文本。
- 本章的目的是理解 LSTM 如何学习长期依赖关系，以及与循环神经网络相比，它们如何更好地处理顺序数据。
- 另一个好主意是将 *Pokémon* 的名字输入模型并尝试生成你自己的 *Pokémon* 名字。

其他

有关本节所使用的不同库的更多信息，请访问以下链接：

- 链接 68
- 链接 69
- 链接 70
- 链接 71
- 链接 72
- 链接 73

准备和清理数据

在本节，我们将讨论在提供模型输入前所涉及的各种数据准备和文本预处理步骤。准备数据的具体方式取决于打算如何对其进行建模，而如何建模又取决于打算如何使用它。

准备

语言模型将基于统计并预测给定输入文本序列的每个单词的概率。预测的单词将作为输入提供给模型，进而生成下一个单词。

输入序列的长度很重要，因为语言模型需要根据足够长的句子来让模型学习单词预测的上下文。这个输入长度还将定义使用模型时用于生成新序列的种子文本长度。

为了方便，我们将任意 50 个单词的长度作为输入序列的长度。

实现

在查看文本（我们之前执行过）的基础上，以下是一些用于清理和预处理输入文件中的文本的操作。我们提供了一些关于文本预处理的选项。出于练习的目的，你应该了解更多清理数据的操作。

- 使用空格替换破折号以便更好地分割单词。
- 基于空格进行分词。
- 从输入文本中删除所有标点符号，以减少输入模型的文本中的唯一字符数（例如，将“Why？”转换为“Why”）。
- 删除所有非字母的单词以删除独立的标点符号和表情符号。
- 将所有单词从大写转换为小写，以进一步减小标记总数的大小并消除任何差异和数据冗余。

词汇量是语言建模的决定性因素，它还决定了模型的训练时间。词汇量越小，训练速度就越快，效率也就越高。虽然在某些情况下拥有少量词汇是好事，但在其他情况下拥有更大的词汇量有助于防止过度拟合。为了对数据进行预处理，我们需要一个函数来接收整个输入文本，根据空格将其分割，删除所有标点符号，规范化所有情况，并返回一个标记序列。为此，使用以下代码定义 `clean_document` 函数：

```
import string
def clean_document(doc):
    doc = doc.replace('--', ' ')
    tokens = doc.split()
    table = str.maketrans('', '', string.punctuation)
    tokens = [w.translate(table) for w in tokens]
    tokens = [word for word in tokens if word.isalpha()]
    tokens = [word.lower() for word in tokens]
    return tokens
```

1. 先前定义的函数主要将加载的文档/文件作为参数，并返回一组干净的标记，如下图所示：

```
In [7]:  1 # turn document into clean tokens
         2 def clean_document(doc):
         3     # replace '--' with white space ' '
         4     doc = doc.replace('--', ' ')
         5     # split into tokens
         6     tokens = doc.split()
         7     # remove punctuations from each token
         8     table = str.maketrans('', '', string.punctuation)
         9     tokens = [w.translate(table) for w in tokens]
        10     # remove tokens which are not alphabetic
        11     tokens = [word for word in tokens if word.isalpha()]
        12     # convert to lower case
        13     tokens = [word.lower() for word in tokens]
        14     return tokens
```

2. 接下来，打印一些标记和统计信息，以便更好地理解 clean_document 函数正在做什么。通过发出以下命令完成此步骤：

```
tokens = clean_document(doc)
print(tokens[:200])
print('Total Tokens: %d' % len(tokens))
print('Total Unique Tokens: %d' % len(set(tokens)))
```

3. 前面一组命令的输出打印前 200 个标记，如下图所示：

```
In [8]:  1 # clean document
         2 tokens = clean_document(doc)
         3 print(tokens[:300])
         4 print('Total Tokens: %d' % len(tokens))
         5 print('Total Unique Tokens: %d' % len(set(tokens)))

['project', 'gutenberg', 'ebook', 'of', 'the', 'jungle', 'book', 'by', 'rudyard', 'kipling', 'this', 'ebook', 'is',
'for', 'the', 'use', 'of', 'anyone', 'anywhere', 'at', 'no', 'cost', 'and', 'with', 'almost', 'no', 'restrictions',
'whatsoever', 'you', 'may', 'copy', 'it', 'give', 'it', 'away', 'or', 'reuse', 'it', 'under', 'the', 'terms', 'of',
'the', 'project', 'gutenberg', 'license', 'included', 'with', 'this', 'ebook', 'or', 'online', 'at', 'wwwgutenbergor
g', 'title', 'the', 'jungle', 'book', 'author', 'rudyard', 'kipling', 'release', 'date', 'january', 'ebook', 'last',
'updated', 'october', 'language', 'english', 'character', 'set', 'encoding', 'start', 'of', 'this', 'project', 'guten
berg', 'ebook', 'the', 'jungle', 'book', 'produced', 'by', 'an', 'anonymous', 'volunteer', 'and', 'david', 'widger',
'the', 'jungle', 'book', 'by', 'rudyard', 'kipling', 'contents', 'brothers', 'huntingsong', 'of', 'the', 'seeonee',
'pack', 'hunting', 'roadsong', 'of', 'the', 'bandarlog', 'song', 'the', 'white', 'seal', 'lukannon', 'chant', 'tooma
i', 'of', 'the', 'elephants', 'shiv', 'and', 'the', 'grasshopper', 'her', 'servants', 'parade', 'song', 'of', 'the',
'camp', 'animals', 'brothers', 'now', 'rann', 'the', 'kite', 'brings', 'home', 'the', 'night', 'that', 'mang', 'the',
'bat', 'sets', 'free', 'the', 'herds', 'are', 'shut', 'in', 'byre', 'and', 'hut', 'for', 'loosed', 'till', 'dawn', 'a
re', 'we', 'this', 'is', 'the', 'hour', 'of', 'pride', 'and', 'power', 'talon', 'and', 'tush', 'and', 'claw', 'oh',
'hear', 'the', 'call', 'good', 'hunting', 'all', 'that', 'keep', 'the', 'jungle', 'law', 'nightsong', 'in', 'the', 'j
ungle', 'it', 'was', 'seven', 'of', 'a', 'very', 'warm', 'evening', 'in', 'the', 'seeonee', 'hills', 'when', 'fathe
r', 'wolf', 'woke', 'up', 'from', 'his', 'rest', 'scratched', 'himself', 'yawned', 'and', 'spread', 'out', 'his', 'pa
ws', 'one', 'after', 'the', 'other', 'to', 'get', 'rid', 'of', 'the', 'sleepy', 'feeling', 'in', 'their', 'tips', 'mo
ther', 'wolf', 'lay', 'with', 'her', 'big', 'gray', 'nose', 'dropped', 'across', 'her', 'four', 'tumbling', 'squealin
g', 'cubs', 'and', 'the', 'moon', 'shone', 'into', 'the', 'mouth', 'of', 'the', 'cave', 'where', 'they', 'all', 'live
d', 'said', 'father', 'wolf', 'is', 'time', 'to', 'hunt', 'he', 'was', 'going', 'to', 'spring', 'down', 'hill', 'whe
n', 'a', 'little', 'shadow', 'with', 'a', 'bushy', 'tail', 'crossed', 'the', 'threshold', 'and', 'whined', 'luck', 'g
o', 'with', 'you', 'o', 'chief', 'of', 'the', 'wolves', 'and', 'good', 'luck', 'and', 'strong']
Total Tokens: 51473
Total Unique Tokens: 5027
```

4. 接下来，使用以下命令将所有这些标记组织成序列，每个序列包含 50 个单词（任意选择）：

```
length = 50 + 1
sequences = list()
for i in range(length, len(tokens)):
    seq = tokens[i-sequence_length:i]
    line = ' '.join(seq)
    sequences.append(line)
print('Total Sequences: %d' % len(sequences))
```

从文档中形成的序列总数可以打印出来查看，如下图所示：

```
In [9]:  1 # organize text into sequences of tokens
         2 sequence_length = 50 + 1
         3 sequences = list()
         4 for i in range(sequence_length, len(tokens)):
         5     # select sequence of tokens
         6     sequence = tokens[i-sequence_length:i]
         7     # convert into a line
         8     line = ' '.join(sequence)
         9     # store by appending at each step of the loop
        10     sequences.append(line)
        11 print('Total Sequences: %d' % len(sequences))

Total Sequences: 51422
```

5. 使用以下命令定义 Save_doc 函数，将生成的所有标记和序列保存到工作目录的文件中：

```
def save_document(lines, name):
    data = '\n'.join(lines)
    file = open(name, 'w')
    file.write(data)
    file.close()
```

要保存序列，请使用以下两个命令：

```
output_filename = 'junglebook_sequences.txt'
save_document(sequences, output_filename)
```

6. 这个过程如下图所示：

```
In [10]:  1 # save tokens to file
          2 def save_doc(lines, filename):
          3     data = '\n'.join(lines)
          4     file = open(filename, 'w')
          5     file.write(data)
          6     file.close()

In [11]:  1 # save sequences to file
          2 output_filename = 'junglebook_sequences.txt'
          3 save_doc(sequences, output_filename)
```

7. 接下来，使用 load_document 函数（定义如下）将保存的文档（包含所有保存的标记和序列）加载到内存中：

```
def load_document(name):
    file = open(name, 'r')
    text = file.read()
    file.close()
    return text

# 加载文档和基于行分割
input_filename = 'junglebook_sequences.txt'
doc = load_document(input_filename)
lines = doc.split('\n')
```

```
In [12]:
 1 # load document containing sequences into memory
 2 def load_document(filename):
 3     file = open(filename, 'r')
 4     text = file.read()
 5     file.close()
 6     return text
 7 
 8 # load
 9 input_filename = 'junglebook_sequences.txt'
10 doc = load_document(input_filename)
11 lines = doc.split('\n')
```

说明

1. `clean_document` 函数删除所有空格、标点符号、大写文本和引号，并将整个文档拆分为标记。其中每个标记都是一个单词。
2. 通过在文档中打印标记和唯一标记的总数，我们注意到，`clean_document` 函数生成了 51,473 个标记，其中 5027 个标记（或单词）是唯一的。
3. `save_document` 函数保存所有这些标记以及生成这 50 个单词各自序列所需的唯一标记。注意，通过循环遍历所有生成的标记，我们能够生成 51,422 个序列的长列表。这些序列将用作训练语言模型的输入。
4. 在对所有 51,422 个序列训练模型前，将标记和序列保存到文件始终是一个好习惯。保存后，可以使用定义的 `load_document` 函数将文件重新载入内存。
5. 这些序列都是按照 50 个输入标记和 1 个输出标记（这意味着每个序列有 51 个标记）安排的。为了预测每个输出标记，我们将使用前 50 个标记作为模型输入。可以通过从标记 51 开始迭代标记列表，并将前 50 个标记作为一个序列，然后重复这个过程，直到所有列表都被标记。

其他

为更好地了解通过使用各种函数进行数据准备，请访问以下链接：

- 链接 74
- 链接 75
- 链接 76
- 链接 77
- 链接 78

标记句子

在定义数据并将数据输入 LSTM 网络之前，重要的是将数据转换成神经网络可以理解的形式。计算机以二进制代码（0 和 1）理解所有内容，因此，字符串格式的文本或数据需要转换为独热编码。

准备

要了解独热编码的工作原理，请访问以下链接：

- 链接 79
- 链接 80
- 链接 81
- 链接 82
- 链接 83

实现

看完上一节后，你应该能够清理整个语料库并拆分句子了。转换为独热编码和标记语句的步骤可按照以下方式完成。

1. 标记和序列一旦被保存到文件并重载回内存就必须被编码为整数，因为模型中的单词嵌入层要求输入序列由整数而非字符串组成。
2. 这是通过将词汇表中的每个单词映射到唯一整数并对输入序列进行编码来完成的。在稍后进行预测时，可以将预测转换（或映射）回数字，以在同一映射中查找其关联的单词，然后进行整数到单词的反向映射。
3. 要执行此编码，请使用 Keras API 中的 `Tokenizer` 类。在编码前，必须在整个数据集上训练 Tokenizer，以便让 Tokenizer 找到所有的唯一标记并为每个标记分配唯一的整数。以下是执行此操作的命令：

```
tokenizer = Tokenizer()
tokenizer.fit_on_texts(lines)
sequences = tokenizer.texts_to_sequences(lines)
```

4. 你还需要在稍后定义嵌入层前计算词汇表的大小。词汇表的大小是通过计算映射字典的大小来确定的。

5. 因此，在为嵌入层指定词汇表大小时，请将其指定为比实际词汇表大 1。词汇量大小定义如下：

```
vocab_size = len(tokenizer.word_index) + 1
print('Vocabulary size : %d' % vocab_size)
```

6. 现在，一旦输入序列被编码，它们就将被分成输入和输出元素，这可通过对数组进行切片实现。
7. 分离后，我们要对输出单词进行独热编码，也就是将输出单词从整数转换为一个 0 值的 n 维向量。对于每个词汇表中的单词，就用一个“1”表示单词整数值索引处的特定单词。Keras 提供了 `to_categorical()` 函数，该函数可用于对每个输入-输出序列对的输出单词进行独热编码。
8. 最后，指定嵌入层输入序列的长度。我们知道有 50 个单词，因为我们的模型是通过将序列长度指定为 50 来设计的，但指定序列长度的一种通用方法是使用输入数据形状的第二维度（列数）。
9. 这可以通过以下命令完成：

```
sequences = array(sequences)
Input, Output = sequences[:,:-1], sequences[:,-1]
Output = to_categorical(Output, num_classes=vocab_size)
sequence_length = Input.shape[1]
```

说明

本节将介绍在执行上一节的命令时一定能看到的输出。

1. 运行用于标记句子和计算词汇表长度的命令后，你一定能看到如下图所示的输出：

```
In [13]:  1 # encode sequences of words
          2 tokenizer = Tokenizer()
          3 tokenizer.fit_on_texts(lines)
          4 sequences = tokenizer.texts_to_sequences(lines)

In [14]:  1 # vocabulary size
          2 vocab_size = len(tokenizer.word_index) + 1
          3 print('Vocabulary size : %d' % vocab_size)

          Vocabulary size : 5028
```

2. 为单词分配从 1 到单词总数的值（例如，在这种情况下为 5027）。嵌入层需要为此词汇表中的每个单词分配一个从索引 1 到最大索引的向量表示。词汇表末尾的单词索引为 5027，这意味着数组的长度必须为 5027 + 1。
3. 对数组进行切片并将句子分成一个个序列后（每个序列为 50 个单词），输出必定如下图所示：

```
In [15]:  1 # separate into input and output sequences
          2 sequences = array(sequences)
          3 Input, Output = sequences[:,:-1], sequences[:,-1]
          4 Output = to_categorical(Output, num_classes=vocab_size)
          5 sequence_length = Input.shape[1]
```

4. 使用 `to_categorical()` 函数，让模型学习预测下一个单词的概率分布。

扩展

有关在 Python 中重塑数组的更多信息，请访问以下链接：

- 链接 84
- 链接 85

训练和保存 LSTM 模型

你现在可以用准备好的数据训练统计语言模型。

神经语言模型将被训练。它有一些独特的地方：

- 它使用单词分布式表示方式，以便使有相似含义的不同单词有相似的表示。
- 它在学习模型的同时学习表示。
- 它学习使用前 50 个单词的上下文预测下一个单词的概率。

具体来说，你将使用嵌入层来学习单词的表示，并使用**长期短期记忆（LSTM）**循环神经网络来学习如何根据上下文预测单词。

准备

如前面所述，学习嵌入需要知道词汇表的大小和输入序列的长度。它还有一个参数用于表示每个单词的维度。这是嵌入向量空间的大小。

常用值为 50、100 和 300。我们在此处使用 100，但考虑到测试较小或较大的值并评估这些值的度量标准。

该网络将包括以下内容：

- 两个 LSTM 隐藏层，每层有 200 个存储单元。更多的存储单元和更深的网络可以获得更好的结果。
- 具有 0.3（或 30%）丢失的 dropout 层，这将有助于网络更少依赖每个神经元/单元并减少过度拟合数据。
- 具有 200 个神经元的密集层（又称全连接层）连接到 LSTM 隐藏层以解释从序列提取的特征。
- 输出层将下一个单词预测为词汇量大小的单个向量，并为词汇表中的每个单词提供概率。
- softmax 分类器用于第二个密集层，以确保输出具有规范化概率的特征（例如 0 到 1 之间的概率）。

实现

1. 使用以下命令定义模型，并如下图所示：

```
model = Sequential()
model.add(Embedding(vocab_size, 100, input_length=sequence_length))
model.add(LSTM(200, return_sequences=True))
model.add(LSTM(200))
model.add(Dropout(0.3))
model.add(Dense(200, activation='relu'))
model.add(Dense(vocab_size, activation='softmax'))
print(model.summary())
```

```
In [16]:  1 # define model
          2 model = Sequential()
          3 model.add(Embedding(vocab_size, 50, input_length=sequence_length))
          4 model.add(LSTM(100, return_sequences=True))
          5 model.add(LSTM(100))
          6 model.add(Dropout(0.3))
          7 model.add(Dense(100, activation='relu'))
          8 model.add(Dense(vocab_size, activation='softmax'))
          9 print(model.summary())

_________________________________________________________________
Layer (type)                 Output Shape              Param #
=================================================================
embedding_1 (Embedding)      (None, 50, 50)            251400
_________________________________________________________________
lstm_1 (LSTM)                (None, 50, 100)           60400
_________________________________________________________________
lstm_2 (LSTM)                (None, 100)               80400
_________________________________________________________________
dropout_1 (Dropout)          (None, 100)               0
_________________________________________________________________
dense_1 (Dense)              (None, 100)               10100
_________________________________________________________________
dense_2 (Dense)              (None, 5028)              507828
=================================================================
Total params: 910,128
Trainable params: 910,128
Non-trainable params: 0
_________________________________________________________________
None
```

2. 打印模型摘要以确保模型按预期构建。
3. 编译模型，指定适合模型所需的分类交叉熵损失。迭代数设置为 75，模型以小批量训练，批量大小为 250。可以使用以下命令完成：

```
model.compile(loss='categorical_crossentropy', optimizer='adam',
     metrics=['accuracy'])

model.fit(Input, Output, batch_size=250, epochs=75)
```

4. 下图显示了上述命令的输出：

```
In [17]:  1 # compile model
          2 model.compile(loss='categorical_crossentropy', optimizer='adam', metrics=['accuracy'])
          3 # fit model
          4 model.fit(Input, Output, batch_size=250, epochs=20)
```

```
Epoch 3/20
51422/51422 [==============================] - 225s 4ms/step - loss: 6.1605 - acc: 0.0715
Epoch 4/20
51422/51422 [==============================] - 231s 5ms/step - loss: 6.0337 - acc: 0.0832
Epoch 5/20
51422/51422 [==============================] - 224s 4ms/step - loss: 5.9434 - acc: 0.0879
Epoch 6/20
51422/51422 [==============================] - 226s 4ms/step - loss: 5.8644 - acc: 0.0918
Epoch 7/20
51422/51422 [==============================] - 227s 4ms/step - loss: 5.7833 - acc: 0.0979
Epoch 8/20
51422/51422 [==============================] - 225s 4ms/step - loss: 5.7099 - acc: 0.1058
Epoch 9/20
51422/51422 [==============================] - 226s 4ms/step - loss: 5.6426 - acc: 0.1141
Epoch 10/20
51422/51422 [==============================] - 226s 4ms/step - loss: 5.5767 - acc: 0.1197
Epoch 11/20
51422/51422 [==============================] - 226s 4ms/step - loss: 5.5137 - acc: 0.1220
Epoch 12/20
51422/51422 [==============================] - 228s 4ms/step - loss: 5.4541 - acc: 0.1261
Epoch 13/20
51422/51422 [==============================] - 217s 4ms/step - loss: 5.4228 - acc: 0.1266
Epoch 14/20
51422/51422 [==============================] - 218s 4ms/step - loss: 5.3729 - acc: 0.1297
Epoch 15/20
51422/51422 [==============================] - 217s 4ms/step - loss: 5.3085 - acc: 0.1318
Epoch 16/20
51422/51422 [==============================] - 216s 4ms/step - loss: 5.2440 - acc: 0.1357
Epoch 17/20
51422/51422 [==============================] - 216s 4ms/step - loss: 5.1934 - acc: 0.1361
Epoch 18/20
51422/51422 [==============================] - 216s 4ms/step - loss: 5.1466 - acc: 0.1395
Epoch 19/20
51422/51422 [==============================] - 216s 4ms/step - loss: 5.1049 - acc: 0.1398
Epoch 20/20
51422/51422 [==============================] - 218s 4ms/step - loss: 5.0634 - acc: 0.1412
Out[17]: <keras.callbacks.History at 0x11010a630>
```

5. 模型完成编译后，使用以下命令保存：

```
model.save('junglebook_trained.h5')
dump(tokenizer, open('tokenizer.pkl', 'wb'))
```

```
In [18]:  1 # save the model to file
          2 model.save('junglebook.h5')
          3 # save the tokenizer
          4 dump(tokenizer, open('tokenizer.pkl', 'wb'))
```

说明

1. 该模型使用 Keras 框架中的 Sequential() 函数构建。模型中的第一层是嵌入层，它将词汇量大小、向量维度和输入序列长度作为参数。

2. 接下来的两层是 LSTM 层，每层有 200 个存储单元。可以尝试用更多的存储器单元和更深的网络来检查它是否提高了准确度。
3. 下一层是 dropout 层，丢失概率为 30%，这意味着在训练期间不会使用某个内存单元的概率为 30%。这可以防止数据过度拟合并相应地发挥和调整丢失概率。
4. 最后两层是两个密集层。第一个具有 `relu` 激活函数，第二个具有 softmax 分类器。打印模型摘要以检查模型是否是根据要求构建的。
5. 请注意，在这种情况下，可训练参数的总数为 2,115,228。模型摘要还显示了模型中每层训练的参数数量。
6. 在我们的案例中，该模型以超过 75 次迭代的 250 次小批量进行训练以最大限度地缩短训练时间。将迭代数增加到 100 以上并在训练时使用较小批量时可大大提高模型的准确度并减少损失。
7. 在训练期间，你将看到性能概要，以及在每批次更新结束时看到训练数据评估的损失和准确度。在我们的案例中，在运行 75 个迭代的模型后，我们获得了接近 40% 的准确度。
8. 该模型的目的不是完美无缺地记住文本，而是要捕获输入文本的属性，例如自然语言和句子中存在的长期依赖性和结构。
9. 完成训练后，将模型保存在名为“`junglebook_trained.h5`”的工作目录中。
10. 当模型稍后被加载到内存进行预测时，还需要将单词映射到整数。这存在于 `Tokenizer` 对象中，该对象也使用 `Pickle` 库中的 `dump()` 函数进行保存。

扩展

Jason Brownlee 的有关机器学习的博客中有很多关于开发、训练和调整自然语言处理机器学习模型的有用信息。这些信息可以在以下链接找到：

- 链接 86
- 链接 87
- 链接 88

其他

有关本节中使用的不同 Keras 层和其他函数的更多信息，请访问以下链接：

- 链接 89
- 链接 90
- 链接 91
- 链接 92

使用模型生成类似的文本

现在你已拥有了可供使用的训练后语言模型。在这种情况下，你可以用它来生成与源文本具有相同统计特征的新文本序列。虽然这不太实用，至少不适用于此示例，但它给出了语言模型学习的具体示例。

准备

1. 首先再次加载训练序列。你可以使用我们最初开发的 `load_document()` 函数来完成此操作。可通过以下代码完成：

```
def load_document(name):
    file = open(name, 'r')
    text = file.read()
    file.close()
    return text

# 加载已清理文本的序列
input_filename = 'junglebook_sequences.txt'
doc = load_document(input_filename)
lines = doc.split('\n')
```

代码输出如下图所示：

```
In [19]:
 1 # load doc into memory
 2 def load_document(filename):
 3     # open the file as read only
 4     file = open(filename, 'r')
 5     # read all text
 6     text = file.read()
 7     # close the file
 8     file.close()
 9     return text
10 
11 # load cleaned text sequences
12 input_filename = 'junglebook_sequences.txt'
13 doc = load_document(input_filename)
14 lines = doc.split('\n')
```

2. 请注意，输入文件名现在是“junglebook_sequences.txt”，它将保存的训练序列重载回内存。我们需要文本，所以可将源序列作为模型输入，以生成新的文本序列。
3. 该模型需要 50 个单词的输入。

   之后，我们需要指定预期的输入长度，这可由输入序列确定。输入序列计算已加载数据一行的长度，并对该行预期输出单词数减 1，如下所示：

```
sequence_length = len(lines[0].split()) - 1
```

4. 接下来，通过执行以下命令将已训练并保存的模型重载回内存：

```
from keras.models import load_model
model = load_model('junglebook.h5')
```

5. 生成文本的第一步是准备种子输入。为此，从输入文本中选择一个随机文本行并将其打印出来。这是为了方便你了解使用的内容。按照以下命令执行：

```
from random import randint
seed_text = lines[randint(0,len(lines))]
print(seed_text + '\n')
```

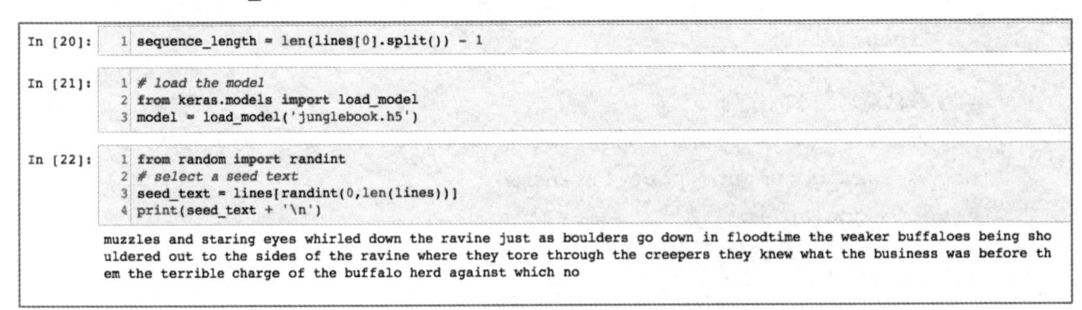

实现

1. 你现在可以生成新单词，一次生成一个。首先，使用在训练模型时用过的 Tokenizer 将种子文本编码为整数，这使用以下代码完成：

```
encoded = tokenizer.texts_to_sequences([seed_text])[0]
```

```
In [23]:  1 encoded = tokenizer.texts_to_sequences([seed_text])[0]
```

2. 该模型可以通过调用 `model.predict_classes()` 预测下一个单词，它将返回具有最高概率的单词的索引：

```
prediction = model.predict_classes(encoded, verbose=0)
```

3. 在 Tokenizer 映射中查找索引以获取关联的单词，如以下代码所示：

```
out_word = ''
for word, index in tokenizer.word_index.items():
        if index == prediction:
                out_word = word
                break
```

4. 将此单词附加到种子文本并重复该过程。需要注意，输入序列会变得非常长。在输入序列被编码为整数后，我们可以将其截断成所需长度。Keras 提供了 `pad_sequences()` 函数，可以使用它来执行此截断，如下所示：

```
encoded = pad_sequences([encoded], maxlen=seq_length,
truncating='pre')
```

5. 将所有输入序列封装到一个名为 `generate_sequence()` 的函数中，该函数将模型、Tokenizer、输入序列长度、种子文本和生成的单词量作为输入。然后返回由模型生成的单词序列。你可通过以下代码实现：

```
from random import randint
from pickle import load
from keras.models import load_model
from keras.preprocessing.sequence import pad_sequences

def load_document(filename):
    file = open(filename, 'r')
    text = file.read()
    file.close()
    return text

def generate_sequence(model, tokenizer, sequence_length,
seed_text, n_words):
    result = list()
    input_text = seed_text
    for _ in range(n_words):
```

```
            encoded = tokenizer.texts_to_sequences([input_text])[0]
            encoded = pad_sequences([encoded], maxlen=seq_length,
truncating='pre')
            prediction = model.predict_classes(encoded, verbose=0)
            out_word = ''
                for word, index in tokenizer.word_index.items():
                    if index == prediction:
                        out_word = word
                        break
        input_text += ' ' + out_word
        result.append(out_word)
      return ' '.join(result)
input_filename = 'junglebook_sequences.txt'
doc = load_document(input_filename)
lines = doc.split('\n')
seq_length = len(lines[0].split()) - 1
```

```
In [24]:
1  from random import randint
2  from pickle import load
3  from keras.models import load_model
4  from keras.preprocessing.sequence import pad_sequences
5
6  # load doc into memory
7  def load_document(filename):
8      # open the file as read only
9      file = open(filename, 'r')
10     # read all text
11     text = file.read()
12     # close the file
13     file.close()
14     return text
15
16 # generate a sequence from a language model
17 def generate_sequence(model, tokenizer, sequence_length, seed_text, n_words):
18     result = list()
19     input_text = seed_text
20     # generate a fixed number of words
21     for _ in range(n_words):
22         # encode the text as integer
23         encoded = tokenizer.texts_to_sequences([input_text])[0]
24         # truncate sequences to a fixed length
25         encoded = pad_sequences([encoded], maxlen=seq_length, truncating='pre')
26         # predict probabilities for each word
27         prediction = model.predict_classes(encoded, verbose=0)
28         # map predicted word index to word
29         out_word = ''
30         for word, index in tokenizer.word_index.items():
31             if index == prediction:
32                 out_word = word
33                 break
34         # append to input
35         input_text += ' ' + out_word
36         result.append(out_word)
37     return ' '.join(result)
```

说明

在拥有种子文本后，我们准备生成一系列新单词：

1. 首先，使用以下命令将模型再次加载到内存中：

```
model = load_model('junglebook.h5')
```

2. 接下来，输入以下命令加载 Tokenizer：

```
tokenizer = load(open('tokenizer.pkl', 'rb'))
```

3. 使用以下命令随机选择种子文本：

```
seed_text = lines[randint(0,len(lines))]
print(seed_text + '\n')
```

4. 最后，使用以下命令生成新序列：

```
generated = generate_sequence(model, tokenizer, sequence_length,
seed_text, 50)
print(generated)
```

5. 在打印生成的序列时，你将看到类似下图显示的输出：

```
In [25]:  1 # load the model
          2 model = load_model('junglebook.h5')
          3
          4 # load the tokenizer
          5 tokenizer = load(open('tokenizer.pkl', 'rb'))
          6
          7 # select a seed text
          8 seed_text = lines[randint(0,len(lines))]
          9 print(seed_text + '\n')
         10
         11 # generate new text
         12 generated = generate_sequence(model, tokenizer, sequence_length, seed_text, 50)
         13 print(generated)

i will forget my anklering and snap my picket stake i will revisit my lost loves and playmates masterless kala nag wh
ich means black snake had served the indian government in every way that an elephant could serve it for fortyseven ye
ars and as he was fully twenty years old when

he had been a man and he had been a man and he had been a man and he had been a man and he had been a man and the jun
gle and he had been a man and he had been a man and he had been a man
```

6. 该模型首先打印随机种子文本的 50 个单词，然后打印生成文本的 50 个单词。此时，随机种子文本如下：

Baskets of dried grass and put grasshoppers in them or catch two praying mantises and make them fight or string a necklace of red and black jungle nuts or watch a lizard basking on a rock or a snake hunting a frog near the wallows then they sing long long songs

模型生成的 50 个单词的文本如下：

with odd native quavers at the end of the review and the hyaena whom he had seen the truth they feel twitched to the noises round him for a picture of the end of the ravine and snuffing bitten and best of the bulls at the dawn is a native

7. 注意了解模型如何根据从输入文本中学到的内容输出它生成的一系列随机单词。你还会注意到该模型在模拟输入文本和生成故事方面做得相当不错。虽然模拟生成文本没有多大意义，但它可以提供有价值的见解，即了解模型如何学习将统计相似的单词放在一起。

扩展

- 在更改设置的随机种子后，网络生成的输出也会发生变化。你可能无法获得与前面示例完全相同的输出文本，但它与训练模型的输入非常相似。
- 以下是多次运行生成的不同结果文本片段的一些图示：

```
In [26]:  1 # load the model
          2 model = load_model('junglebook.h5')
          3
          4 # load the tokenizer
          5 tokenizer = load(open('tokenizer.pkl', 'rb'))
          6
          7 # select a seed text
          8 seed_text = lines[randint(0,len(lines))]
          9 print(seed_text + '\n')
         10
         11 # generate new text
         12 generated = generate_sequence(model, tokenizer, sequence_length, seed_text, 50)
         13 print(generated)

dogs he flung the fire pot on the ground and some of the red coals lit a tuft of dried moss that flared up as all the
council drew back in terror before the leaping flames mowgli thrust his dead branch into the fire till the twigs lit
and crackled and

he had been a man and the jungle and he had been a man and the jungle and he had been a man and the man and he had be
en a man and he had been a man and he had been a man and he had been a man
```

```
In [27]:  1 # load the model
          2 model = load_model('junglebook.h5')
          3
          4 # load the tokenizer
          5 tokenizer = load(open('tokenizer.pkl', 'rb'))
          6
          7 # select a seed text
          8 seed_text = lines[randint(0,len(lines))]
          9 print(seed_text + '\n')
         10
         11 # generate new text
         12 generated = generate_sequence(model, tokenizer, sequence_length, seed_text, 50)
         13 print(generated)

his roost has not forgotten to use his said baloo with a chuckle of pride think of one so young remembering the maste
r word for the birds too while he was being pulled across was most firmly driven into said bagheera i am proud of him
and now we must go
```

```
In [29]:
 1 # load the model
 2 model = load_model('junglebook_trained.h5')
 3 
 4 # load the tokenizer
 5 tokenizer = load(open('tokenizer.pkl', 'rb'))
 6 
 7 # select a seed text
 8 seed_text = lines[randint(0,len(lines))]
 9 print(seed_text + '\n')
10 
11 # generate new text
12 generated = generate_sequence(model, tokenizer, sequence_length, seed_text, 50)
13 print(generated)
```

```
is in their legs and he remembered the good firm beaches of novastoshnah seven thousand miles away the games his comp
anions played the smell of the seaweed the seal roar and the fighting that very minute he turned north swimming stead
ily and as he went on he met scores of his

mates and bound like the deck of the fighters and harness under his breath and he could not be able to stop a ship an
d ducked to nag wound up with scores of marble tracery showing all the regiments went twisting his head and shoulders
and creepers very seldom shows
```

- 该模型甚至可以生成自己的古腾堡项目的许可版本，如下图所示：

```
In [28]:
 1 # load the model
 2 model = load_model('junglebook.h5')
 3 
 4 # load the tokenizer
 5 tokenizer = load(open('tokenizer.pkl', 'rb'))
 6 
 7 # select a seed text
 8 seed_text = lines[randint(0,len(lines))]
 9 print(seed_text + '\n')
10 
11 # generate new text
12 generated = generate_sequence(model, tokenizer, sequence_length, seed_text, 50)
13 print(generated)
```

```
by the look in his eyes that he had found his island at last but the holluschickie and sea catch his father and all t
he other seals laughed at him when he told them what he had discovered and a young seal about his own age said is all
very well
```

- 将迭代数从 100 左右增加到 200，模型的准确度可提高到 60%左右。另一种增加学习的方法是通过以 50 和 100 的小批量训练模型。尝试使用不同的超参数和激活函数，以最佳方式查看影响结果的因素。
- 定义模型时包括更多 LSTM 和 dropout 层也可使模型更密集。但要知道，如果模型更复杂并且运行迭代更多，它只会增加训练时间。
- 经过大量实验，我们发现，理想的批量大小在 50 到 100 之间，并且训练模型的理想迭代次数在 100 到 200 之间。
- 执行上述任务不止一种方法。你还可以尝试对模型输入不同文本，例如推文、客户评论或 HTML 代码。
- 还有很多其他任务可供执行：使用简化的词汇表（例如删除所有停用词）以进一步增强字典中的唯一单词；调整嵌入层大小和隐藏层存储单元数量；扩展模型以使用预训练模型（如 Google 的 Word2Vec）来查看它是否会产生更好的模型。

其他

有关本章最后一节中使用的各种函数和库的更多信息，请访问以下链接：

- 链接 93
- 链接 94
- 链接 95
- 链接 96

7 使用 TF-IDF 进行自然语言处理

本章将介绍以下内容：

- 下载治疗机器人会话文本数据集
- 分析治疗机器人会话数据集
- 数据集单词计数可视化
- 计算文本的情感分析
- 从文本中删除停用词
- 训练 TF-IDF 模型
- 评估 TF-IDF 模型性能
- 比较模型性能和基线分数

介绍

自然语言处理（NLP）最近在业界争论得沸沸扬扬。对于自然语言处理，人们有自己的理解。最近，自然语言处理用来辅助识别网络上试图传播虚假新闻的机器人、水帖，甚至网络暴力。事实上，最近有一个案例，一名学生通过社交媒体账户进行网络欺凌。这严重影响了其他同学的身心健康，学校教师开始参与调查。学校联系了能够使用自然语言处理方法（如 TF-IDF）来帮助识别施暴者潜在来源的研究人员。最终，嫌疑学生名单被提交给学校。在事实面前，施暴人员承认了他的肇事行为。这个故事发表在 Patxi Galan-Garcıa、Jose Gaviria de la Puerta、Carlos Laorden Gomez、Igor Santos 和 Pablo Garcıa Bringas 等写的一篇名为 *Supervised Machine Learning for the Detection of Troll Profiles in Twitter Social*

Network: Application to a Real Case of Cyberbullying 的论文中。

本文强调了利用多种不同方法分析文本和开发类似人类语言处理的能力。正是这种方法将自然语言处理融入机器学习、深度学习和人工智能。自然语言处理的核心是让机器能够获取文本数据并可能从相同的文本数据做出决策。有许多算法用于自然语言处理，如下所示：

- TF-IDF
- Word2Vec
- N-grams
- 潜在 Dirichlet 分配（Latent Dirichlet allocation, LDA）
- 长短期记忆单元（LSTM）

本章将重点介绍一个包含个体与在线治疗网站聊天机器人之间对话的数据集。聊天机器人的作用是识别需要被标记为“立即关注”的个人对话，而不是实现人与机器人的持续聊天。最后，我们将专注使用 TF-IDF 算法对数据集执行文本分析以确定聊天对话是否保证需要升级到个人层次。TF-IDF，即 Term Frequency-Inverse Document Frequency（术语频率-反向文档频率）。这是一种常用于识别文档中单词重要性的技术。此外，TF-IDF 易于计算，特别是在处理多字数文档时，它还能测量单词的唯一性。这在处理聊天机器人数据时非常方便。我们的主要目标是快速确定一个特殊单词，该单词将触发升级到个人层次来提供即时支持。

下载治疗机器人会话文本数据集

本节将重点介绍如何下载和设置用于自然语言处理的数据集。

准备

我们将在本章中使用的数据集基于治疗机器人和在线治疗网站的访问者之间的交互。它包含 100 个交互，每个交互都被标记为 `escalate`（升级）或 `do_not_escalate`（没有升级）。如果讨论判断为严重对话，那么机器人会将个人讨论标记为 `escalate`。否则，机器人将继续与用户讨论。

实现

本节将介绍下载聊天机器人数据的方法。

1. 从以下 GitHub 存储库访问数据集：

   链接97

2. 到达存储库后，右键单击下图中显示的文件：

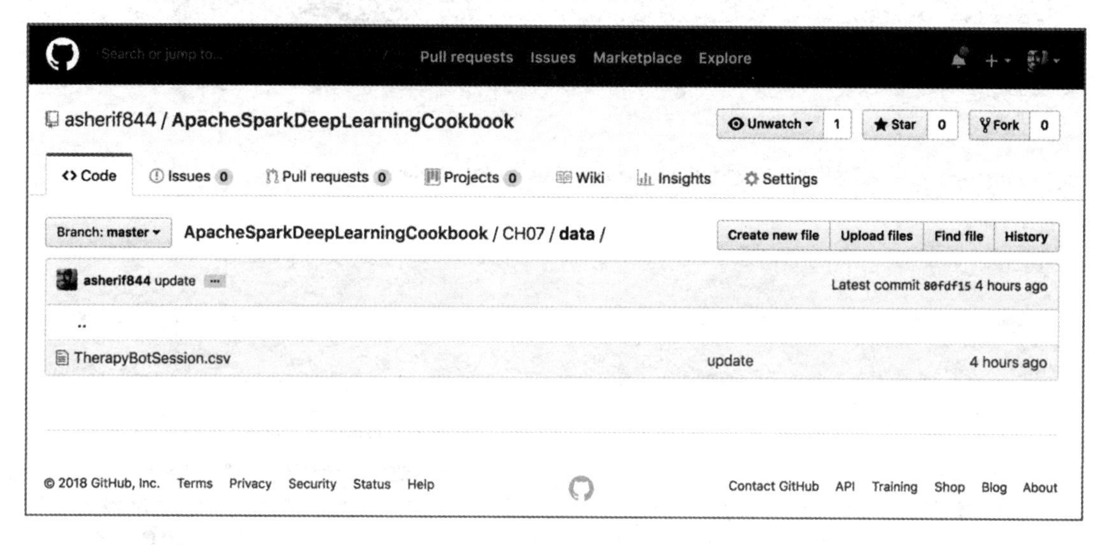

3. 下载 `TherapyBotSession.csv` 并保存到与 Jupyter Notebook `SparkSession` 相同的本地目录中。
4. 使用以下脚本通过 Jupyter Notebook 访问数据集以构建名为 `spark` 的 `SparkSession`，以及将数据集分配给 Spark 中名为 `df` 的数据帧：

```
spark=Sparksession. builder \
      . master("local")\
      . appName("Natural Language Processing")\
      . config("spark. executor. memory","6gb")\
      . getOrCreate()
df=spark. read. format('com. databricks. spark. csv')\
    . options(header='true', inferschema='true')\
    . load('TherapyBotSession. csv')
```

说明

本节介绍如何将聊天机器人数据导入我们的 Jupyter Notebook。

1. 通过单击存储库中的 TherapyBotSession.csv 可以看到数据集的内容，如下图所示：

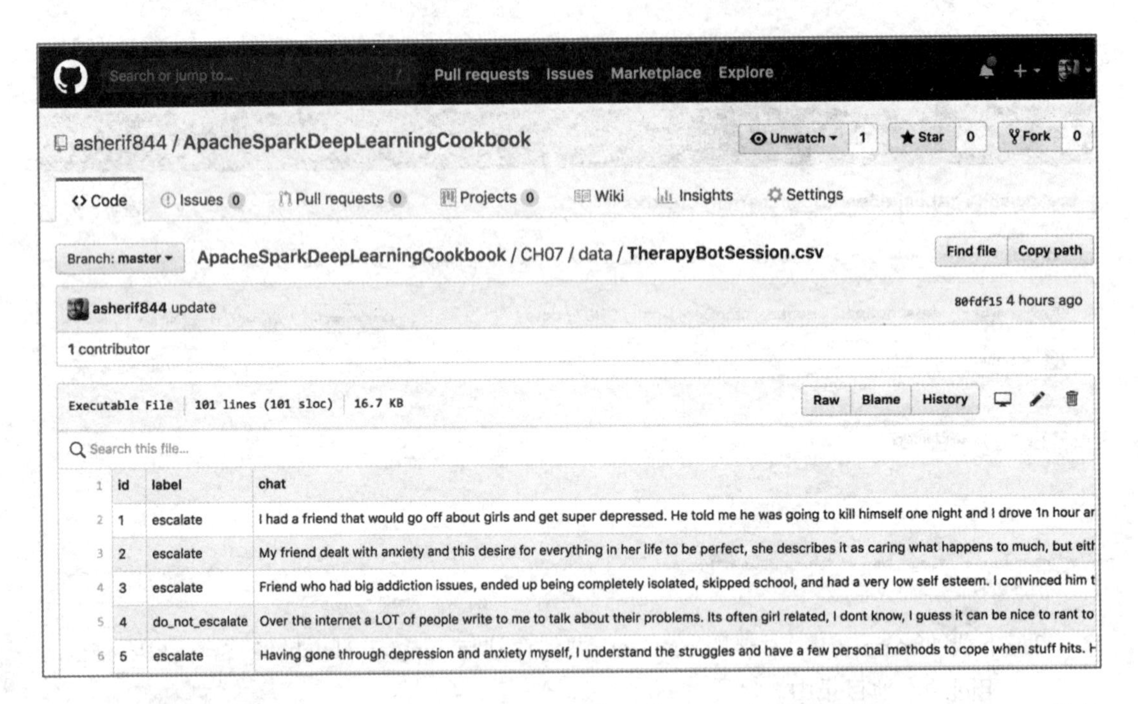

2. 下载数据集后，可以将它上传并转换为数据帧 `df`。可以通过执行 `df.show()` 来查看数据帧，如下图所示：

```
In [1]: spark = SparkSession.builder \
            .master("local") \
            .appName("Natural Language Processing") \
            .config("spark.executor.memory", "6gb") \
            .getOrCreate()

In [2]: df = spark.read.format('com.databricks.spark.csv')\
                          .options(header='true', inferschema='true')\
                          .load('TherapyBotSession.csv')

In [3]: df.show()

        +---+---------------+--------------------+----+----+----+----+
        | id|          label|                chat| _c3| _c4| _c5| _c6|
        +---+---------------+--------------------+----+----+----+----+
        |  1|       escalate|I had a friend th...|null|null|null|null|
        |  2|       escalate|"My friend dealt ...|null|null|null|null|
        |  3|       escalate|Friend who had bi...|null|null|null|null|
        |  4|do_not_escalate|Over the internet...|null|null|null|null|
        |  5|       escalate|Having gone throu...|null|null|null|null|
        |  6|       escalate|My now girlfriend...|null|null|null|null|
        |  7|do_not_escalate|"Only really one ...|null|null|null|null|
        |  8|do_not_escalate|Now that I've bee...|null|null|null|null|
        |  9|do_not_escalate|I've always been ...|null|null|null|null|
        | 10|       escalate|I feel completely...|null|null|null|null|
        | 11|do_not_escalate|Took a week off w...|null|null|null|null|
        | 12|       escalate|One of my best fr...|null|null|null|null|
        | 13|       escalate|I've had some fri...|null|null|null|null|
        | 14|do_not_escalate|Haha. In eight gr...|null|null|null|null|
        | 15|do_not_escalate|Some of my friend...|null|null|null|null|
        | 16|       escalate|I feel like depre...|null|null|null|null|
        | 17|       escalate|i've had a couple...|null|null|null|null|
        | 18|       escalate|I will always lis...|null|null|null|null|
        | 19|do_not_escalate|A lot for my frie...|null|null|null|null|
        | 20|do_not_escalate|When my friend ne...|null|null|null|null|
        +---+---------------+--------------------+----+----+----+----+
        only showing top 20 rows
```

3. 我们对数据帧的三个主要字段特别感兴趣。
   （1）id：网站访问者和聊天机器人之间的每个业务的唯一编号。
   （2）label：由于这是一种我们已知的、试图预测结果的监督建模方法，因此每个事务都被分类为 escalate 或 do_not_escalate。在建模过程中将使用该字段来训练文本以识别将归入这两种情景之一的单词。
   （3）chat：最后，我们有来自网站访问者的聊天文本，我们的模型将对其进行分类。

扩展

数据帧 df 包含一些我们的模型不会使用的其他列 _c3、_c4、_c5 和 _c6，因此可以使用以下脚本将这些列从数据集中排除：

```
df = df.select('id', 'label', 'chat')
df.show()
```

脚本的输出如下图所示：

```
In [4]: df = df.select('id', 'label', 'chat')

In [5]: df.show()

        +---+---------------+--------------------+
        | id|          label|                chat|
        +---+---------------+--------------------+
        |  1|       escalate|I had a friend th...|
        |  2|       escalate|"My friend dealt ...|
        |  3|       escalate|Friend who had bi...|
        |  4|do_not_escalate|Over the internet...|
        |  5|       escalate|Having gone throu...|
        |  6|       escalate|My now girlfriend...|
        |  7|do_not_escalate|"Only really one ...|
        |  8|do_not_escalate|Now that I've bee...|
        |  9|do_not_escalate|I've always been ...|
        | 10|       escalate|I feel completely...|
        | 11|do_not_escalate|Took a week off w...|
        | 12|       escalate|One of my best fr...|
        | 13|       escalate|I've had some fri...|
        | 14|do_not_escalate|Haha. In eight gr...|
        | 15|do_not_escalate|Some of my friend...|
        | 16|       escalate|I feel like depre...|
        | 17|       escalate|i've had a couple...|
        | 18|       escalate|I will always lis...|
        | 19|do_not_escalate|A lot for my frie...|
        | 20|do_not_escalate|When my friend ne...|
        +---+---------------+--------------------+
        only showing top 20 rows
```

分析治疗机器人会话数据集

在对同一数据集应用模型前，我们很有必要分析所有数据集。

准备

本节将要求从 pyspark.sql 导入要在数据帧上执行的函数。

```
import pyspark.sql.functions as F
```

实现

以下部分介绍了分析文本数据的步骤。

1. 执行以下脚本以对 label 列进行分组并生成计数分布：

```
df.groupBy("label") \
   .count() \
   .orderBy("count", ascending = False) \
   .show()
```

2. 使用以下脚本将新列 word_count 添加到数据帧 df：

```
import pyspark.sql.functions as F
df = df.withColumn('word_count',
F.size(F.split(F.col('response_text'),' ')))
```

3. 使用以下脚本汇总 label 列平均单词数 avg_word_count：

```
df.groupBy('label')\
  .agg(F.avg('word_count').alias('avg_word_count'))\
  .orderBy('avg_word_count', ascending = False) \
  .show()
```

说明

以下部分将介绍分析文本数据得到的反馈。

1. 跨多行收集数据并按维度对结果进行分组非常有用。在这种情况下，label 是分类标准。df.groupby()函数用于测量按 label 在线分发的 100 个治疗处理业务。我们可以看到，do_not_escalate 和 escalate 的分配为 65：35，如下图所示：

```
In [6]: df.groupBy("label") \
            .count() \
            .orderBy("count", ascending = False) \
            .show()

        +---------------+-----+
        |          label|count|
        +---------------+-----+
        |do_not_escalate|   65|
        |       escalate|   35|
        +---------------+-----+
```

2. 创建一个新列 word_count，计算聊天机器人和在线访问者之间 100 个业务中每个业务使用的单词数。新建列 word_count 可以在下图中看到：

```
In [7]: import pyspark.sql.functions as F
        df = df.withColumn('word_count',F.size(F.split(F.col('chat'),' ')))

In [8]: df.show()

        +---+---------------+--------------------+----------+
        | id|          label|                chat|word_count|
        +---+---------------+--------------------+----------+
        |  1|       escalate|I had a friend th...|       304|
        |  2|       escalate|"My friend dealt ...|       184|
        |  3|       escalate|Friend who had bi...|        90|
        |  4|do_not_escalate|Over the internet...|        88|
        |  5|       escalate|Having gone throu...|        71|
        |  6|       escalate|My now girlfriend...|        73|
        |  7|do_not_escalate|"Only really one ...|        74|
        |  8|do_not_escalate|Now that I've bee...|        62|
        |  9|do_not_escalate|I've always been ...|        60|
        | 10|       escalate|I feel completely...|        56|
        | 11|do_not_escalate|Took a week off w...|        60|
        | 12|       escalate|One of my best fr...|        59|
        | 13|       escalate|I've had some fri...|        50|
        | 14|do_not_escalate|Haha. In eight gr...|        55|
        | 15|do_not_escalate|Some of my friend...|        49|
        | 16|       escalate|I feel like depre...|        41|
        | 17|       escalate|i've had a couple...|        38|
        | 18|       escalate|I will always lis...|        41|
        | 19|do_not_escalate|A lot for my frie...|        44|
        | 20|do_not_escalate|When my friend ne...|        42|
        +---+---------------+--------------------+----------+
        only showing top 20 rows
```

3. word_count 现已被添加到数据帧，我们可对其进行聚合以计算 label 列的平均单词数。执行此操作后，可以看到，escalate 的平均对话时间大于 do_not_escalate 对话时间的两倍，如下图所示：

```
In [9]: df.groupBy('label')\
            .agg(F.avg('word_count').alias('avg_word_count'))\
            .orderBy('avg_word_count', ascending = False) \
            .show()

        +---------------+-----------------+
        |          label|   avg_word_count|
        +---------------+-----------------+
        |       escalate|             44.0|
        |do_not_escalate|20.29230769230769|
        +---------------+-----------------+
```

数据集单词计数可视化

俗话说："一图胜千言"，本节将开始证明这一点。不幸的是，Spark 在版本 2.2 中没有任何固有的绘图函数。为了在数据帧中绘制值，我们必须将其转换到 pandas。

准备

本节要求导入 matplotlib 来进行绘图：

```
import matplotlib.pyplot as plt
%matplotlib inline
```

实现

本节将介绍把 Spark 数据帧转换为在 Jupyter Notebook 中可见的可视化步骤。

1. 使用以下脚本将 Spark 数据帧转换为 pandas 数据帧：

```
df_plot = df.select('id', 'word_count').toPandas()
```

2. 使用以下脚本绘制数据帧：

```
import matplotlib.pyplot as plt
%matplotlib inline

df_plot.set_index('id', inplace=True)
df_plot.plot(kind='bar', figsize=(16, 6))
plt.ylabel('Word Count')
plt.title('Word Count distribution')
plt.show()
```

说明

本节介绍如何将 Spark 数据帧转换为 pandas 数据帧并完成绘制。

1. 收集 Spark 数据帧的子集并使用 Spark 中的 toPandas()方法将其转入 pandas。
2. 使用 matplotlib 绘制该数据子集，将 y 值设置为 word_count，将 x 值设置为 id，如下图所示：

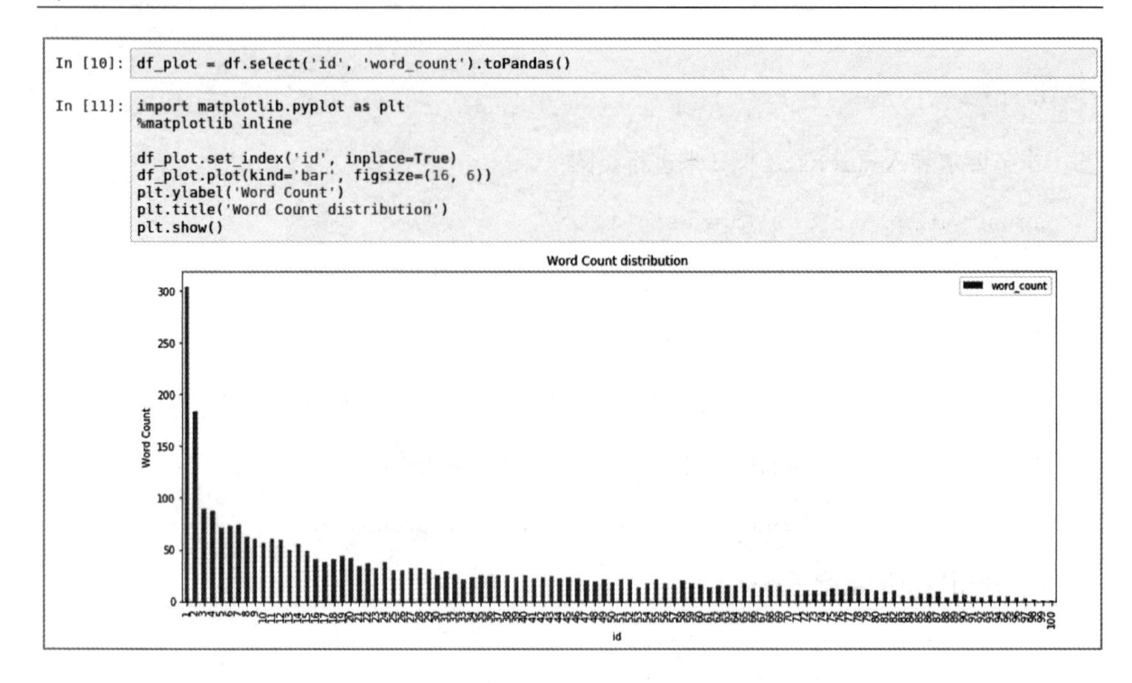

其他

除 matplotlib 外，Python 还有其他绘图功能，如 bokeh、plotly 和 seaborn。要了解更多关于 bokeh 的信息，请访问以下网站：

链接98

要了解更多关于 plotly 的信息，请访问以下网站：

链接99

要了解有关 seaborn 的更多信息，请访问以下网站：

链接100

计算文本的情感分析

情感分析是一种从一个或一系列单词中提取语气和感觉的能力。本节将使用 Python 中的方法来计算数据集中 100 个业务的情绪分析得分。

准备

本节将要求使用 PySpark 中的函数和数据类型。此外，我们将导入 TextBlob 库以进行情绪分析。为了在 PySpark 中使用 SQL 和数据类型函数，必须导入以下内容：

```
from pyspark.sql.types import FloatType
```

此外，要使用 TextBlob，必须导入以下库：

```
from textblob import TextBlob
```

实现

下面介绍将情感评分应用到数据集的步骤。

1. 使用以下脚本创建情感评分函数 sentiment_score：

```
from textblob import TextBlob
def sentiment_score(chat):
    return TextBlob(chat).sentiment.polarity
```

2. 将 sentiment_score 应用于数据帧中的每个会话响应。
3. 创建一个名为 sentiment_score_udf 的 lambda 函数，它将 sentiment_score 映射到 Spark 的用户定义函数 udf 中，映射到每个业务并指定 FloatType() 的输出类型，如以下脚本所示：

```
from pyspark.sql.types import FloatType
sentiment_score_udf = F.udf(lambda x: sentiment_score(x),
FloatType())
```

4. 将函数 sentiment_score_udf 应用于数据帧中的每个 chat 列，如以下脚本所示：

```
df = df.select('id', 'label', 'chat','word_count',
sentiment_score_udf('chat').alias('sentiment_score'))
```

5. 使用以下脚本按 label 计算平均情感分数 avg_sentiment_score：

```
df.groupBy('label')\
    .agg(F.avg('sentiment_score').alias('avg_sentiment_score'))\
    .orderBy('avg_sentiment_score', ascending = False) \
    .show()
```

说明

本节介绍如何将 Python 函数转换为 Spark 中的用户定义函数 `udf`，并将情绪分析分数应用于数据帧中的每个列。

1. `Textblob` 是 Python 中的情感分析库。它可以用一个名为 `sentiment.polarity` 的方法计算情绪分数，该方法从–1（非常消极）到+1（非常积极）计分，0 为中性。`Textblob` 也可以测量从 0（非常客观）到 1（非常主观）的主观性，但我们不会在本章提及它。
2. 将 Python 函数应用于 Spark 数据帧有以下几个步骤：

   （1）导入 `Textblob` 并将一个名为 `sentiment_score` 的函数应用于 `chat` 列，以在新列中生成每个机器人对话的情感极性，它也被称作 `sentiment_score`。

   （2）如果没有首先在 Spark 中执行用户定义函数 `udf` 的转换，Python 函数就不能直接应用于 Spark 数据帧。

   （3）此外，还必须明确声明函数的输出，无论是整数还是浮点数据类型。在我们的情况中，明确声明函数的输出将使用来自 `pyspark.sql.types` 的 `FloatType()`。最后，使用 `udf` 情感评分函数中的 `lambda` 函数（称为 `sentiment_score_udf`）在每行中应用情绪。

3. 通过执行 `df.show()` 可以看到带有新创建字段的更新数据帧 `sentiment_score`，如下图所示：

```
In [12]: from textblob import TextBlob
         def sentiment_score(chat):
                 return TextBlob(chat).sentiment.polarity

In [13]: from pyspark.sql.types import FloatType
         sentiment_score_udf = F.udf(lambda x: sentiment_score(x), FloatType())

In [14]: df = df.select('id', 'label', 'chat','word_count',
                            sentiment_score_udf('chat').alias('sentiment_score'))
         df.show()

         +---+---------------+--------------------+----------+---------------+
         | id|          label|                chat|word_count|sentiment_score|
         +---+---------------+--------------------+----------+---------------+
         |  1|       escalate|I had a friend th...|       304|    0.018961353|
         |  2|       escalate|"My friend dealt ...|       184|     0.20601852|
         |  3|       escalate|Friend who had bi...|        90|    0.008333334|
         |  4|do_not_escalate|Over the internet...|        88|    0.045833334|
         |  5|       escalate|Having gone throu...|        71|         0.0125|
         |  6|       escalate|My now girlfriend...|        73|     0.06333333|
         |  7|do_not_escalate|"Only really one ...|        74|    0.036363635|
         |  8|do_not_escalate|Now that I've bee...|        62|          0.125|
         |  9|do_not_escalate|I've always been ...|        60|           0.31|
         | 10|       escalate|I feel completely...|        56|      -0.078125|
         | 11|do_not_escalate|Took a week off w...|        60|     0.16666667|
         | 12|       escalate|One of my best fr...|        59|            0.4|
         | 13|       escalate|I've had some fri...|        50|           0.19|
         | 14|do_not_escalate|Haha. In eight gr...|        55|     0.29666665|
         | 15|do_not_escalate|Some of my friend...|        49|            0.4|
         | 16|       escalate|I feel like depre...|        41|           0.05|
         | 17|       escalate|i've had a couple...|        38|     0.16666667|
         | 18|       escalate|I will always lis...|        41|         -0.025|
         | 19|do_not_escalate|A lot for my frie...|        44|    0.035858586|
         | 20|do_not_escalate|When my friend ne...|        42|   -0.094444446|
         +---+---------------+--------------------+----------+---------------+
         only showing top 20 rows
```

4. 既然来自聊天对话的每个响应都计算了 sentiment_score，我们现在就可以表示每行的值，范围为-1（非常负极性）到+1（非常正极性）。就像我们对计数和平均字数统计一样，可以比较 escalate 对话在情绪上是否比在 do_not_escalate 对话中更积极或更消极。我们可以计算 label 列的平均情绪分数 avg_sentiment_score，如下图所示：

```
In [15]: df.groupBy('label')\
             .agg(F.avg('sentiment_score').alias('avg_sentiment_score'))\
             .orderBy('avg_sentiment_score', ascending = False) \
             .show()

         +---------------+-------------------+
         |          label| avg_sentiment_score|
         +---------------+-------------------+
         |       escalate| 0.06338859780558519|
         |do_not_escalate|0.031975071089198955|
         +---------------+-------------------+
```

5. 最初，escalate 的极性分数比 do_not_escalate 更消极的假设看似更合理。实际上，我们发现，escalate 在极性上比 do_not_escalate 稍微积极一些。但是，两者都非常中性，因为它们接近 0。

其他

要了解有关 TextBlob 库的更多信息，请访问以下网站：

链接101

从文本中删除停用词

停用词是英语中一种非常常用的词。由于它可能会导致注意力分散，因此通常会被常用的自然语言处理技术删除。常见的停用词是诸如“the”“and”之类的单词。

准备

本节要求导入以下库：

```
from pyspark.ml.feature import StopWordsRemover
from pyspark.ml import Pipeline
```

实现

本节将介绍删除停用词的步骤。

1. 执行以下脚本将 chat 中的每个单词提取到数组的字符串中：

```
df = df.withColumn('words',F.split(F.col('chat'),' '))
```

2. 将常用单词列表分配给变量 stop_words,使用以下脚本将常用单词视为停用词：

```
stop_words = ['i','me','my','myself','we','our','ours','ourselves',
'you','your','yours','yourself','yourselves','he','him',
'his','himself','she','her','hers','herself','it','its',
'itself','they','them','their','theirs','themselves',
'what','which','who','whom','this','that','these','those',
'am','is','are','was','were','be','been','being','have',
```

```
'has','had','having','do','does','did','doing','a','an',
'the','and','but','if','or','because','as','until','while',
'of','at','by','for','with','about','against','between',
'into','through','during','before','after','above','below',
'to','from','up','down','in','out','on','off','over','under',
'again','further','then','once','here','there','when','where',
'why','how','all','any','both','each','few','more','most',
'other','some','such','no','nor','not','only','own','same',
'so','than','too','very','can','will','just','don','should','now']
```

3. 执行以下脚本从 PySpark 导入 `StopWordsRemover` 函数，并配置输入列和输出列。输入列和输出列分别为 `words` 和 `word without stop`：

```
from pyspark.ml.feature import StopWordsRemover

stopwordsRemovalFeature = StopWordsRemover(inputCol="words",
            outputCol="words without stop").setStopWords(stop_words)
```

4. 执行以下脚本以导入流水线并定义应用于数据帧停用词转换过程中的阶段（`stages`）：

```
from pyspark.ml import Pipeline

stopWordRemovalPipeline =
Pipeline(stages=[stopwordsRemovalFeature])
pipelineFitRemoveStopWords = stopWordRemovalPipeline.fit(df)
```

5. 最后，使用以下脚本应用停用词删除的转换，并将 `pipelineFitRemoveStopWords` 应用于数据帧 `df`：

```
df = pipelineFitRemoveStopWords.transform(df)
```

说明

本节将介绍如何从文本中删除停用词。

1. 正如在分析和浏览 `chat` 数据时应用的一些分析一样，我们也可以调整 `chat` 对话的文本并将每句话的每个单词分解进每句话单独的数组。这将用于隔离停用词并删除它们。

2. 将每个单词提取为字符串的新列称为 `words`，如下图所示：

```
In [16]: df = df.withColumn('words',F.split(F.col('chat'),' '))
         df.show()

+---+---------------+--------------------+----------+---------------+--------------------+
| id|          label|                chat|word_count|sentiment_score|               words|
+---+---------------+--------------------+----------+---------------+--------------------+
|  1|       escalate|I had a friend th...|       304|    0.018961353|[I, had, a, frien...|
|  2|       escalate|"My friend dealt ...|       184|     0.20601852|["My, friend, dea...|
|  3|       escalate|Friend who had bi...|        90|    0.008333334|[Friend, who, had...|
|  4|do_not_escalate|Over the internet...|        88|    0.045833334|[Over, the, inter...|
|  5|       escalate|Having gone throu...|        71|         0.0125|[Having, gone, th...|
|  6|       escalate|My now girlfriend...|        73|     0.06333333|[My, now, girlfri...|
|  7|do_not_escalate|"Only really one ...|        74|    0.036363635|["Only, really, o...|
|  8|do_not_escalate|Now that I've bee...|        62|          0.125|[Now, that, I've,...|
|  9|do_not_escalate|I've always been ...|        60|           0.31|[I've, always, be...|
| 10|       escalate|I feel completely...|        56|      -0.078125|[I, feel, complet...|
| 11|do_not_escalate|Took a week off w...|        60|     0.16666667|[Took, a, week, o...|
| 12|       escalate|One of my best fr...|        59|            0.4|[One, of, my, bes...|
| 13|       escalate|I've had some fri...|        50|           0.19|[I've, had, some,...|
| 14|do_not_escalate|Haha. In eight gr...|        55|     0.29666665|[Haha., In, eight...|
| 15|do_not_escalate|Some of my friend...|        49|            0.4|[Some, of, my, fr...|
| 16|       escalate|I feel like depre...|        41|           0.05|[I, feel, like, d...|
| 17|       escalate|i've had a couple...|        38|     0.16666667|[i've, had, a, co...|
| 18|       escalate|I will always lis...|        41|         -0.025|[I, will, always,...|
| 19|do_not_escalate|A lot for my frie...|        44|    0.035858586|[A, lot, for, my,...|
| 20|do_not_escalate|When my friend ne...|        42|   -0.094444446|[When, my, friend...|
+---+---------------+--------------------+----------+---------------+--------------------+
only showing top 20 rows
```

3. 有许多方法可以将一组单词分配给停用词列表。其中一些单词可以使用名为 `nltk` 的 Python 库自动下载和更新。`nltk` 全称为 natural language toolkit（自然语言工具包）。为了方便，我们将使用 124 个停用词的通用列表来生成自己的列表。可以在列表中轻松手动添加或删除其他单词。
4. 停用词不会向文本添加任何值，并会通过指定 `outputCol ="words without stop"`从新创建的列中删除。另外，通过指定 `inputCol ="words"`来设置用作转换源的列。
5. 我们创建一个名为 `stopWordRemovalPipeline` 的流水线以定义转换数据步骤或阶段顺序。此时，采用 `stopwordsRemover` 转换数据是这阶段的特点。
6. 流水线中的每个阶段都可以拥有一个转换器和估算器。调用估计器 `pipeline.fit(df)`可生成一个名为 `pipeFitRemoveStopWords` 的转换函数。最后，在数据帧调用 `transform(df)`函数以生成一个带有名为 `words without stop` 新列的更新数据帧。我们可以并排比较两列来检测差异，如下图所示：

```
In [17]: stop_words = ['i','me','my','myself','we','our','ours','ourselves',
                      'you','your','yours','yourself','yourselves','he','him',
                      'his','himself','she','her','hers','herself','it','its',
                      'itself','they','them','their','theirs','themselves',
                      'what','which','who','whom','this','that','these','those',
                      'am','is','are','was','were','be','been','being','have',
                      'has','had','having','do','does','did','doing','a','an',
                      'the','and','but','if','or','because','as','until','while',
                      'of','at','by','for','with','about','against','between',
                      'into','through','during','before','after','above','below',
                      'to','from','up','down','in','out','on','off','over','under',
                      'again','further','then','once','here','there','when','where',
                      'why','how','all','any','both','each','few','more','most',
                      'other','some','such','no','nor','not','only','own','same',
                      'so','than','too','very','can','will','just','don','should','now']

In [18]: from pyspark.ml.feature import StopWordsRemover

In [19]: stopwordsRemovalFeature = StopWordsRemover(inputCol="words",
                                        outputCol="words without stop").setStopWords(stop_words)

In [20]: from pyspark.ml import Pipeline
         stopWordRemovalPipeline = Pipeline(stages=[stopwordsRemovalFeature])
         pipelineFitRemoveStopWords = stopWordRemovalPipeline.fit(df)

In [21]: df = pipelineFitRemoveStopWords.transform(df)
         df.select('words', 'words without stop').show(5)

         +--------------------+--------------------+
         |               words|  words without stop|
         +--------------------+--------------------+
         |[I, had, a, frien...|[friend, would, g...|
         |["My, friend, dea...|["My, friend, dea...|
         |[Friend, who, had...|[Friend, big, add...|
         |[Over, the, inter...|[internet, LOT, p...|
         |[Having, gone, th...|[gone, depression...|
         +--------------------+--------------------+
         only showing top 5 rows
```

7. `words without stop` 这个新列不包含任何原始列 `words` 中停用词的字符串。

其他

要了解有关 `nltk` 停用词的更多信息，请访问以下网站：

链接102

要了解有关 Spark 机器学习流水线的更多信息，请访问以下网站：

链接103

要了解有关 PySpark 中 `StopWordsRemover` 特性的更多信息，请访问以下网站：

链接104

训练 TF-IDF 模型

我们现在准备训练 TF-IDF 自然语言处理模型，并看看是否可以将这些业务分类为 escalate 或 do_not_escalate。

准备

本节将要求来自 spark.ml.feature 和 spark.ml.classification 的导入。

实现

以下部分介绍训练 TF-IDF 模型的步骤。

1. 创建一个名为 udf 的新用户定义函数，使用以下脚本为 label 列定义数值：

```
label = F.udf(lambda x: 1.0 if x == 'escalate' else 0.0,
FloatType())
df = df.withColumn('label', label('label'))
```

2. 执行以下脚本设置单词向量化的 TF 和 IDF 列：

```
import pyspark.ml.feature as feat
TF_ = feat.HashingTF(inputCol="words without stop",
                     outputCol="rawFeatures", numFeatures=100000)
IDF_ = feat.IDF(inputCol="rawFeatures", outputCol="features")
```

3. 创建一个名为 pipelineTFIDF 的流水线，使用以下脚本设置 TF_和 IDF_的阶段序列：

```
pipelineTFIDF = Pipeline(stages=[TF_, IDF_])
```

4. 使用以下脚本将 IDF 估算器拟合并转换为数据帧 df：

```
pipelineFit = pipelineTFIDF.fit(df)
df = pipelineFit.transform(df)
```

5. 使用以下脚本将数据帧按 75：25 的比例拆分以进行模型评估：

```
(trainingDF, testDF) = df.randomSplit([0.75, 0.25], seed = 1234)
```

6. 使用以下脚本导入和配置分类模型 `LogisticRegression`：

```
from pyspark.ml.classification import LogisticRegression
logreg = LogisticRegression(regParam=0.25)
```

7. 将逻辑回归模型 `logreg` 拟合到训练数据帧 `trainingDF` 上。基于逻辑回归模型中的 `transform()` 方法创建新数据帧 `predictionDF`，如以下脚本所示：

```
logregModel = logreg.fit(trainingDF)
predictionDF = logregModel.transform(testDF)
```

说明

下面的部分将说明如何高效训练 TF-IDF 自然语言处理模型。

1. 在理想情况下，标签采用数字格式而非分类形式，因为模型能够在将输出分类为 0 和 1 时解释数值。因此，`label` 列下的所有标签都将转换为 **0.0** 或 **1.0** 的数字标签，如下图所示：

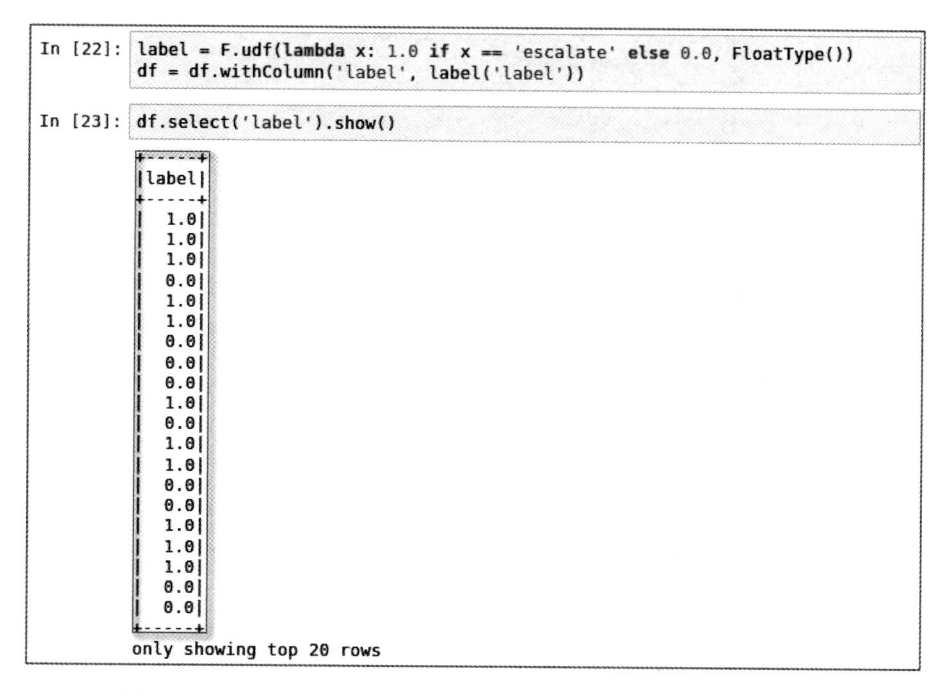

2. TF-IDF 模型需要两个步骤从 `pyspark.ml.feature` 导入 `HashingTF` 和 `IDF` 来

完成各自的任务。第一个任务仅涉及导入 HashingTF 和 IDF，并为输入列和后续输出列分配值。将 numfeatures 参数设置为 100,000，以确保它大于数据帧中的字数。如果 numfeatures 中有重复统计的同一单词，模型将不准确。

3. 如前所述，流水线中的每个步骤都包含转换过程和估算过程。设置 pipelineTFIDF 流水线，让其对那些遵循 HashingTF 的 IDF 步骤顺序进行排序。
4. HashingTF 用于将 words without stop 转换为名为 rawFeatures 新列中的向量。随后，IDF 将使用 rawFeatures 估计大小并拟合到数据帧后生成名为 features 的新列，如下图所示：

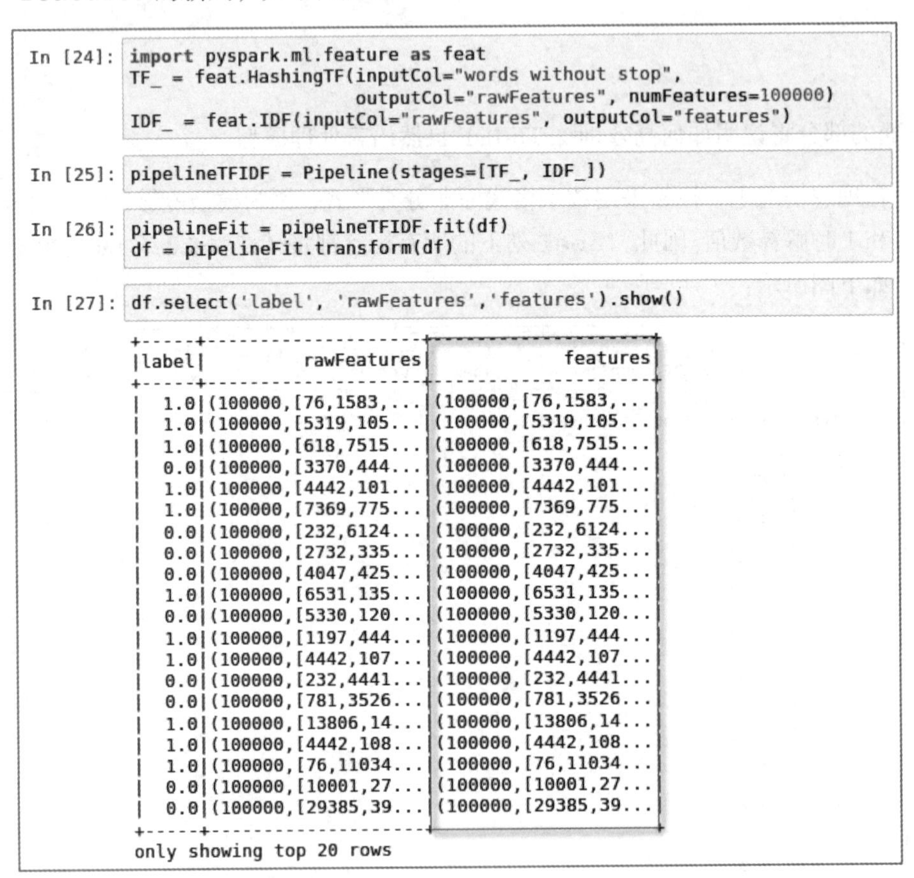

```
In [24]: import pyspark.ml.feature as feat
         TF_ = feat.HashingTF(inputCol="words without stop",
                              outputCol="rawFeatures", numFeatures=100000)
         IDF_ = feat.IDF(inputCol="rawFeatures", outputCol="features")

In [25]: pipelineTFIDF = Pipeline(stages=[TF_, IDF_])

In [26]: pipelineFit = pipelineTFIDF.fit(df)
         df = pipelineFit.transform(df)

In [27]: df.select('label', 'rawFeatures','features').show()

+-----+--------------------+--------------------+
|label|         rawFeatures|            features|
+-----+--------------------+--------------------+
|  1.0|(100000,[76,1583,...|(100000,[76,1583,...|
|  1.0|(100000,[5319,105...|(100000,[5319,105...|
|  1.0|(100000,[618,7515...|(100000,[618,7515...|
|  0.0|(100000,[3370,444...|(100000,[3370,444...|
|  1.0|(100000,[4442,101...|(100000,[4442,101...|
|  1.0|(100000,[7369,775...|(100000,[7369,775...|
|  0.0|(100000,[232,6124...|(100000,[232,6124...|
|  0.0|(100000,[2732,335...|(100000,[2732,335...|
|  0.0|(100000,[4047,425...|(100000,[4047,425...|
|  1.0|(100000,[6531,135...|(100000,[6531,135...|
|  0.0|(100000,[5330,120...|(100000,[5330,120...|
|  1.0|(100000,[1197,444...|(100000,[1197,444...|
|  1.0|(100000,[4442,107...|(100000,[4442,107...|
|  0.0|(100000,[232,4441...|(100000,[232,4441...|
|  0.0|(100000,[781,3526...|(100000,[781,3526...|
|  1.0|(100000,[13806,14...|(100000,[13806,14...|
|  1.0|(100000,[4442,108...|(100000,[4442,108...|
|  1.0|(100000,[76,11034...|(100000,[76,11034...|
|  0.0|(100000,[10001,27...|(100000,[10001,27...|
|  0.0|(100000,[29385,39...|(100000,[29385,39...|
+-----+--------------------+--------------------+
only showing top 20 rows
```

5. 为方便训练，我们的数据帧将保守地按 75：25 分割，随机种子设置为 1234。
6. 由于我们的主要目标是将每个会话分类为 escalate 或 do_not_escalate 以继续和机器人聊天，因此可以使用传统的分类算法，例如，PySpark 库中的逻辑回归模型。逻辑回归模型被配置一个名为 `regParam` 的正则化参数，它的值为 0.025。我们使用该参数通过最小化过度拟合来略微改进模型，但该方法带有微小偏差。

7. 逻辑回归模型经过训练并将其拟合在 `trainingDF`，然后使用新变换字段 `prediction` 创建新的数据帧 `predictionDF`，如下图所示：

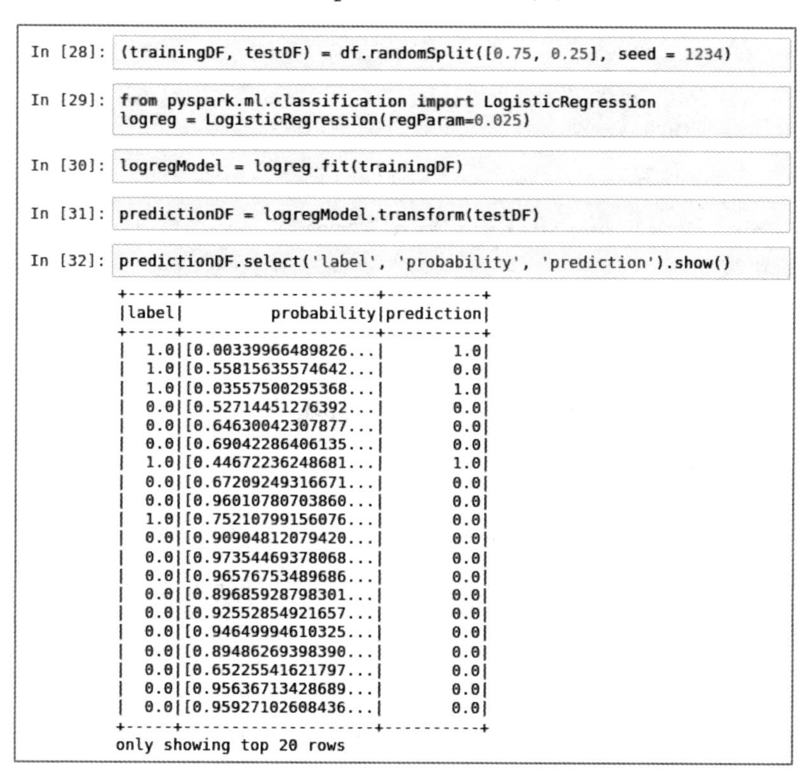

```
In [28]: (trainingDF, testDF) = df.randomSplit([0.75, 0.25], seed = 1234)

In [29]: from pyspark.ml.classification import LogisticRegression
         logreg = LogisticRegression(regParam=0.025)

In [30]: logregModel = logreg.fit(trainingDF)

In [31]: predictionDF = logregModel.transform(testDF)

In [32]: predictionDF.select('label', 'probability', 'prediction').show()

         +-----+--------------------+----------+
         |label|         probability|prediction|
         +-----+--------------------+----------+
         |  1.0|[0.00339966489826...|       1.0|
         |  1.0|[0.55815635574642...|       0.0|
         |  1.0|[0.03557500295368...|       1.0|
         |  0.0|[0.52714451276392...|       0.0|
         |  0.0|[0.64630042307877...|       0.0|
         |  0.0|[0.69042286406135...|       0.0|
         |  1.0|[0.44672236248681...|       1.0|
         |  0.0|[0.67209249316671...|       0.0|
         |  0.0|[0.96010780703860...|       0.0|
         |  1.0|[0.75210799156076...|       0.0|
         |  0.0|[0.90904812079420...|       0.0|
         |  0.0|[0.97354469378068...|       0.0|
         |  0.0|[0.96576753489686...|       0.0|
         |  0.0|[0.89685928798301...|       0.0|
         |  0.0|[0.92552854921657...|       0.0|
         |  0.0|[0.94649994610325...|       0.0|
         |  0.0|[0.89486269398390...|       0.0|
         |  0.0|[0.65225541621797...|       0.0|
         |  0.0|[0.95636713428689...|       0.0|
         |  0.0|[0.95927102608436...|       0.0|
         +-----+--------------------+----------+
         only showing top 20 rows
```

扩展

我们除了使用用户定义的函数 `udf` 来手动创建数字标签列之外，还可以使用 PySpark 中的一个名为 `StringIndexer` 的内置函数为分类标签分配数值。要查看 `StringIndexer` 的运行情况，请参阅第 5 章。

其他

要了解有关 PySpark 中 TF-IDF 模型的更多信息，请访问以下网站：

链接105

评估 TF-IDF 模型性能

此时，我们已准备好评估模型的性能。

准备

本节将要求导入以下库：

- 从 sklearn 导入 `metrics` 类评价函数。
- 从 `pyspark.ml.evaluation` 导入 `BinaryClassificationEvaluator` 类评价函数。

实现

本节将介绍评估 TF-IDF 自然语言处理模型的步骤。

1. 使用以下脚本创建混淆矩阵：

```
predictionDF.crosstab('label', 'prediction').show()
```

2. 使用以下脚本，通过 sklearn 中的 `metrics` 模块评估模型：

```
from sklearn import metrics

actual = predictionDF.select('label').toPandas()
predicted = predictionDF.select('prediction').toPandas()
print('accuracy score:
{}%'.format(round(metrics.accuracy_score(actual, predicted),3)*100))
```

3. 使用以下脚本计算 ROC 分数：

```
from pyspark.ml.evaluation import BinaryClassificationEvaluator

scores = predictionDF.select('label', 'rawPrediction')
evaluator = BinaryClassificationEvaluator()
print('The ROC score is
{}%'.format(round(evaluator.evaluate(scores),3)*100))
```

说明

本节将介绍如何使用评估计算来确定模型的准确度。

1. 混淆矩阵有助于快速得出实际结果与预测结果之间的准确度数字。由于我们已经进行了 75：25 的分割，因此应该从训练数据集中看到 25 个预测项。可以使用以下脚本构建一个混淆矩阵：

```
predictionDF.crosstab('label', 'prediction').show()
```

脚本的输出如下图所示：

```
In [33]: predictionDF.crosstab('label', 'prediction').show()

         +----------------+---+---+
         |label_prediction|0.0|1.0|
         +----------------+---+---+
         |             1.0|  2|  3|
         |             0.0| 19|  0|
         +----------------+---+---+
```

2. 我们现在处于通过将预测值与实际标签值进行比较来评估模型准确度的阶段。sklearn.metrics 引入两个参数，即与标签列关联的实际值 actual 和从逻辑回归模型得出的预测值 predicted。

请注意，我们再次使用 toPandas() 方法将 Spark 数据帧的列值转换为 pandas 数据帧。

3. 创建两个变量：actual 和 prediction。使用 metrics.accuracy_score() 函数计算准确度分数，结果为 91.7%，如下图所示：

```
In [34]: from sklearn import metrics
         actual = predictionDF.select('label').toPandas()
         predicted = predictionDF.select('prediction').toPandas()

In [35]: print('accuracy score: {}%'.format(round(metrics.accuracy_score(actual, predicted),3)*100))

         accuracy score: 91.7%
```

4. ROC（Receiver Operating Characteristic，接收器操作特性）通常与测量真阳性率与假阳性率的曲线相关联。曲线下面积越大越好。与曲线相关联的 ROC 分数是可用于模型性能测量的另一指标。可以使用 BinaryClassificationEvaluator 计算 ROC，如下图所示：

```
In [36]: from pyspark.ml.evaluation import BinaryClassificationEvaluator

         scores = predictionDF.select('label', 'rawPrediction')
         evaluator = BinaryClassificationEvaluator()
         print('The ROC score is {}%'.format(round(evaluator.evaluate(scores),3)*100))

         The ROC score is 93.7%
```

其他

要了解有关 PySpark 的 `BinaryClassificationEvaluator` 的更多信息，请访问以下网站：

链接106

比较模型性能和基线分数

虽然我们的模型准确度高达 91.7%，但将其与基线评分进行比较也很重要。在本节中，我们将深入研究这个概念。

实现

本节将介绍计算基线准确度的步骤。

1. 执行以下脚本从 `describe()` 方法检索平均值：

```
predictionDF.crosstab('label', 'prediction').show()
```

2. 通过 1 减去均值得分来计算基线准确度。

说明

本节将解释基线准确度背后的概念以及如何使用它来理解模型的有效性。

1. 如果每个聊天对话都被标记为 `do_not_escalate` 或 `escalate` 会怎样。我们的基线准确度会高于 91.7%吗？解决这个问题的最简单方法是使用下面的脚本在 `predictionDF` 的 `label` 列上运行 `describe()` 方法：

```
predictionDF.describe('label').show()
```

2. 脚本的输出可以在下图中看到：

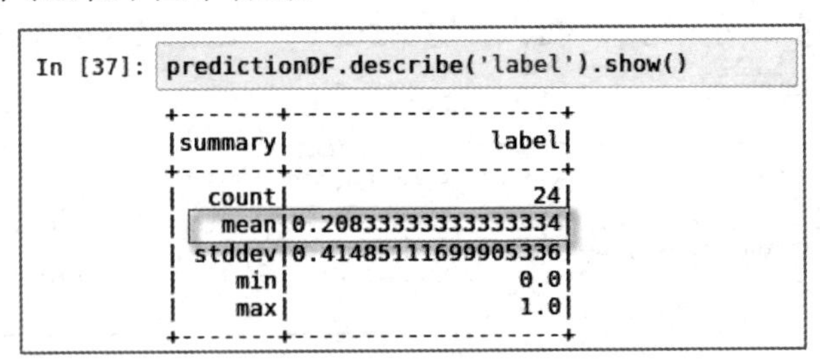

3. `label` 的均值为 0.2083 或约等于 21%，也就是说，`label` 为 1 的概率仅为 21%。因此，如果我们将每个会话标记为 `do_not_escalate`，将有近 79%的准确度，低于 91.7%的模型准确度。
4. 因此可以说，我们的模型比盲基线性能模型表现更佳。

其他

要了解有关 PySpark 数据帧中的 `describe()`方法的更多信息，请访问以下网站：

链接107

8

使用 XGBoost 进行房地产价值预测

在定价方面，房地产市场是最具竞争力的市场之一。地理位置、产权时间、房屋大小等因素使得房地产价值往往有较大差异。因此，为了做出更好的投资决策，准确预测房产价格（特别是住房市场的房价）已成为现代挑战。本章将详细讨论这一点。

读完本章后，你将能够：

- 下载金斯县房屋销售数据集
- 执行探索性分析和可视化
- 绘制价格与其他特征之间的相关性
- 预测房价

下载金斯县房屋销售数据集

我们无法在没有数据集的情况下构建模型。因此，我们将在本节下载数据。

准备

Kaggle 是一个预测建模和分析竞争的平台。在该平台上，统计人员和数据挖掘人员相互竞争，以生成预测和描述企业和用户上传数据集的最佳模型。金斯县（King County）房产销售数据集包含 1900 年至 2015 年间纽约金斯县出售的 21,613 套房屋的记录。数据集还包含 21 个不同的变量，如每幢房子的位置、邮政编码、卧室数量、居住面积等。

实现

1. 可通过以下网站访问该数据集：

   链接108

   该数据集来自金斯县的公共记录，可以免费下载并用于任何分析。

2. 登录网站后，你可以单击 **Download** 按钮，如下图所示：

3. 下载的压缩文件 `housesalesprediction.zip` 中有一个名为 `kc_house_data.csv` 的文件。

4. 将名为 `kc_house_data.csv` 的文件保存在当前工作目录中，这将是我们的数据集。它将被加载到 IPython Notebook 中以进行分析和预测。

说明

1. 使用以下代码作为本章安装必要的库：

```
import numpy as np
import pandas as pd
import matplotlib.pyplot as plt
import seaborn as sns
import mpl_toolkits
from sklearn import preprocessing
from sklearn.preprocessing import LabelEncoder, OneHotEncoder
from sklearn.feature_selection import RFE
from sklearn import linear_model
from sklearn.cross_validation import train_test_split %matplotlib
inline
```

2. 前面的步骤会产生一个输出，如下图所示：

```
In [1]:  1 import numpy as np
         2 import pandas as pd
         3 import matplotlib.pyplot as plt
         4 import seaborn as sns
         5 import mpl_toolkits
         6 from sklearn import preprocessing
         7 from sklearn.preprocessing import LabelEncoder, OneHotEncoder
         8 from sklearn.feature_selection import RFE
         9 from sklearn import linear_model
        10 from sklearn.cross_validation import train_test_split
        11 %matplotlib inline

/Users/Chanti/anaconda3/lib/python3.6/site-packages/sklearn/cross_validation.py:41: DeprecationWarning: This module w
as deprecated in version 0.18 in favor of the model_selection module into which all the refactored classes and functi
ons are moved. Also note that the interface of the new CV iterators are different from that of this module. This modu
le will be removed in 0.20.
  "This module will be removed in 0.20.", DeprecationWarning)
```

3. 检查当前工作目录，并将其设置为存储数据集的目录是始终有效的，这显示在下图中：

在我们的示例中，名为 `Chapter 10` 的文件夹被设置为当前工作目录。

4. 使用 `read_csv()` 函数将文件中的数据读入名为 `dataframe` 的 Pandas 数据帧，并使用 `list(dataframe)` 命令列出特征/帧头，如下图所示：

```
In [5]:  1 dataframe = pd.read_csv("kc_house_data.csv", header='infer')

In [6]:  1 list(dataframe)

Out[6]: ['id',
         'date',
         'price',
         'bedrooms',
         'bathrooms',
         'sqft_living',
         'sqft_lot',
         'floors',
         'waterfront',
         'view',
         'condition',
         'grade',
         'sqft_above',
         'sqft_basement',
         'yr_built',
         'yr_renovated',
         'zipcode',
         'lat',
         'long',
         'sqft_living15',
         'sqft_lot15']
```

你可能已经注意到，数据集包含 21 个不同的变量，如 **id**、**date**、**price**、**bedrooms**、**bathrooms** 等。

扩展

本章使用的库及其功能如下所示。

- `Numpy`，用于以数组的形式处理数据，以及以数组的形式存储名称列表。
- `Pandas`，用于所有数据整理和以数据帧形式管理数据。
- `Seaborn`，这是探索性分析和绘图所需的可视化库。
- `MPL_Toolkits`，它包含 Matplotlib 所需的众多函数和依赖项。
- 来自 `Scikit Learn` 库的函数，它们是本章所需的主要科学和统计库。
- 我们还需要一些其他库，如 `XGBoost`。但在构建模型时，这些库将根据需要进行导入。

其他

有关不同库的更多文档，请访问以下链接：

- 链接 109
- 链接 110
- 链接 111
- 链接 112

执行探索性分析和可视化

在目标是预测，如价格之类变量的情况下，可视化数据并找出因变量如何受其他变量的影响将很有用。探索性分析提供了很好的洞察力，它们无法通过查看数据获得。本节将介绍如何从大数据中进行可视化并获得洞察力。

准备

- 可以使用 `dataframe.head()` 函数打印数据帧帧头，该函数会生成如下图所示的输出：

```
In [7]:  1 dataframe.head()
Out[7]:
```

	id	date	price	bedrooms	bathrooms	sqft_living	sqft_lot	floors	waterfront	view	...	grade	sqft_above	sqft_basement	yr_built
0	7129300520	20141013T000000	221900.0	3	1.00	1180	5650	1.0	0	0	...	7	1180	0	1955
1	6414100192	20141209T000000	538000.0	3	2.25	2570	7242	2.0	0	0	...	7	2170	400	1951
2	5631500400	20150225T000000	180000.0	2	1.00	770	10000	1.0	0	0	...	6	770	0	1933
3	2487200875	20141209T000000	604000.0	4	3.00	1960	5000	1.0	0	0	...	7	1050	910	1965
4	1954400510	20150218T000000	510000.0	3	2.00	1680	8080	1.0	0	0	...	8	1680	0	1987

5 rows × 21 columns

- 类似地，可以使用 `dataframe.tail()` 函数打印数据帧帧尾，该函数生成如下图所示的输出：

```
In [8]:  1 dataframe.tail()
Out[8]:
```

	id	date	price	bedrooms	bathrooms	sqft_living	sqft_lot	floors	waterfront	view	...	grade	sqft_above	sqft_basement	yr_
21608	263000018	20140521T000000	360000.0	3	2.50	1530	1131	3.0	0	0	...	8	1530	0	
21609	6600060120	20150223T000000	400000.0	4	2.50	2310	5813	2.0	0	0	...	8	2310	0	
21610	1523300141	20140623T000000	402101.0	2	0.75	1020	1350	2.0	0	0	...	7	1020	0	
21611	291310100	20150116T000000	400000.0	3	2.50	1600	2388	2.0	0	0	...	8	1600	0	
21612	1523300157	20141015T000000	325000.0	2	0.75	1020	1076	2.0	0	0	...	7	1020	0	

5 rows × 21 columns

- `dataframe.describe()`函数用于获取一些基本统计信息，如每列的最大值、最小值和平均值，dataframe.describe()函数的输出如下图所示：

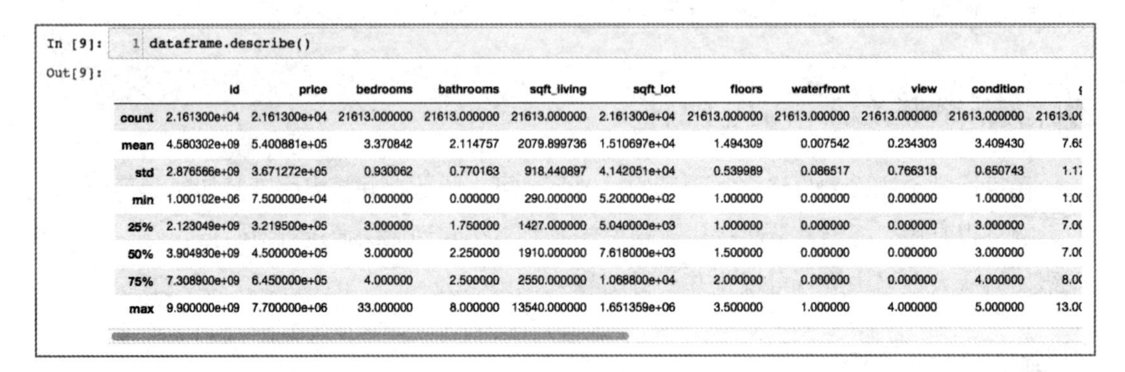

```
In [9]:  1 dataframe.describe()
Out[9]:
```

	id	price	bedrooms	bathrooms	sqft_living	sqft_lot	floors	waterfront	view	condition	
count	2.161300e+04	2.161300e+04	21613.000000	21613.000000	21613.000000	2.161300e+04	21613.000000	21613.000000	21613.000000	21613.000000	21613.0
mean	4.580302e+09	5.400881e+05	3.370842	2.114757	2079.899736	1.510697e+04	1.494309	0.007542	0.234303	3.409430	7.6
std	2.876566e+09	3.671272e+05	0.930062	0.770163	918.440897	4.142051e+04	0.539989	0.086517	0.766318	0.650743	1.1
min	1.000102e+06	7.500000e+04	0.000000	0.000000	290.000000	5.200000e+02	1.000000	0.000000	0.000000	1.000000	1.0
25%	2.123049e+09	3.219500e+05	3.000000	1.750000	1427.000000	5.040000e+03	1.000000	0.000000	0.000000	3.000000	7.0
50%	3.904930e+09	4.500000e+05	3.000000	2.250000	1910.000000	7.618000e+03	1.500000	0.000000	0.000000	3.000000	7.0
75%	7.308900e+09	6.450000e+05	4.000000	2.500000	2550.000000	1.068800e+04	2.000000	0.000000	0.000000	4.000000	8.0
max	9.900000e+09	7.700000e+06	33.000000	8.000000	13540.000000	1.651359e+06	3.500000	1.000000	4.000000	5.000000	13.0

- 如你所见，该数据集有从 1900 年至 2015 年间 21,613 套售出房屋的记录。
- 在仔细研究统计数据后，我们发现，大多数已售房屋有三间卧室。还可以看到，房子的最小卧室数量为 0;最大的房子有 33 间卧室,居住面积为 13,540 平方英尺。

实现

1. 让我们绘制整个数据集的卧室数量图，查看三居室的房子与两居室或一居室的房子相比情况如何。可使用以下代码完成绘制：

```
dataframe['bedrooms'].value_counts().plot(kind='bar')、
plt.title('No. of bedrooms')
plt.xlabel('Bedrooms')
plt.ylabel('Count')
sns.despine
```

2. 还可以使用以下命令绘制相同数据的饼图：

```
dataframe['bedrooms'].value_counts().plot(kind='pie')
plt.title('No. of bedrooms')
```

3. 接下来，让我们试着查看金斯县最常出售的房屋楼层数。这可以通过使用以下命令绘制条形图来完成：

```
dataframe['floors'].value_counts().plot(kind='bar')
plt.title('Number of floors')
plt.xlabel('No. of floors')
plt.ylabel('Count')
sns.despine
```

4. 接下来，我们需要了解哪些地点的房屋销售数量最多。可以使用数据集中的 `latitude`（纬度）和 `longitude`（经度）变量来完成此操作，如以下代码所示：

```
plt.figure(figsize=(20,20))
sns.jointplot(x=dataframe.lat.values, y=dataframe.long.values, size=9)
plt.xlabel('Longitude', fontsize=10)
plt.ylabel('Latitude', fontsize=10)
plt.show()
sns.despine()
```

5. 还可以通过执行以下命令来查看不同卧室数量的房屋价格区别：

```
plt.figure(figsize=(20,20))
sns.jointplot(x=dataframe.lat.values, y=dataframe.long.values, size=9)
plt.xlabel('Longitude', fontsize=10)
```

```
plt.ylabel('Latitude', fontsize=10)
plt.show()
sns.despine()
```

6. 使用以下命令获得房屋价格与卧室数量的关系图：

```
plt.figure(figsize=(20,20))
sns.jointplot(x=dataframe.lat.values, y=dataframe.long.values, size=9)
plt.xlabel('Longitude', fontsize=10)
plt.ylabel('Latitude', fontsize=10)
plt.show()
sns.despine()
```

7. 同样，让我们查看价格与所有已售房屋居住面积的关系。这可以通过使用以下命令来完成：

```
plt.figure(figsize=(8,8))
plt.scatter(dataframe.price, dataframe.sqft_living)
plt.xlabel('Price')
plt.ylabel('Square feet')
plt.show()
```

8. 房屋的状况也为我们提供了一些重要信息。让我们根据价格对其进行绘制，以更好了解总体趋势。这是使用以下命令完成的：

```
plt.figure(figsize=(5,5))
plt.bar(dataframe.condition, dataframe.price)
plt.xlabel('Condition')
plt.ylabel('Price')
plt.show()
```

9. 可以使用以下命令查看在金斯县销售房屋最多的区域的邮政编码：

```
plt.figure(figsize=(8,8))
plt.scatter(dataframe.zipcode, dataframe.price)
plt.xlabel('Zipcode')
plt.ylabel('Price')
plt.show()
```

10. 最后，根据每幢房屋的等级，使用以下命令绘制每幢房屋的等级与价格，以计算房屋销售趋势：

```
plt.figure(figsize=(10,10))
plt.scatter(dataframe.grade, dataframe.price)
plt.xlabel('Grade')
plt.ylabel('Price')
plt.show()
```

说明

1. 必须输出卧室数量图，如下图所示：

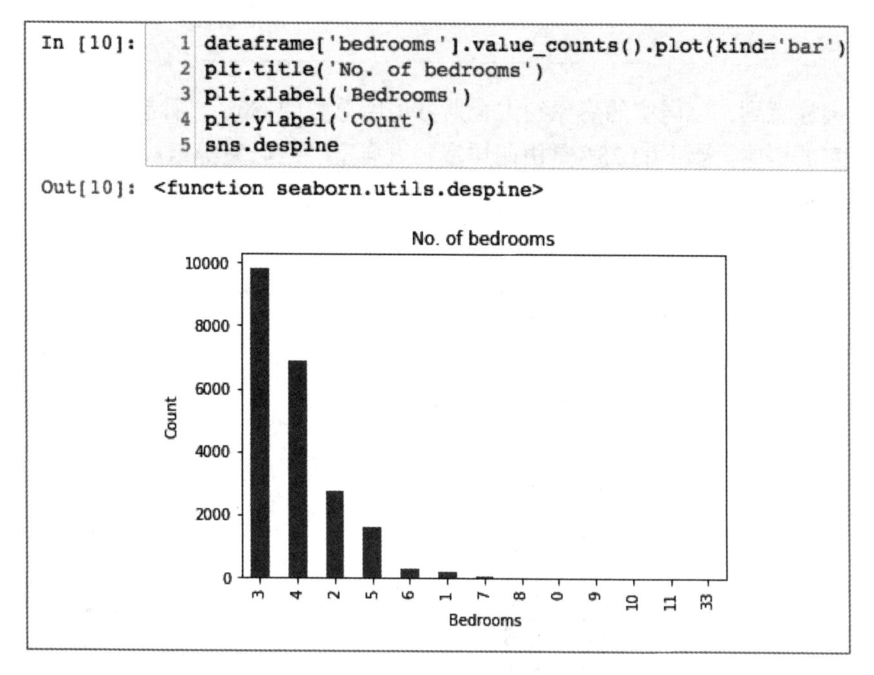

2. 很明显，三居室房屋卖得最多，其次是四居室的房屋，然后是两居室的房屋，后面是出乎意料的五居室和六居室的房屋。
3. 卧室数量的饼图输出类似下图：

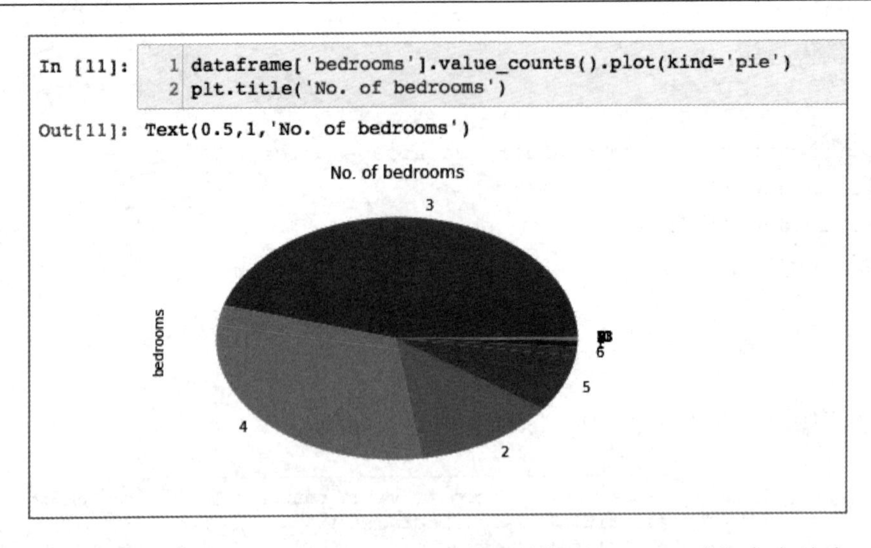

4. 你会注意到，三居室的房屋约占金斯县房屋总数的 50%。看起来大约有 25%是四居室的房屋，剩下的 25%是由两居室、五居室、六居室等组成的。
5. 将大多数已售房屋按楼层数分类，运行脚本，我们得到以下输出：

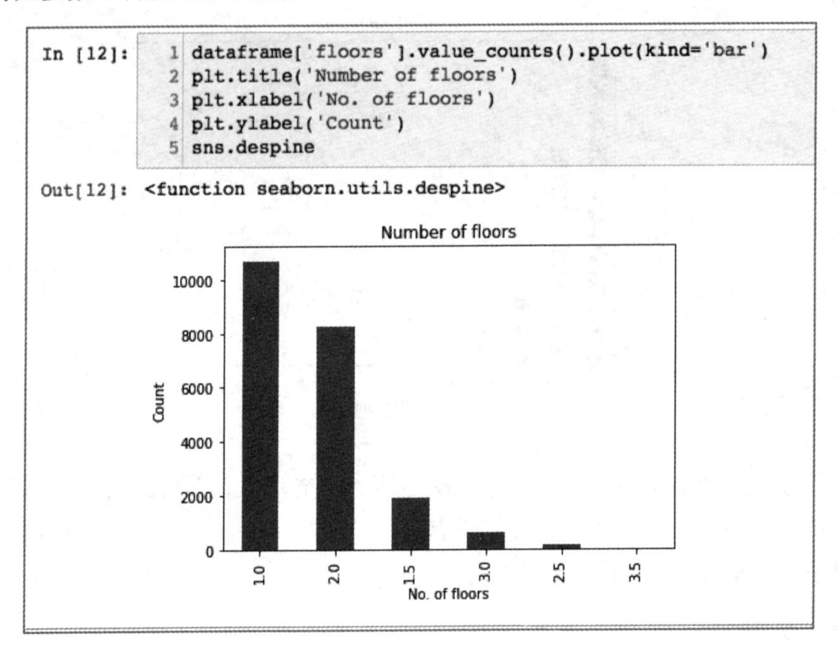

6. 很明显，单层房屋卖得最多，其次是双层房屋。两层以上的房屋数量相当少，这或许与金斯县居民家庭规模和收入有关。

7. 在检查不同地点已售房屋的密度后，我们得到一个输出，如下图所示。很明显，与其他地区相比，某些地区的房屋销售密度更高：

```
In [13]:  1 plt.figure(figsize=(20,20))
          2 sns.jointplot(x=dataframe.lat.values, y=dataframe.long.values, size=9)
          3 plt.xlabel('Longitude', fontsize=10)
          4 plt.ylabel('Latitude', fontsize=10)
          5 plt.show()
          6 sns.despine()
```

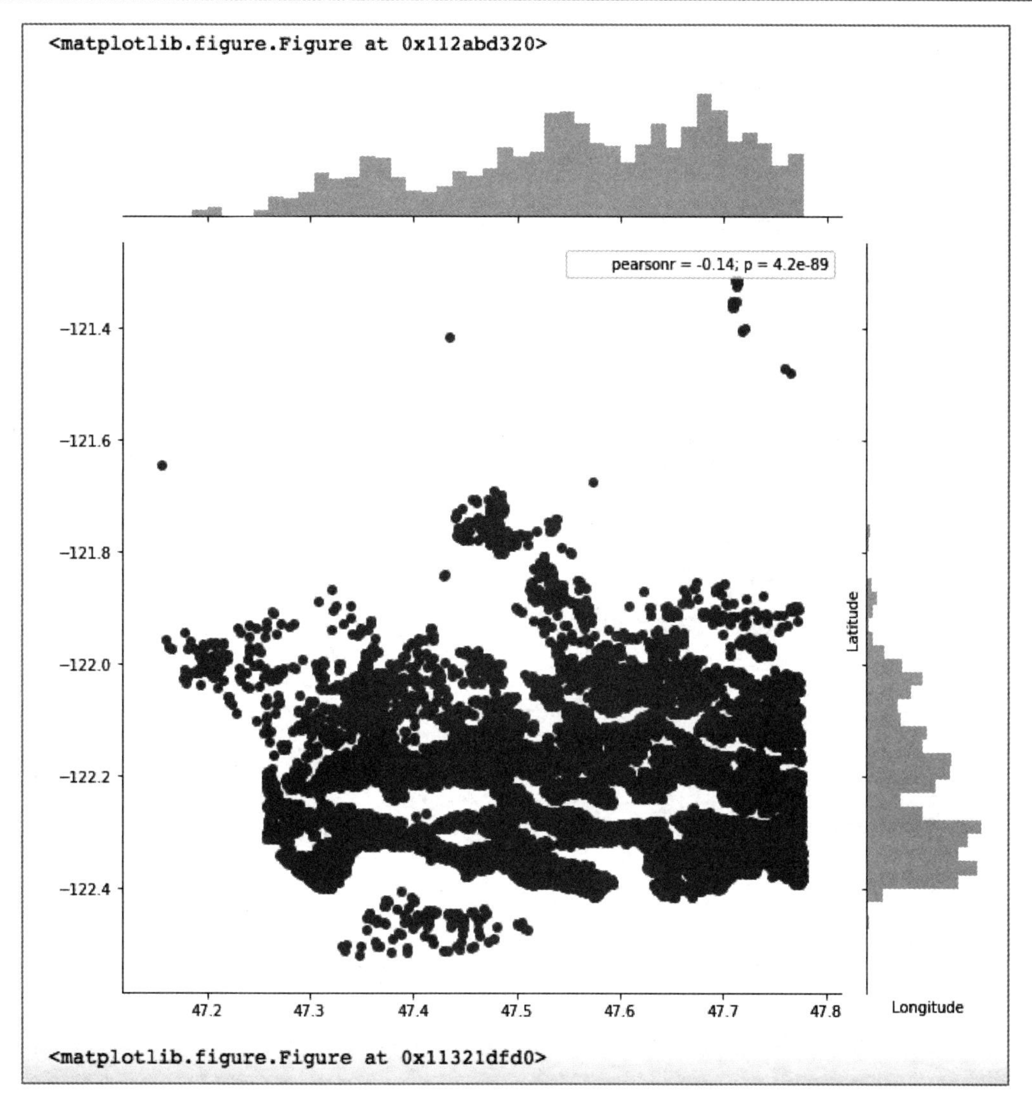

8. 从上图中我们很容易发现，-122.2° 至-122.4° 纬度之间销售的房屋数量较多。同样，47.5° 到 47.8° 经度之间的房屋销售数量也高于其他经度。这可能预示着：与其他社区相比，该社区更安全且生活水平更高。
9. 在房屋价格与房屋卧室数量的关系图中，我们发现，在房屋内，卧室数量达到 6 间之前，房价与卧室数量成正比；房间数达到 6 间后，房价与卧室数量成反比。关系图如下图所示：

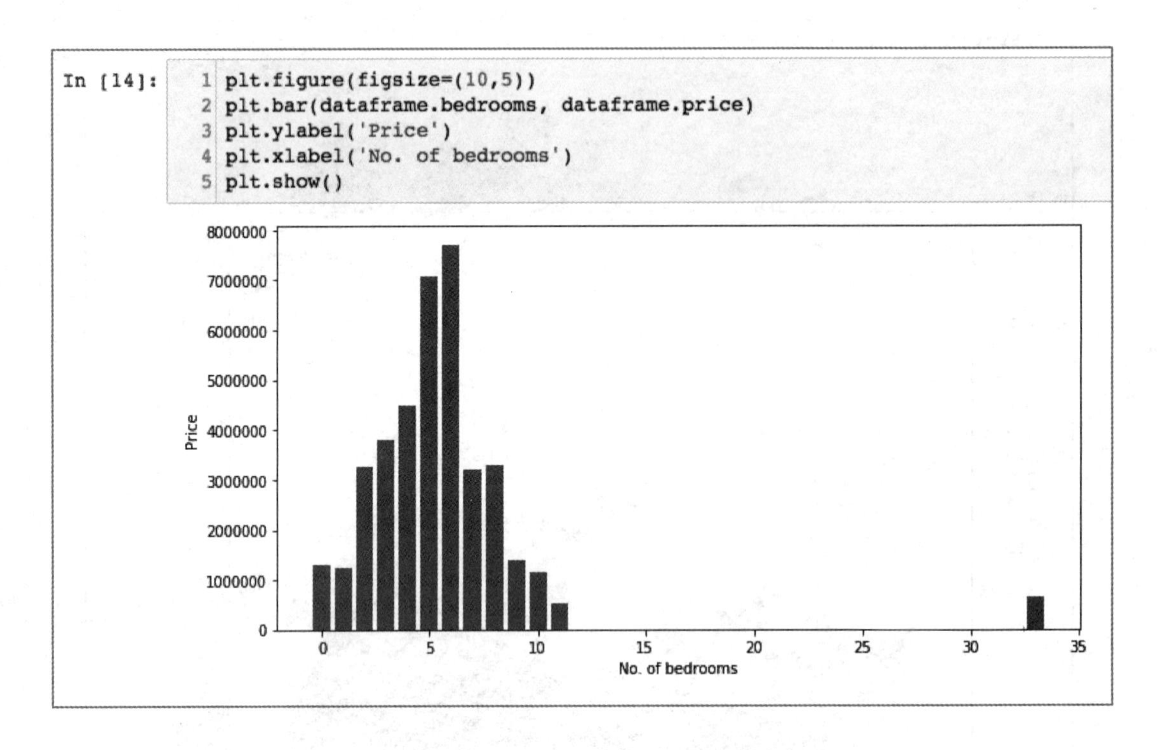

10. 将每幢房屋的居住面积与价格相对应，可以看出，随着房屋面积的增加，价格也呈上涨的预期趋势。最贵的房子似乎有 12,000 平方英尺的居住面积，如下图所示：

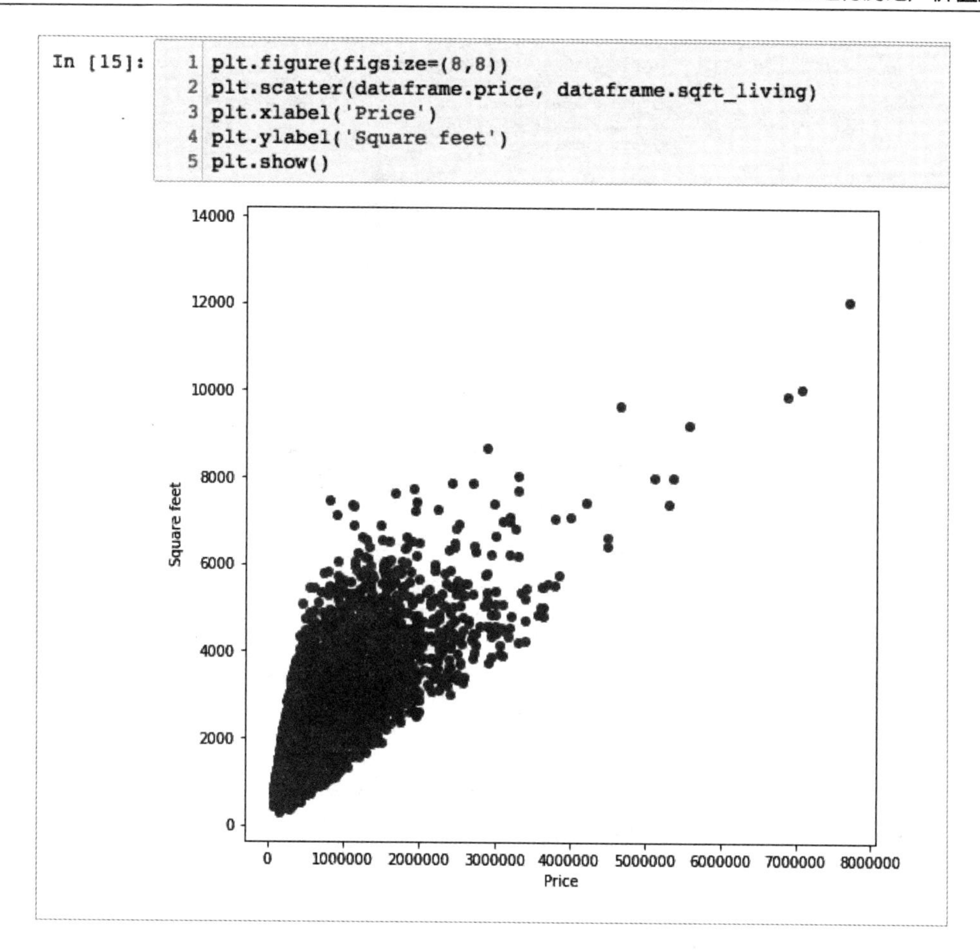

扩展

1. 在绘制房屋状况与价格的关系图时，我们再次注意到一个预期趋势，即随着条件评级的提高，价格会上涨，如下图所示。有趣的是，与四居室房屋相比，五居室的平均价格较低，这可能是因为这种大房子的买家较少：

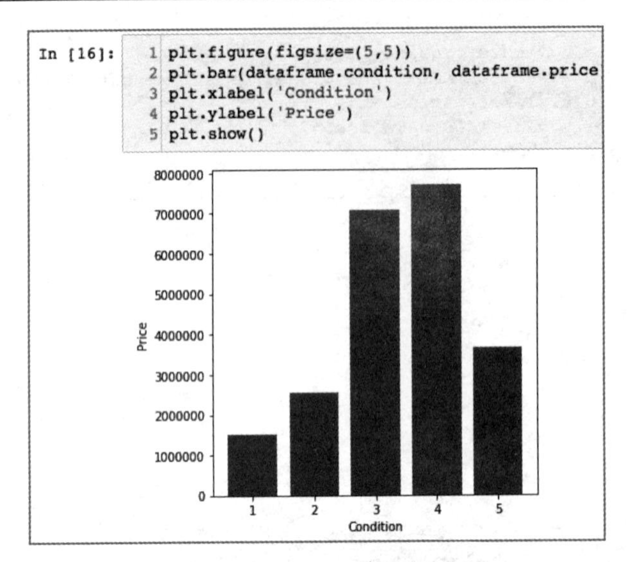

2. 房屋的**邮政编码**与价格的关系图显示了不同邮政编码的房屋价格的变化趋势。你可能已经注意到某些邮政编码，如 98100 ~ 98125 之间的邮政编码，与其他地区相比，其房屋密度较高，而 98040 等邮政编码中的房屋价格高于平均价格，意味着这可能是一个更高档的小区，如下图所示：

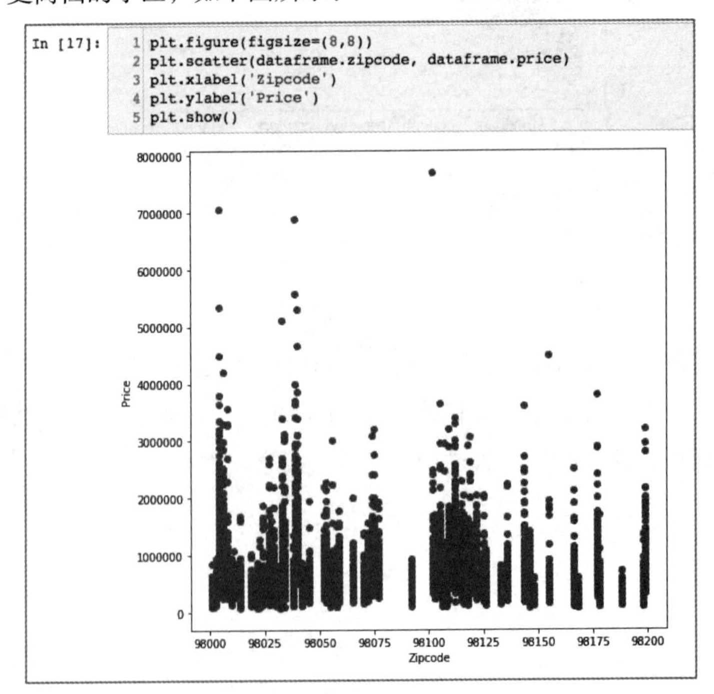

3. 房屋等级与价格的关系曲线显示价格随着等级的增加而持续增加。两者间似乎存在明显的线性关系，如下图的输出所示：

```
In [18]:  1 plt.figure(figsize=(10,10))
          2 plt.scatter(dataframe.grade, dataframe.price)
          3 plt.xlabel('Grade')
          4 plt.ylabel('Price')
          5 plt.show()
```

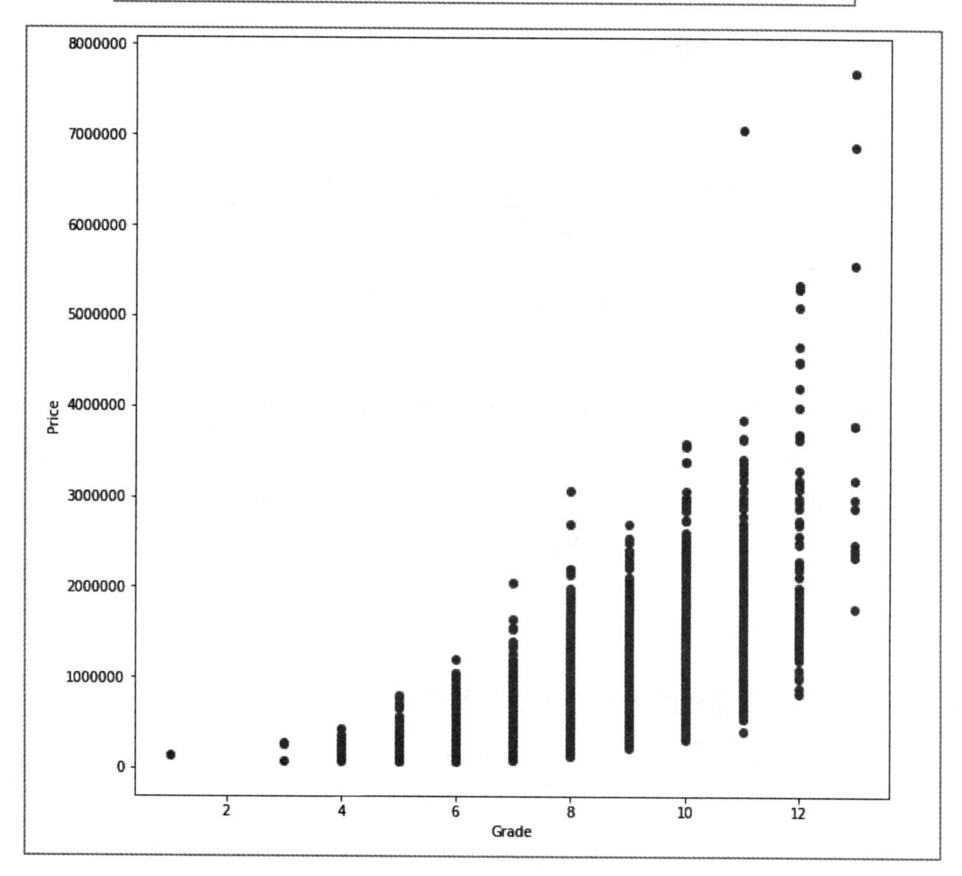

其他

以下链接可以很好地解释为什么在运行数据模型前，数据可视化如此重要：

- 链接 113
- 链接 114
- 链接 115

绘制价格与其他特征之间的相关性

现已完成初步的探索性分析，我们对不同变量如何影响房价有了更好的了解。然而，当涉及预测价格时，我们并不知道每个变量的重要性。由于有 21 个变量，所以通过将所有变量合并到一个模型中来构建模型十分困难。因此，如果某些变量的重要性低于其他变量，我们则可能需要丢弃或忽略它们。

准备

统计中使用相关系数来衡量两个变量之间的关系强度。特别地，皮尔森相关系数是线性回归中最常用的系数。相关系数通常取-1 ~ +1 之间的值。

- 相关系数为 1 表示一个变量的正增长对应另一个变量固定比例的正增长。例如，鞋码的增长（几乎）与脚的长度完全相关。
- 相关系数-1 表示一个变量的正增加对应另一个变量中固定比例的负增长。例如，罐中气体减少与加速度或挡位（几乎）完全相关（与 4 挡相比，在 1 挡行驶更长时间需要消耗更多汽油）。
- 0 表示每增长一次，没有正增长或负增长。这两者没有关系。

实现

1. 首先使用以下命令删除数据集中的id和date属性。我们不会在预测中使用它们，因为 ID 变量都是唯一的，并且在我们的分析中没有价值。而日期需要一个不同的函数来正确处理它们。这是留给读者做的练习：

```
x_df = dataframe.drop(['id','date',], axis = 1)
x_df
```

2. 使用以下命令将因变量（在本例中为房价）复制到新数据帧中：

```
y = dataframe[['price']].copy()
y_df = pd.DataFrame(y)
y_df
```

3. 可以使用下面的脚本手动查找价格（price）和其他变量之间的关联：

```
 print('Price Vs Bedrooms: %s' %
x_df['price'].corr(x_df['bedrooms']))
 print('Price Vs Bathrooms: %s' %
x_df['price'].corr(x_df['bathrooms']))
 print('Price Vs Living Area: %s' %
x_df['price'].corr(x_df['sqft_living']))
 print('Price Vs Plot Area: %s' %
x_df['price'].corr(x_df['sqft_lot']))
 print('Price Vs No. of floors: %s' %
x_df['price'].corr(x_df['floors']))
 print('Price Vs Waterfront property: %s' %
x_df['price'].corr(x_df['waterfront']))
 print('Price Vs View: %s' %
x_df['price'].corr(x_df['view']))
 print('Price Vs Grade: %s' %
x_df['price'].corr(x_df['grade']))
 print('Price Vs Condition: %s' %
x_df['price'].corr(x_df['condition']))
 print('Price Vs Sqft Above: %s' %
x_df['price'].corr(x_df['sqft_above']))
 print('Price Vs Basement Area: %s' %
x_df['price'].corr(x_df['sqft_basement']))
 print('Price Vs Year Built: %s' %
x_df['price'].corr(x_df['yr_built']))
 print('Price Vs Year Renovated: %s' %
x_df['price'].corr(x_df['yr_renovated']))
 print('Price Vs Zipcode: %s' %
x_df['price'].corr(x_df['zipcode']))
 print('Price Vs Latitude: %s' % x_df['price'].corr(x_df['lat']))
 print('Price Vs Longitude: %s' % x_df['price'].corr(x_df['long']))
```

4. 除上述方法外，通过使用以下一行代码，可以更轻松地找到数据帧中一个变量与所有其他变量（或列）之间的相关性：

```
x_df.corr().iloc[:,-19]
```

5. 可以使用 seaborn 库和以下脚本绘制相关变量：

```
sns.pairplot(data=x_df,
x_vars=['price'],
y_vars=['bedrooms', 'bathrooms', 'sqft_living',
'sqft_lot', 'floors', 'waterfront','view',
'grade','condition','sqft_above','sqft_basement',
'yr_built','yr_renovated','zipcode','lat','long'],
size = 5)
```

说明

1. 删除 id 和 date 变量后，名为 x_df 的新数据帧包含 19 个变量（列），如下图所示。为了方便，我们只打印前 10 个条目：

```
In [19]:  1 x_df = dataframe.drop(['id','date',], axis = 1)
          2 x_df
Out[19]:
```

	price	bedrooms	bathrooms	sqft_living	sqft_lot	floors	waterfront	view	condition	grade	sqft_above	sqft_basement	yr_built	yr_renovated	zip
0	221900.0	3	1.00	1180	5650	1.0	0	0	3	7	1180	0	1955	0	9
1	538000.0	3	2.25	2570	7242	2.0	0	0	3	7	2170	400	1951	1991	9
2	180000.0	2	1.00	770	10000	1.0	0	0	3	6	770	0	1933	0	9
3	604000.0	4	3.00	1960	5000	1.0	0	0	5	7	1050	910	1965	0	9
4	510000.0	3	2.00	1680	8080	1.0	0	0	3	8	1680	0	1987	0	9
5	1225000.0	4	4.50	5420	101930	1.0	0	0	3	11	3890	1530	2001	0	9
6	257500.0	3	2.25	1715	6819	2.0	0	0	3	7	1715	0	1995	0	9
7	291850.0	3	1.50	1060	9711	1.0	0	0	3	7	1060	0	1963	0	9
8	229500.0	3	1.00	1780	7470	1.0	0	0	3	7	1050	730	1960	0	9
9	323000.0	3	2.50	1890	6560	2.0	0	0	3	7	1890	0	2003	0	9
10	662500.0	3	2.50	3560	9796	1.0	0	0	3	8	1860	1700	1965	0	9

前10项输出

21611	400000.0	3	2.50	1600
21612	325000.0	2	0.75	1020

21613 rows × 19 columns

2. 在创建仅包含因变量（价格）的新数据帧时，你将看到如下输出。这个新数据帧名

为 `y_df`。同样，仅打印价格列的前 10 个条目以说明用途：

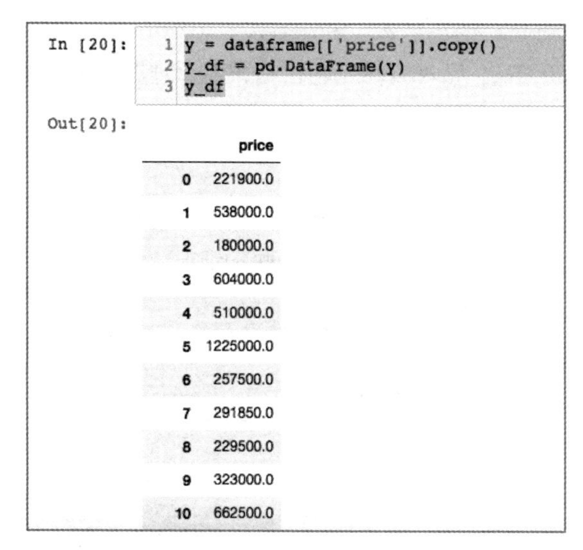

```
In [20]:  1 y = dataframe[['price']].copy()
          2 y_df = pd.DataFrame(y)
          3 y_df
```

Out[20]:

	price
0	221900.0
1	538000.0
2	180000.0
3	604000.0
4	510000.0
5	1225000.0
6	257500.0
7	291850.0
8	229500.0
9	323000.0
10	662500.0

3. 价格与其他变量之间的相关性如下图所示：

```
In [21]:  1 print('Price Vs Bedrooms: %s' % x_df['price'].corr(x_df['bedrooms']))
          2 print('Price Vs Bathrooms: %s' % x_df['price'].corr(x_df['bathrooms']))
          3 print('Price Vs Living Area: %s' % x_df['price'].corr(x_df['sqft_living']))
          4 print('Price Vs Plot Area: %s' % x_df['price'].corr(x_df['sqft_lot']))
          5 print('Price Vs No. of floors: %s' % x_df['price'].corr(x_df['floors']))
          6 print('Price Vs Waterfront property: %s' % x_df['price'].corr(x_df['waterfront']))
          7 print('Price Vs View: %s' % x_df['price'].corr(x_df['view']))
          8 print('Price Vs Grade: %s' % x_df['price'].corr(x_df['grade']))
          9 print('Price Vs Condition: %s' % x_df['price'].corr(x_df['condition']))
         10 print('Price Vs Sqft Above: %s' % x_df['price'].corr(x_df['sqft_above']))
         11 print('Price Vs Basement Area: %s' % x_df['price'].corr(x_df['sqft_basement']))
         12 print('Price Vs Year Built: %s' % x_df['price'].corr(x_df['yr_built']))
         13 print('Price Vs Year Renovated: %s' % x_df['price'].corr(x_df['yr_renovated']))
         14 print('Price Vs Zipcode: %s' % x_df['price'].corr(x_df['zipcode']))
         15 print('Price Vs Latitude: %s' % x_df['price'].corr(x_df['lat']))
         16 print('Price Vs Longitude: %s' % x_df['price'].corr(x_df['long']))

    Price Vs Bedrooms: 0.308349598146
    Price Vs Bathrooms: 0.525137505414
    Price Vs Living Area: 0.702035054612
    Price Vs Plot Area: 0.0896608605871
    Price Vs No. of floors: 0.256793887551
    Price Vs Waterfront property: 0.266369434031
    Price Vs View: 0.397293488295
    Price Vs Grade: 0.66743425602
    Price Vs Condition: 0.036361789129
    Price Vs Sqft Above: 0.605567298356
    Price Vs Basement Area: 0.323816020712
    Price Vs Year Built: 0.0540115314948
    Price Vs Year Renovated: 0.126433793441
    Price Vs Zipcode: -0.0532028542983
    Price Vs Latitude: 0.307003479995
    Price Vs Longitude: 0.0216262410393
```

4. 你可能已经注意到，sqft_living 变量与价格的相关性最高，相关系数为 0.702035。下一个高度相关的变量是等级，相关系数为 0.667434；其次是 sqft_above，其相关系数为 0.605567。邮政编码是与价格关联最小的变量，相关系数为-0.053202。

扩展

- 使用简化代码得到的相关系数给出了完全相同的值，但也给出了价格与其自身的相关性。其值如预期那样为 1.0000，如下图所示：

```
In [22]:   1 x_df.corr().iloc[:,-19]

Out[22]: price            1.000000
         bedrooms         0.308350
         bathrooms        0.525138
         sqft_living      0.702035
         sqft_lot         0.089661
         floors           0.256794
         waterfront       0.266369
         view             0.397293
         condition        0.036362
         grade            0.667434
         sqft_above       0.605567
         sqft_basement    0.323816
         yr_built         0.054012
         yr_renovated     0.126434
         zipcode         -0.053203
         lat              0.307003
         long             0.021626
         sqft_living15    0.585379
         sqft_lot15       0.082447
         Name: price, dtype: float64
```

- 使用 seaborn 库绘制的相关系数在下面的一系列图中显示。请注意，每张图中的价格都在 x 轴上：

```
In [23]:  1 sns.pairplot(data=x_df,
          2                  x_vars=['price'],
          3                  y_vars=['bedrooms', 'bathrooms', 'sqft_living',
          4                          'sqft_lot', 'floors', 'waterfront','view',
          5                          'grade','condition','sqft_above','sqft_basement',
          6                          'yr_built','yr_renovated','zipcode','lat','long'],
          7              size = 5)
          8
```

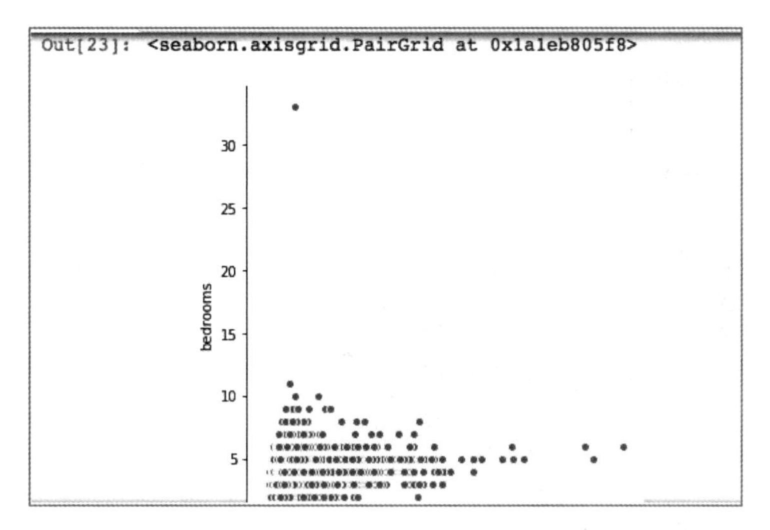
Out[23]: <seaborn.axisgrid.PairGrid at 0x1a1eb805f8>
30
25
20
bedrooms
15
10
5

绘制相关系数

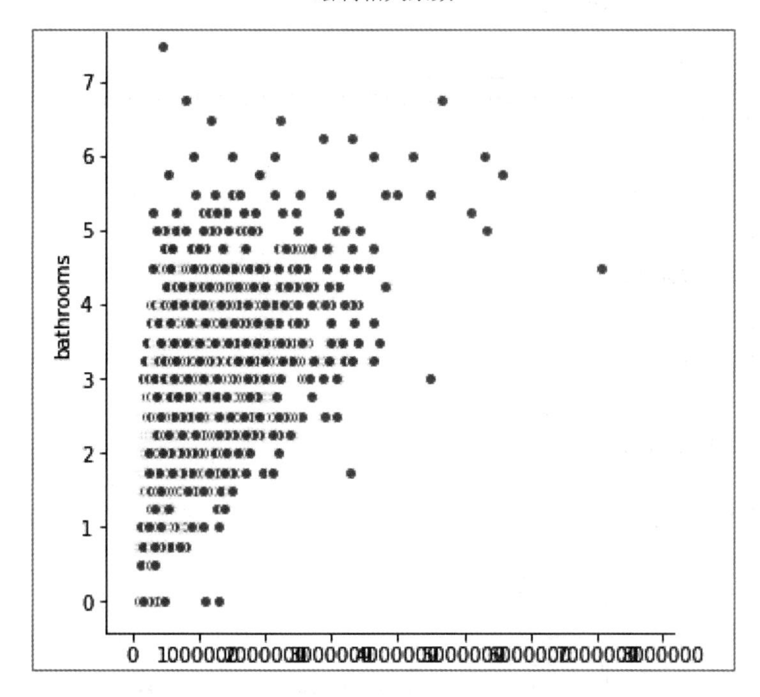
7
6
5
bathrooms
4
3
2
1
0
0
1000000
2000000
3000000
4000000
5000000
6000000
7000000
8000000

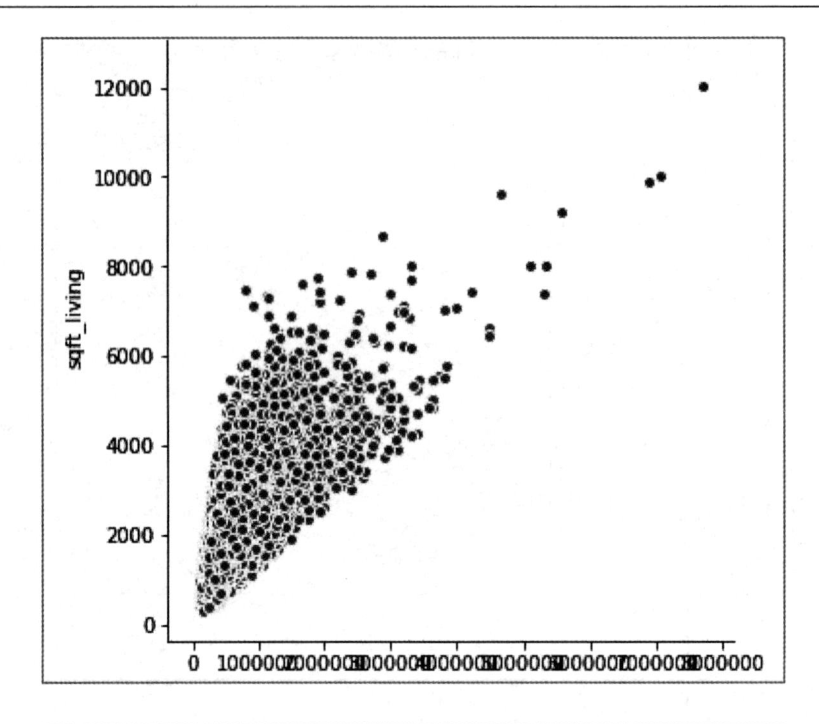
sqft_living
12000
10000
8000
6000
4000
2000
0
0

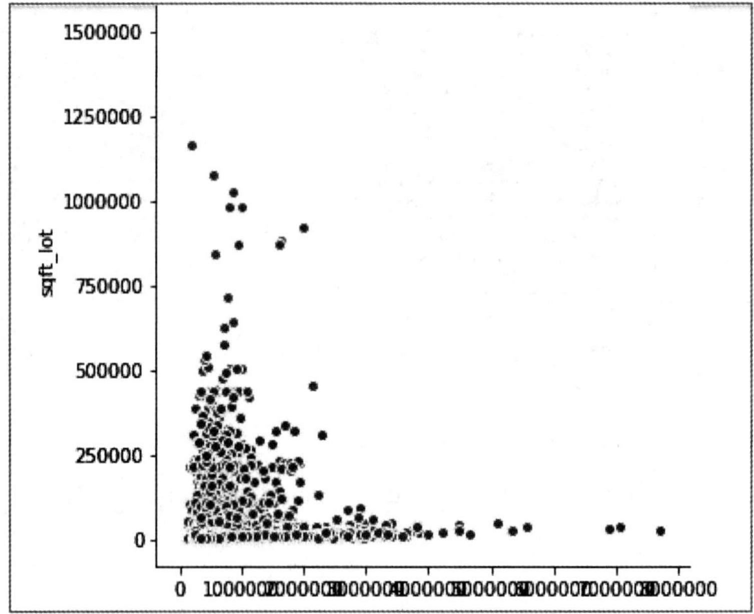
sqft_lot
1500000
1250000
1000000
750000
500000
250000
0
0

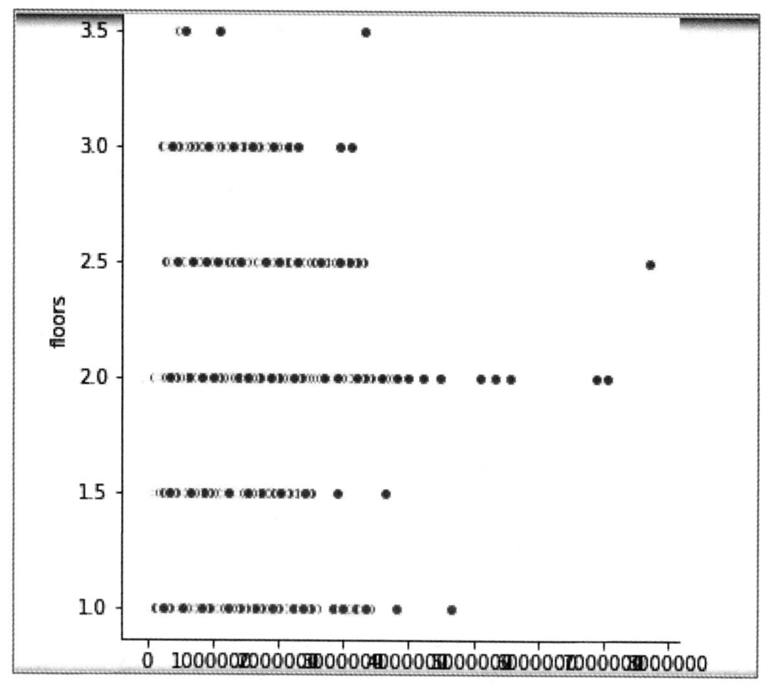
floors
3.5
3.0
2.5
2.0
1.5
1.0
0

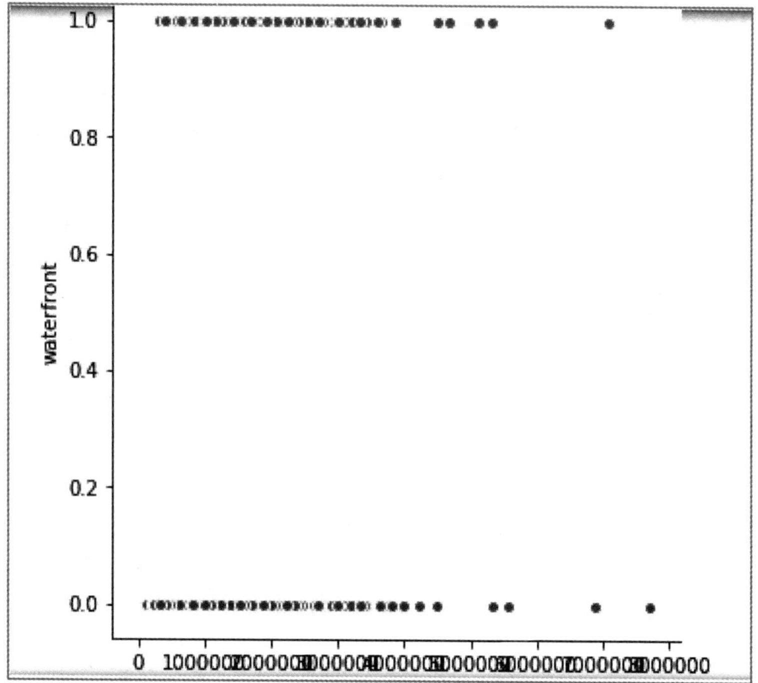
waterfront
1.0
0.8
0.6
0.4
0.2
0.0
0

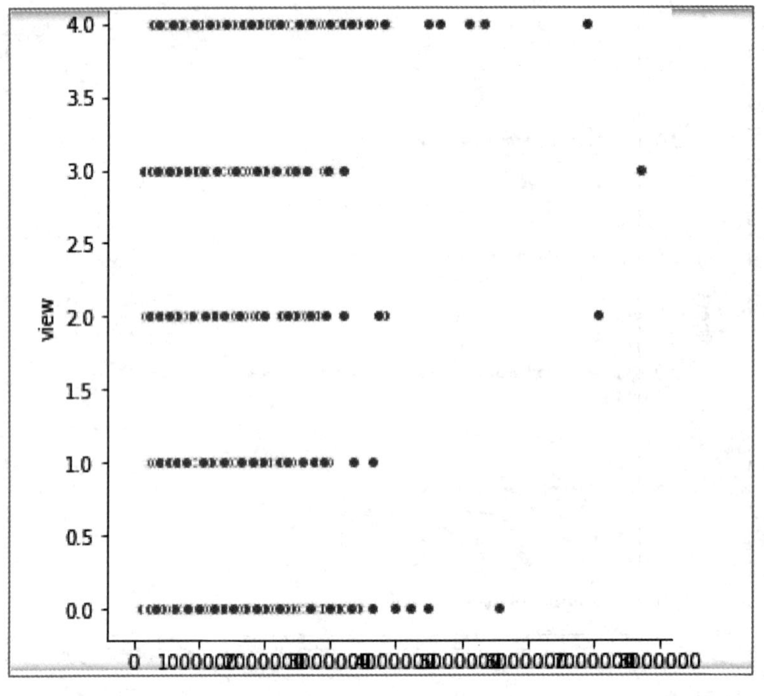
view
4.0
3.5
3.0
2.5
2.0
1.5
1.0
0.5
0.0
0

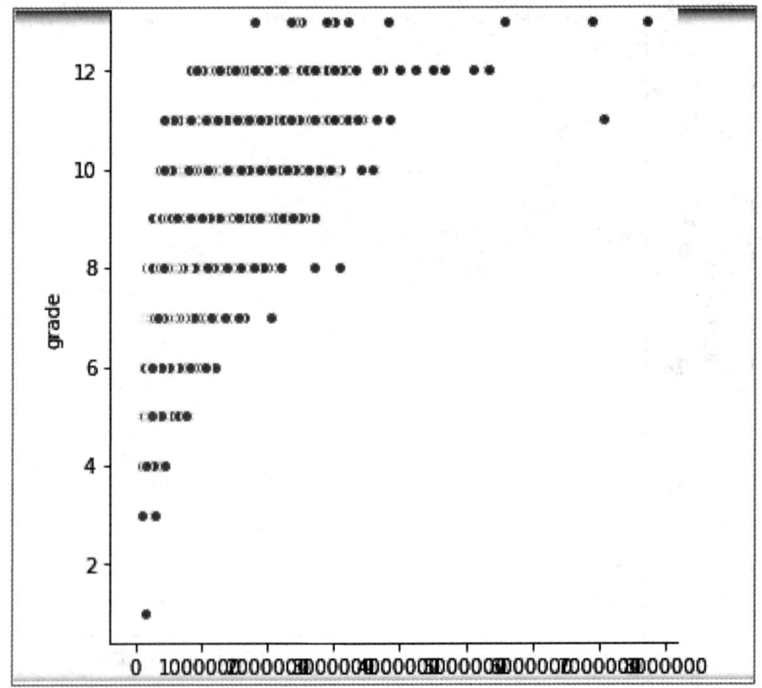
grade
12
10
8
6
4
2
0

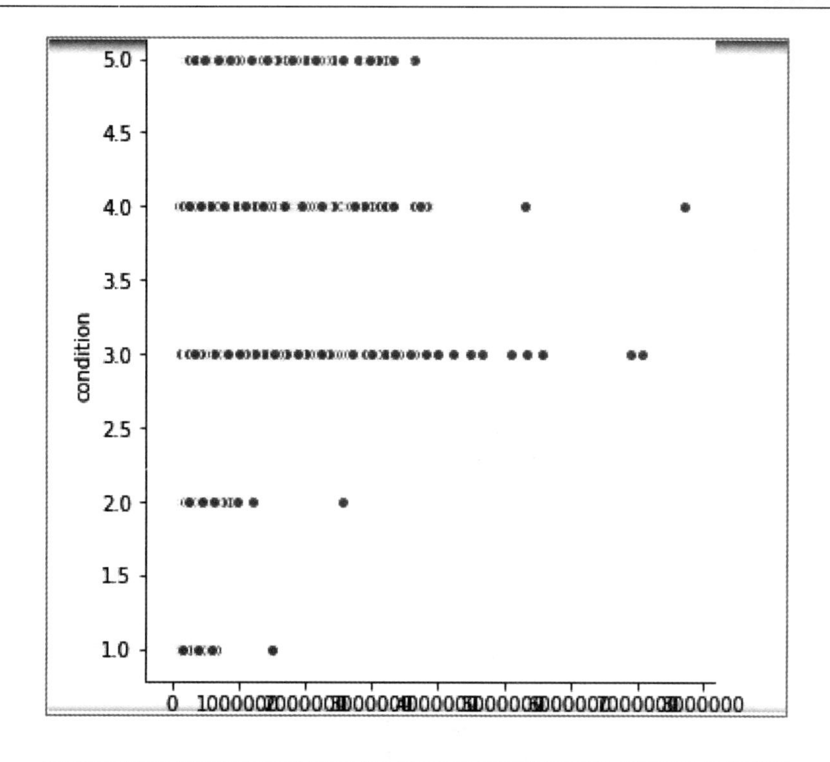
condition
5.0
4.5
4.0
3.5
3.0
2.5
2.0
1.5
1.0
0

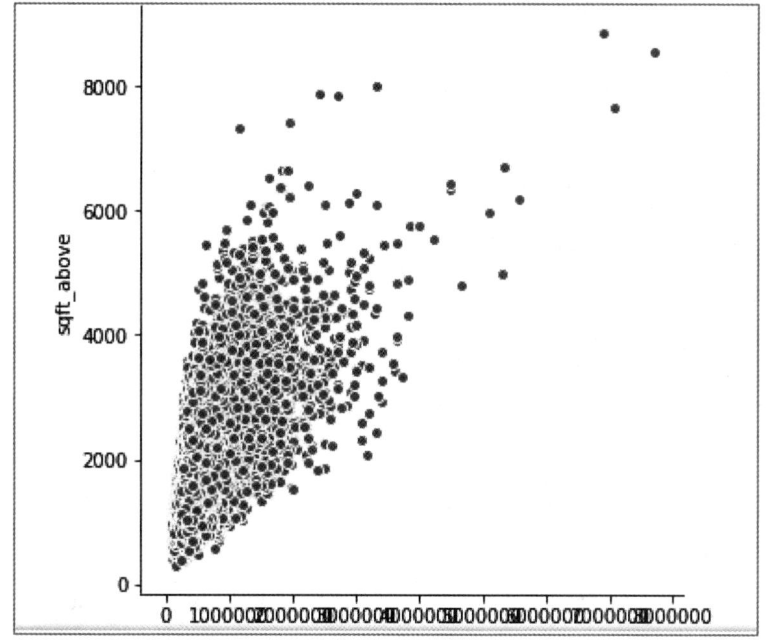
sqft_above
8000
6000
4000
2000
0

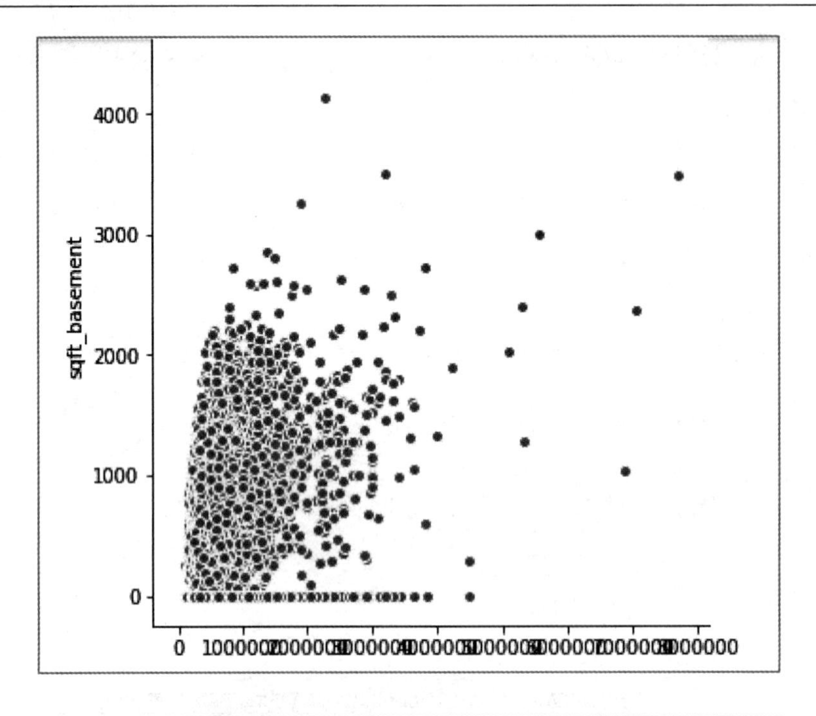
sqft_basement
4000
3000
2000
1000
0
0

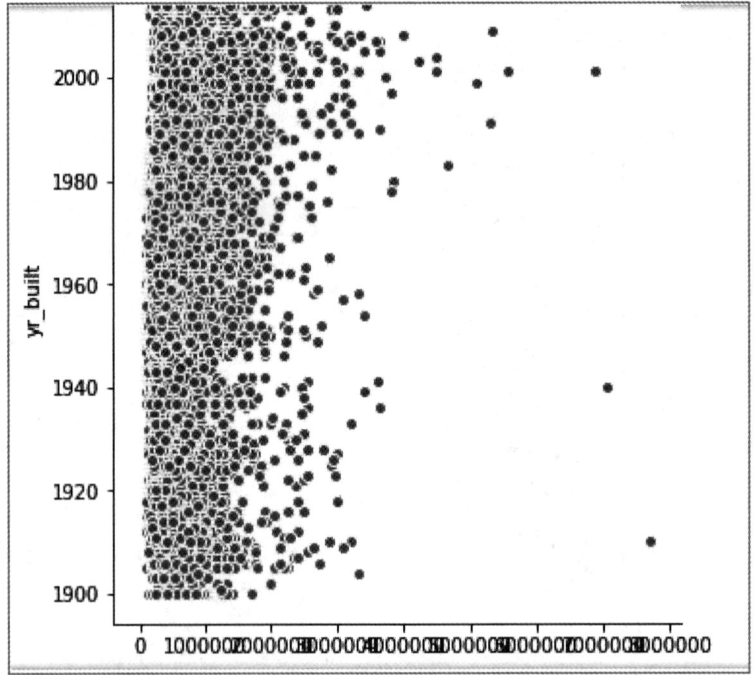
yr_built
2000
1980
1960
1940
1920
1900
0

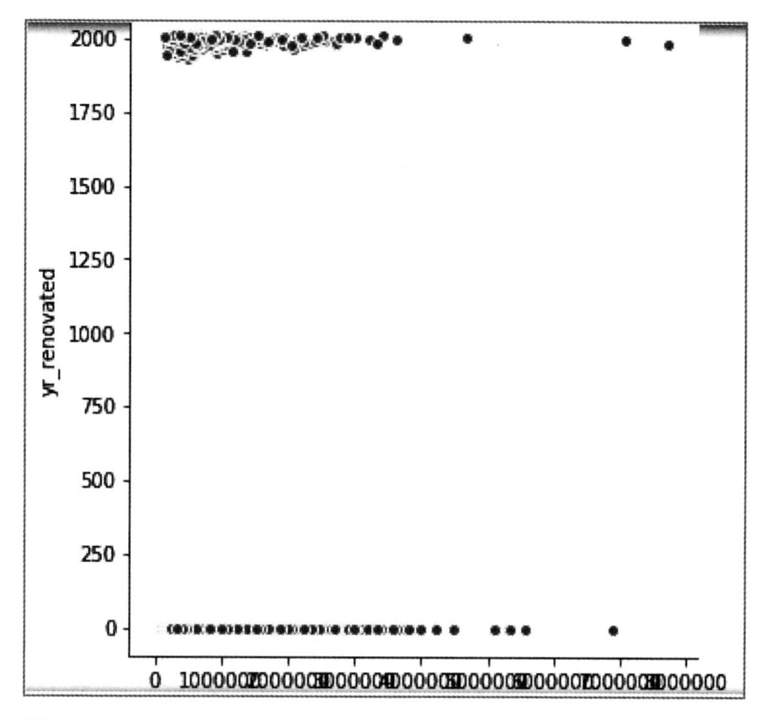
yr_renovated
2000
1750
1500
1250
1000
750
500
250
0

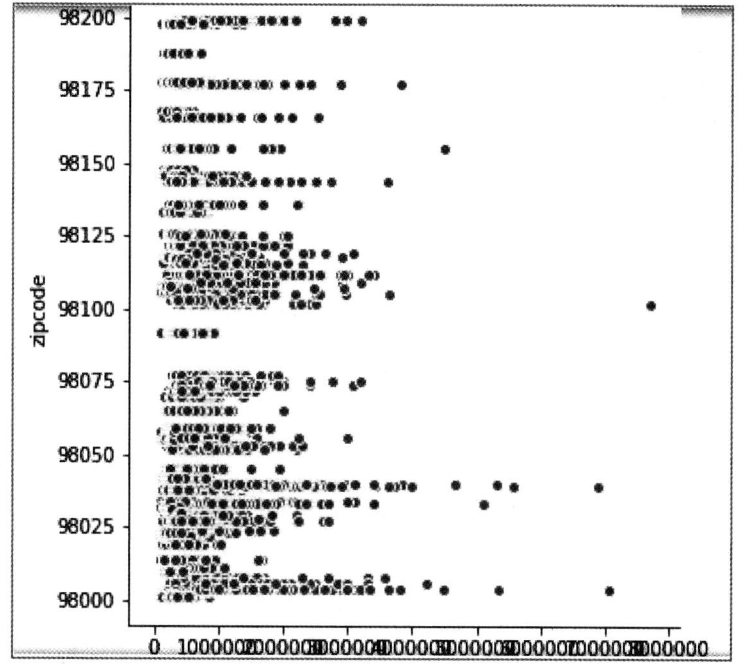
zipcode
98200
98175
98150
98125
98100
98075
98050
98025
98000

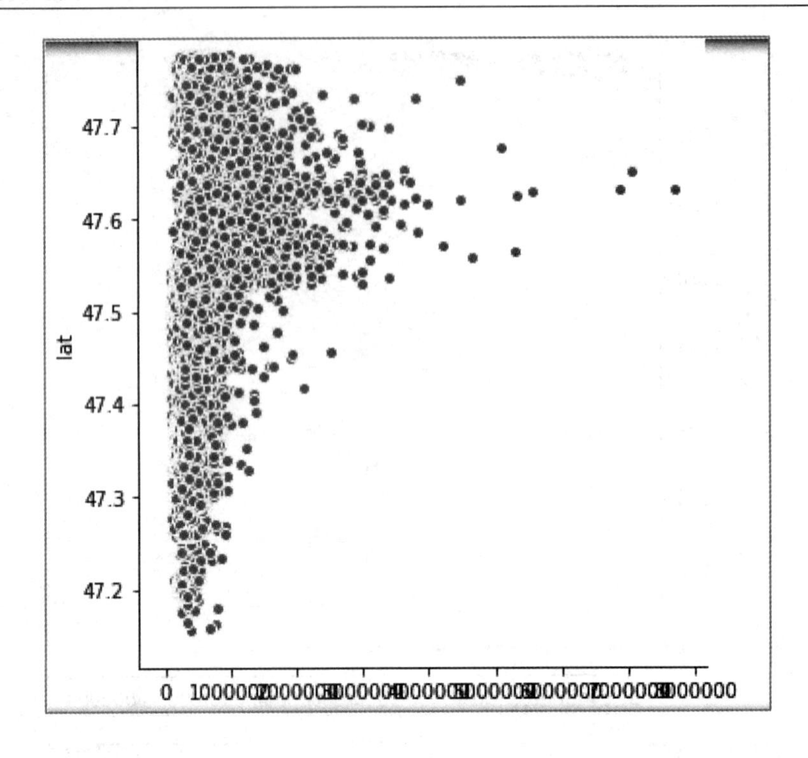
47.7
47.6
47.5
47.4
47.3
47.2
lat
0

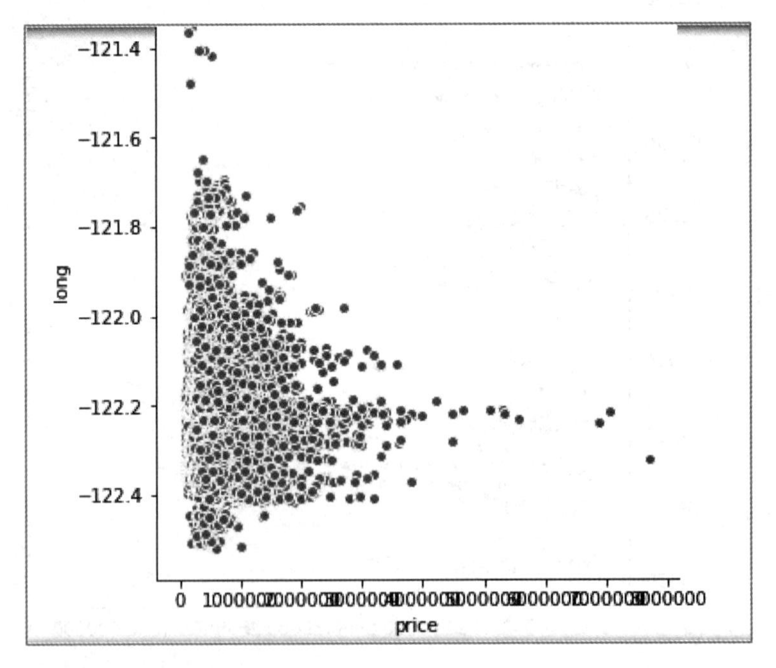
−121.4
−121.6
−121.8
−122.0
−122.2
−122.4
long
0
price

其他

以下链接很好地解释了皮尔森相关系数及其手工计算方法：

- 链接 116
- 链接 117

预测房价

本节将使用当前数据帧中的所有属性来构建一个用于预测房价的简单线性模型。然后，我们将在本节的后半部分对模型进行评估，并尝试使用更复杂的模型来提高准确度。

准备

访问以下链接，以了解线性回归如何工作，以及如何在 Scikit Learn 库中使用线性回归模型：

- 链接 118
- 链接 119
- 链接 120
- 链接 121
- 链接 122

实现

1. 从 `x_df` 数据帧中删除 `Price` 列，并使用以下脚本将其保存到名为 `x_df2` 的新数据帧中：

```
x_df2 = x_df.drop(['price'], axis = 1)
```

2. 声明一个名为 `reg` 的变量，并使用以下脚本将其等同于 Scikit Learn 库中的 `LinearRegression()` 函数：

```
reg=linear_model.LinearRegression()
```

3. 使用以下脚本将数据集拆分为测试和训练两部分：

```
x_train,x_test,y_train,y_test =
train_test_split(x_df2,y_df,test_size=0.4,random_state=4)
```

4. 使用以下脚本在训练集上拟合模型：

```
reg.fit(x_train,y_train)
```

5. 使用 reg.coef_ 命令打印将线性回归应用到训练集和测试集后生成的系数。
6. 使用以下脚本查看模型生成的预测列：

```
predictions=reg.predict(x_test)
predictions
```

7. 使用以下命令打印模型的准确度：

```
reg.score(x_test,y_test)
```

说明

1. 将回归模型拟合到训练集后得到的输出如下图所示：

```
In [24]:  1 x_df2 = x_df.drop(['price'], axis = 1)

In [25]:  1 reg=linear_model.LinearRegression()

In [26]:  1 x_train,x_test,y_train,y_test = train_test_split(x_df2,y_df,test_size=0.4,random_state=4)

In [27]:  1 reg.fit(x_train,y_train)
Out[27]: LinearRegression(copy_X=True, fit_intercept=True, n_jobs=1, normalize=False)
```

2. reg.coef_ 命令生成 18 个系数，每一个系数都对应数据集中的一个变量，如下图所示：

```
In [28]:  1 reg.coef_

Out[28]: array([[ -3.51758560e+04,   4.15668761e+04,   1.09783333e+02,
                   1.29887801e-01,   5.45361908e+03,   5.82967182e+05,
                   5.25440940e+04,   2.73530896e+04,   9.41210868e+04,
                   7.32738904e+01,   3.65094422e+01,  -2.57413912e+03,
                   2.41934076e+01,  -5.41779815e+02,   6.05771594e+05,
                  -2.15365692e+05,   1.99717345e+01,  -3.58271235e-01]])
```

3. 与具有负值的特征/变量的系数相比，具有最大正值的特征/变量的系数对价格预测具有更高的重要性。这是回归系数的一个最重要特征。
4. 在打印预测值时，你必须看到一个输出，该输出是 1 ~ 21,612 的值数组，数据集中的每行值，如下图所示：

```
In [29]:  1 predictions=reg.predict(x_test)
          2 predictions

Out[29]: array([[ 383196.16164229],
                [ 625423.865746   ],
                [ 217225.69818279],
                ...,
                [ 315480.46820472],
                [ 551087.68524263],
                [ 453070.91474855]])
```

5. 最后，在打印模型的准确度时，我们获得了 70.37%的准确度，这对于线性模型来说也不错，如下图所示：

```
In [30]:  1 reg.score(x_test,y_test)

Out[30]: 0.70372837536686927
```

扩展

线性模型在第一次尝试时表现良好，但如果想让模型更准确，我们将不得不使用一些非线性的、更复杂的模型，以便很好地拟合所有数据点。XGBoost 是我们在本节中使用的模型，它用于尝试提高通过线性回归得到的准确度。这是通过以下方式完成的。

1. 使用 `import xgboost` 命令导入 `XGBoost` 库。
2. 如果出现错误，你必须通过终端对库进行 pip 安装。这可以通过打开一个新的终端窗口并发出以下命令来实现，参见链接 123。
3. 在此阶段，你会看到类似下图显示的输出：

```
Chanti — sudo ◂ ruby -e #!/System/Library/Frameworks/Ruby.framework/Versions...
Last login: Wed Jun  6 20:13:34 on ttys002
[Amriths-MacBook-Air:~ Chanti$ /usr/bin/ruby -e "$(curl -fsSL https://raw.githubu
sercontent.com/Homebrew/install/master/install)"
==> This script will install:
/usr/local/bin/brew
/usr/local/share/doc/homebrew
/usr/local/share/man/man1/brew.1
/usr/local/share/zsh/site-functions/_brew
/usr/local/etc/bash_completion.d/brew
/usr/local/Homebrew

Press RETURN to continue or any other key to abort
==> /usr/bin/sudo /bin/mkdir -p /Library/Caches/Homebrew
Password:
```

4. 在此阶段，系统将提示你输入密码。安装 homebrew 后，你将看到如下图所示的输出：

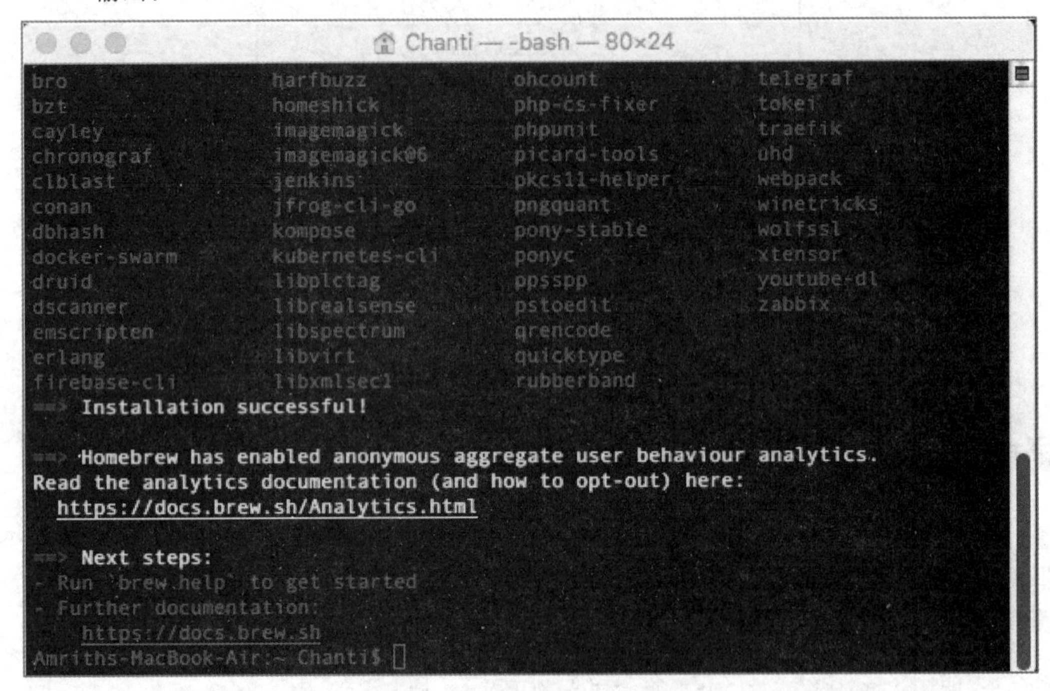

5. 接下来，使用以下命令安装 Python：

```
brew install python
```

6. 使用 brew doctor 命令检查你的安装，并按照自制建议进行操作。
7. 安装 Homebrew 后，使用以下命令执行 XGBoost 的 pip 安装：

```
pip install xgboost
```

8. 完成安装后，你就能够将 XGBoost 导入 IPython 环境中了。
   将 XGBoost 成功导入 Jupyter 环境后，你能够使用库中的函数来声明和存储模型。这可以通过以下步骤完成。
9. 声明一个名为 new_model 的变量来存储模型，并使用以下命令声明其所有超参数：

```
new_model = xgboost.XGBRegressor(n_estimators=750,
learning_rate=0.09, gamma=0, subsample=0.65,
colsample_bytree=1, max_depth=7)
```

10. 上述命令的输出类似下图所示：

```
In [31]:  1 import xgboost

In [32]:  1 new_model = xgboost.XGBRegressor(n_estimators=750, learning_rate=0.09, gamma=0, subsample=0.65,
          2                                 colsample_bytree=1, max_depth=7)
```

11. 将数据拆分为测试集和训练集，并使用以下命令使新模型与拆分数据相匹配：

```
from sklearn.model_selection import train_test_split
traindf, testdf = train_test_split(x_train, test_size = 0.2)
new_model.fit(x_train,y_train)
```

12. 此时，你将看到如下图所示的输出：

```
In [33]:  1 from sklearn.model_selection import train_test_split

In [34]:  1 traindf, testdf = train_test_split(x_train, test_size = 0.2)
          2 new_model.fit(x_train,y_train)

Out[34]: XGBRegressor(base_score=0.5, booster='gbtree', colsample_bylevel=1,
                colsample_bytree=1, gamma=0, learning_rate=0.09, max_delta_step=0,
                max_depth=7, min_child_weight=1, missing=None, n_estimators=750,
                n_jobs=1, nthread=None, objective='reg:linear', random_state=0,
                reg_alpha=0, reg_lambda=1, scale_pos_weight=1, seed=None,
                silent=True, subsample=0.65)
```

13. 最后，使用新安装的模型预测房价，并使用以下命令评估新模型：

```
from sklearn.metrics import explained_variance_score
predictions = new_model.predict(x_test)
print(explained_variance_score(predictions,y_test))
```

14. 在执行上述命令时，你可看到如下图所示的输出：

```
In [35]:  1 from sklearn.metrics import explained_variance_score
          2 predictions = new_model.predict(x_test)
          3 print(explained_variance_score(predictions,y_test))

          0.877998269295
```

15. 请注意，新模型的准确度现在为 87.79%，约为 88%。它应该是最佳的。

16. 此时计量的数量设置为 750。在 100 到 1000 之间，我们确定 750 个估算器给出了最佳准确度。学习速率设定为 0.09，子采样率设置为 65%，`Max_depth` 设置为 7。

`Max_depth` 似乎并不太会影响模型的准确度。然而，准确度确实表明使用较慢的学习速率有所帮助。通过试验各种超参数，我们能够将准确度进一步提高到 89%。

17. 接下来的步骤涉及一个独热编码变量，如卧室、浴室、地板、邮政编码等，并在模型拟合之前对所有变量进行规范化。尝试调整超参数，如学习速率、XGBoost 模型中的估算器数量、子采样率等，以了解它们如何影响模型准确度。这留给读者作为练习。
18. 此外，你可能希望尝试使用交叉验证和 XGBoost，以便找出模型中的二叉树的最佳数量，这将进一步提高准确度。
19. 可以完成的另一项练习是使用不同大小的测试和训练数据集，以及在训练期间合并日期变量。在我们的例子中，我们将其分为 80%的训练数据和 20%的测试数据。尝试将测试集增加到 40%并查看模型准确度的变化。

其他

访问以下链接，了解如何调整 XGBoost 模型中的超参数，以及如何使用 XGBoost 实现交叉验证：

- 链接 124
- 链接 125
- 链接 126

9

使用长短期记忆单元预测苹果公司股票市场价格

股市预测已持续多年，并催生了整个预测行业。人们对此多半并不感到意外，因为如果预测得当，它可以带来巨大的利润。了解买入或卖出股票的好时机是在华尔街占据上风的关键。本章将重点介绍如何使用 Keras 中的长短期记忆单元创建一个深度学习模型，来预测苹果公司的股票市场价格。

本章将介绍以下内容：

- 下载苹果公司的股票市场数据
- 探索和可视化苹果公司的股票市场数据
- 准备用于提升模型性能的股票数据
- 构建长短期记忆单元模型
- 评估长短期记忆单元模型

下载苹果公司的股票市场数据

有很多地方可以下载苹果公司的股票市场数据。我们在此使用雅虎财经网站。

准备

本节要求初始化将用于本章所有示例的 Spark 集群。可以使用 `sparknotebook` 在终端中初始化 Spark Notebook，如下图所示：

```
asherif844@ubuntu: ~
asherif844@ubuntu:~$ sparknotebook
[I 00:13:16.000 NotebookApp] Writing notebook server cookie secret to /run/user/
1000/jupyter/notebook_cookie_secret
[I 00:13:17.400 NotebookApp] Serving notebooks from local directory: /home/asher
if844
```

可以使用以下脚本在 Jupyter Notebook 中初始化 `SparkSession`：

```
spark = SparkSession.builder \
    .master("local") \
    .appName("StockMarket") \
    .config("spark.executor.memory", "6gb") \
    .getOrCreate()
```

实现

以下部分介绍下载苹果公司历史股票市场数据的步骤。

1. 访问以下网站，跟踪苹果公司的每日历史调整后股票收盘价格。苹果公司的股票代码为 AAPL：

   链接127

2. 设置以下参数并应用于 **Historical Data** 选项卡：

   - **Time Period: Jan 01, 2000 - Apr 30, 2018**
   - **Show: Historical Prices**
   - **Frequency: Daily**

3. 单击 **Download Data** 链接，将具有指定参数的数据集下载到 `.csv` 文件中，如下图所示：

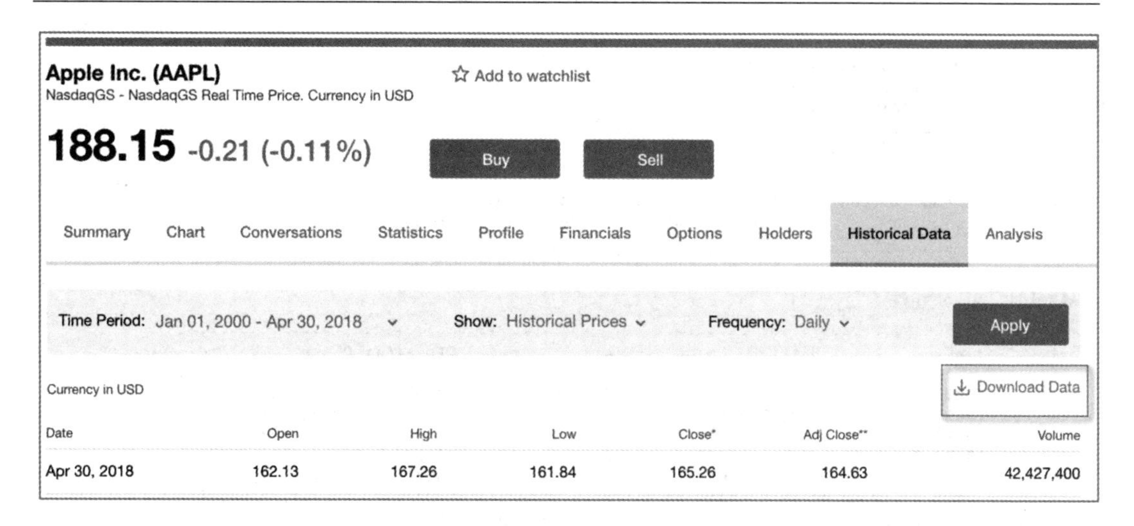

4. 下载 `AAPL.csv` 文件，然后使用以下脚本将相同的数据集上传到 Spark 数据帧：

```
df =spark.read.format('com.databricks.spark.csv')\
   .options(header='true', inferschema='true')\
   .load('AAPL.csv')
```

说明

以下部分将介绍如何将股票市场数据集成到 Jupyter Notebook 中。

1. 雅虎财经是公开交易公司股票市场价格的重要来源。苹果公司的股票在纳斯达克上市。我们可以捕获历史价格以进行模型开发和分析。雅虎财经提供了获取每日、每周或每月股票价格的选项。
2. 本章的目的是以天为单位预测股票价格，通过将大量数据输入训练模型来实现。我们可以通过跟踪数据回溯到 2000 年 1 月 1 日，向后可一直到 2018 年 4 月 30 日。
3. 为下载设置好参数后，我们将从雅虎财经收到格式良好的、以逗号分隔值的文件（CSV 文件）。我们几乎可以准确无误地将其轻松转换为 Spark 数据帧。
4. 数据帧允许我们查看按日期分类的股票的**日期**、**开盘价**、**最高价**、**最低价**、**收盘价**、**已调整收盘价**和**成交量**等信息。数据帧中的列跟踪开盘价和收盘价，以及当天交易的最高价和最低价。白天交易的股票数量也会被捕获。Spark 数据帧 `df` 的输出可以通过执行 `df.show()` 来显示，如下图所示：

```
In [1]: spark = SparkSession.builder \
            .master("local") \
            .appName("StockMarket") \
            .config("spark.executor.memory", "6gb") \
            .getOrCreate()

In [2]: df =spark.read.format('com.databricks.spark.csv')\
                        .options(header='true', inferschema='true')\
                        .load('AAPL.csv')

In [3]: df.show()

        +-------------------+--------+--------+--------+--------+---------+---------+
        |               Date|    Open|    High|     Low|   Close|Adj Close|   Volume|
        +-------------------+--------+--------+--------+--------+---------+---------+
        |2000-01-03 00:00:00|3.745536|4.017857|3.631696|3.997768|  2.69592|133949200|
        |2000-01-04 00:00:00|3.866071|3.950893|3.613839|3.660714| 2.468626|128094400|
        |2000-01-05 00:00:00|3.705357|3.948661|3.678571|3.714286| 2.504751|194580400|
        |2000-01-06 00:00:00|3.790179|3.821429|3.392857|3.392857| 2.287994|191993200|
        |2000-01-07 00:00:00|3.446429|3.607143|3.410714|3.553571| 2.396373|115183600|
        |2000-01-10 00:00:00|3.642857|3.651786|3.383929|3.491071| 2.354226|126266000|
        |2000-01-11 00:00:00|3.426339|3.549107|3.232143|  3.3125| 2.233805|110387200|
        |2000-01-12 00:00:00|3.392857|3.410714|3.089286|3.113839| 2.099837|244017200|
        |2000-01-13 00:00:00|3.374439|3.526786|3.303571|3.455357| 2.330141|258171200|
        |2000-01-14 00:00:00|3.571429|3.651786|3.549107|3.587054| 2.418951| 97594000|
        |2000-01-18 00:00:00|3.607143|3.785714|3.587054|3.712054| 2.503246|114794400|
        |2000-01-19 00:00:00|3.772321|3.883929|3.691964|3.805804| 2.566468|149410800|
        |2000-01-20 00:00:00|   4.125|4.339286|4.053571|4.053571| 2.733551|457783200|
        |2000-01-21 00:00:00|4.080357|4.080357|3.935268|3.975446| 2.680867|123981200|
        |2000-01-24 00:00:00|3.872768|4.026786|3.754464|3.794643| 2.558941|110219200|
        |2000-01-25 00:00:00|    3.75|4.040179| 3.65625|4.008929| 2.703446|124286400|
        |2000-01-26 00:00:00|3.928571|4.078125|3.919643|3.935268| 2.653772| 91789600|
        |2000-01-27 00:00:00|3.886161|4.035714|3.821429|3.928571| 2.649256| 85036000|
        |2000-01-28 00:00:00|3.863839|3.959821| 3.59375|3.629464| 2.447552|105837200|
        |2000-01-31 00:00:00|3.607143|3.709821|   3.375|3.705357| 2.498731|175420000|
        +-------------------+--------+--------+--------+--------+---------+---------+
        only showing top 20 rows
```

扩展

Python 有股票市场 API，它们能自动连接并获得公开上市公司（如苹果）的股票市场价格。你需要输入参数并检索可存储在数据帧中的数据。然而，截至 2018 年 4 月，雅虎财经 API 已不再运行，因此它不是本章获取数据的可靠解决方案。

其他

pandas_datareader 是一个非常强大的库，用于从雅虎财经（*Yahoo! Finance*）等网站获取数据。要了解更多关于库的信息，以及如何将它连接到雅虎财经，请访问以下网站：

链接128

探索和可视化苹果公司的股票市场数据

在对数据执行任何建模和预测之前，探索和可视化任何隐藏的精华数据是非常重要的。

准备

我们将在本节对数据帧执行转换和可视化。这需要在 Python 中导入以下库：

- `pyspark.sql.functions`
- `matplotlib`

实现

以下部分将介绍探索和可视化股票市场数据的步骤。

1. 通过使用以下脚本删除时间戳来转换数据帧中的 `Date` 列：

```
import pyspark.sql.functions as f
df = df.withColumn('date', f.to_date('Date'))
```

2. 创建一个 for 循环，向数据帧添加三个附加列。循环将 `date` 字段分为年、月、日（`year`、`month`、`day`），如以下脚本所示：

```
date_breakdown = ['year', 'month', 'day']
for i in enumerate(date_breakdown):
    index = i[0]
    name = i[1]
    df = df.withColumn(name, f.split('date', '-')[index])
```

3. 使用以下脚本将 Spark 数据帧的子集保存到名为 `df_plot` 的 `pandas` 数据帧：

```
df_plot = df.select('year', 'Adj Close').toPandas()
```

4. 使用以下脚本绘制并可视化 Notebook 内部的 `pandas` 数据帧 `df_plot`：

```
from matplotlib import pyplot as plt
%matplotlib inline

df_plot.set_index('year', inplace=True)
df_plot.plot(figsize=(16, 6), grid=True)
plt.title('Apple stock')
```

```
plt.ylabel('Stock Quote ($)')
plt.show()
```

5. 使用以下脚本计算 Spark 数据帧的行数和列数：

```
df.toPandas().shape
```

6. 执行以下脚本以确定数据帧中的空值：

```
df.dropna().count()
```

7. 执行以下脚本得到开盘价、最高价、最低价、收盘价和已调整收盘价的统计数据：

```
df.select('Open', 'High', 'Low', 'Close', 'AdjClose').describe().show()
```

说明

以下部分将介绍使用的技术和从探索性数据分析中获得的见解。

1. 数据帧中的**日期**列更像是日期-时间列，时间值全部以 **00:00:00** 结束。这对于我们在建模期间需要的内容是不必要的，因此可以从数据集中删除。幸运的是，PySpark 有一个`to_date`函数，它可以很容易地做到这一点。数据帧`df`使用`withColumn()`函数进行转换，现在只显示没有时间戳的日期列，如下图所示：

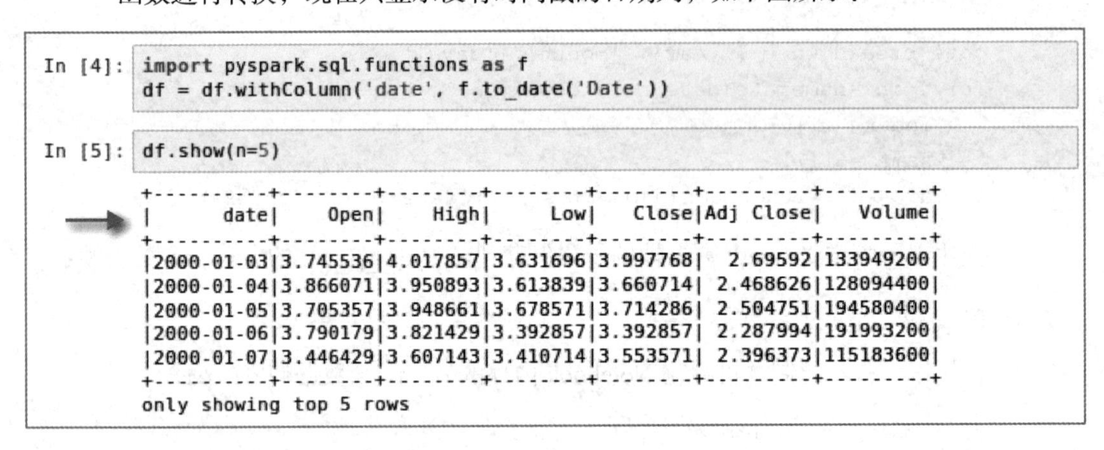

2. 为了方便分析，我们希望从 `date` 列中提取年、月、日。可以枚举自定义列表`date_breakdown`，将日期用“-”拆分，然后使用`withColumn()`函数添加**年、月、日（year、month、day）**新列。我们可以在下图中看到带有新添加列的更新数据帧：

```
In [6]: date_breakdown = ['year', 'month', 'day']
        for i in enumerate(date_breakdown):
            index = i[0]
            name = i[1]
            df = df.withColumn(name, f.split('date', '-')[index])

In [7]: df.show(n=10)

        +----------+--------+--------+--------+--------+---------+---------+----+-----+---+
        |      date|    Open|    High|     Low|   Close|Adj Close|   Volume|year|month|day|
        +----------+--------+--------+--------+--------+---------+---------+----+-----+---+
        |2000-01-03|3.745536|4.017857|3.631696|3.997768|  2.69592|133949200|2000|   01| 03|
        |2000-01-04|3.866071|3.950893|3.613839|3.660714| 2.468626|128094400|2000|   01| 04|
        |2000-01-05|3.705357|3.948661|3.678571|3.714286| 2.504751|194580400|2000|   01| 05|
        |2000-01-06|3.790179|3.821429|3.392857|3.392857| 2.287994|191993200|2000|   01| 06|
        |2000-01-07|3.446429|3.607143|3.410714|3.553571| 2.396373|115183600|2000|   01| 07|
        |2000-01-10|3.642857|3.651786|3.383929|3.491071| 2.354226|126266000|2000|   01| 10|
        |2000-01-11|3.426339|3.549107|3.232143|  3.3125| 2.233805|110387200|2000|   01| 11|
        |2000-01-12|3.392857|3.410714|3.089286|3.113839| 2.099837|244017200|2000|   01| 12|
        |2000-01-13|3.374439|3.526786|3.303571|3.455357| 2.330141|258171200|2000|   01| 13|
        |2000-01-14|3.571429|3.651786|3.549107|3.587054| 2.418951| 97594000|2000|   01| 14|
        +----------+--------+--------+--------+--------+---------+---------+----+-----+---+
        only showing top 10 rows
```

需要注意的是，PySpark 还有一个关于日期的 SQL 函数，它可以从日期时间戳中提取年月日。例如，如果我们要在数据帧中添加月份列，则可使用以下脚本：

```
df.withColumn("month",f.month("date")).show()
```

介绍这个函数是为了说明有多种方法可以在 Spark 中转换数据。

3. 与 pandas 数据帧相比，Spark 数据帧在可视化功能方面更受限制。因此，我们将从 Spark 数据帧 df 中对两列进行子集化，并将它们转换为 pandas 数据帧以绘制线条或时间序列图表。y 轴显示的是股票的已调整收盘价，x 轴显示的是日期中的年份。
4. 一旦设置了一些格式化功能，我们就可以使用 matplotlib 绘制 pandas 数据帧 df_plot。例如，网格可见性、绘制的图形大小，以及标题和轴的标签。此外，我们明确声明数据帧的索引需要指向年份列。否则，x 轴将显示默认索引而不是年份。最终的时间序列图如下图所示：

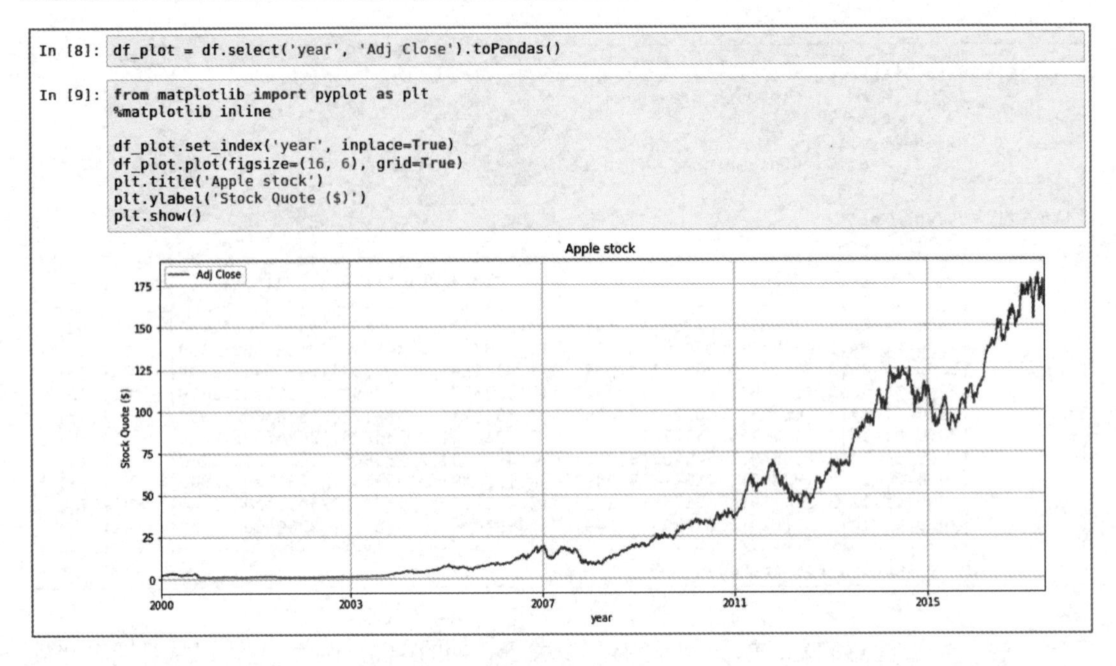

5. 苹果公司的股票价格在过去 18 年中有明显增长。虽然有几年出现了一些下滑，但整体趋势一直稳步上升，最近几年的股票价格徘徊在 150 美元至 175 美元之间。
6. 到目前为止，我们已对数据帧进行了一些更改，因此获取行和列的盘点量非常重要，因为这将影响数据集在本章后面为了测试和训练进行分解的方式。从下图中可以看出，我们总共有 10 列和 4610 行数据：

```
In [10]: df.toPandas().shape
Out[10]: (4610, 10)
```

7. 执行 `df.dropna().count()`时，可以看到行计数仍然是 4610，这与上一步的行计数相同，表明没有任何行具有空值。
8. 最后，我们可以很好地读取将在模型中使用的每列的行数、平均值、标准偏差、最小值和最大值。这有助于确定数据中是否存在异常。需要注意的一件事情是，如果在模型中使用的 5 个字段的每一个都具有高于平均值的标准偏差，则表明数据更加分散而不是围绕均值聚集。**开盘价**、**最高价**、**最低价**、**收盘价**和**已调整收盘价**的统计信息可以在下图中看到：

```
In [10]: df.toPandas().shape
Out[10]: (4610, 10)

In [11]: df.dropna().count()
Out[11]: 4610

In [12]: df.select('Open', 'High', 'Low', 'Close', 'Adj Close').describe().show()

+-------+-----------------+-----------------+-----------------+-----------------+-----------------+
|summary|             Open|             High|              Low|            Close|        Adj Close|
+-------+-----------------+-----------------+-----------------+-----------------+-----------------+
|  count|             4610|             4610|             4610|             4610|             4610|
|   mean|46.31963852299358 6|46.75264737505422| 45.853888678091| 46.31249455574832|39.94770416811271|
| stddev| 49.20256362250941| 49.5813980430415|48.81455218501357|49.203718795182205|47.79307553718152|
|    min|         0.927857|         0.942143|         0.908571|         0.937143|         0.631968|
|    max|       182.589996|            183.5|       180.210007|       181.720001|       181.021957|
+-------+-----------------+-----------------+-----------------+-----------------+-----------------+
```

扩展

虽然 Spark 中的数据帧没有 `pandas` 数据帧相同的原生可视化功能，但有些公司提供了 Spark 管理的企业级解决方案，它允许通过 Notebook 实现高级可视化功能，而无须使用 `matplotlib` 等库。Databricks 是一家提供此功能的公司。

以下是使用 Databricks Notebook 中提供的内置功能进行可视化的示例：

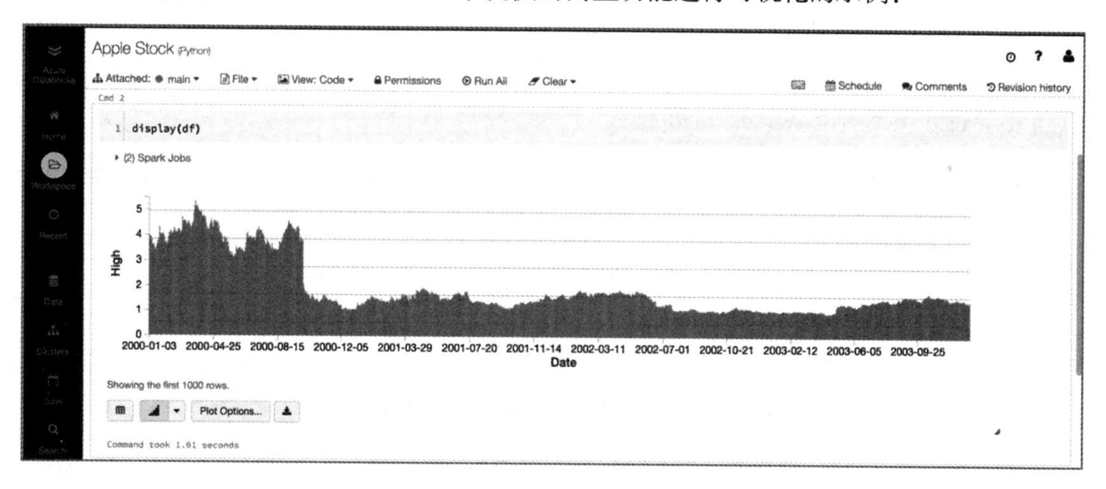

其他

要了解有关 Databricks 的更多信息，请访问以下网站：

链接129

要了解有关 Databricks Notebook 中可视化的更多信息，请访问以下网站：

链接130

要了解有关通过 Microsoft Azure 订阅访问 Databricks 的更多信息，请访问以下网站：

链接131

准备用于提升模型性能的股票市场数据

我们已经准备好一个构建预测苹果股票价值的算法。现在，我们需要做的是充分准备数据以确保获得最佳的预测结果。

准备

我们将在本节对数据帧执行转换和可视化。需要在 Python 中导入以下库：

- `numpy`
- `MinMaxScaler()`

实现

本节将介绍准备股票市场数据的步骤。

1. 执行以下脚本以根据已调整收盘价 `Adj Close` 计数对年份（`year`）列分组：

```
df.groupBy(['year']).agg({'Adj Close':'count'})\
     .withColumnRenamed('count(Adj Close)', 'Row Count')\
     .orderBy(["year"],ascending=False)\
     .show()
```

2. 执行以下脚本以创建用于训练和测试的两个新数据帧：

```
trainDF = df[df.year < 2017]
testDF = df[df.year > 2016]
```

3. 使用以下脚本将两个新数据帧转换为 `pandas` 数据帧，以使用 `toPandas()`获取行和列计数：

```
trainDF.toPandas().shape
testDF.toPandas().shape
```

4. 和之前的 `df` 一样，我们使用以下脚本可视化 `trainDF` 和 `testDF`：

```
trainDF_plot = trainDF.select('year', 'Adj Close').toPandas()
trainDF_plot.set_index('year', inplace=True)
trainDF_plot.plot(figsize=(16, 6), grid=True)
plt.title('Apple Stock 2000-2016')
plt.ylabel('Stock Quote ($)')
plt.show()

testDF_plot = testDF.select('year', 'Adj Close').toPandas()
testDF_plot.set_index('year', inplace=True)
testDF_plot.plot(figsize=(16, 6), grid=True)
plt.title('Apple Stock 2017-2018')
plt.ylabel('Stock Quote ($)')
plt.show()
```

5. 我们使用以下脚本创建两个新数组 `trainArray` 和 `testArray`，数组基于除日期列外的数据帧：

```
import numpy as np
trainArray = np.array(trainDF.select('Open', 'High', 'Low',
'Close','Volume', 'Adj Close' ).collect())
testArray = np.array(testDF.select('Open', 'High', 'Low',
'Close','Volume', 'Adj Close' ).collect())
```

6. 为了在 0 和 1 之间扩展数组，因此从 `sklearn` 导入 `MinMaxScaler` 并使用以下脚本创建名为 `MinMaxScale` 的函数：

```
from sklearn.preprocessing import MinMaxScaler
minMaxScale = MinMaxScaler()
```

7. 将 `MinMaxScaler` 应用于 `trainArray`，并用 `MinMaxScaler` 创建两个按比例缩放的新数组，使用以下脚本实现：

```
minMaxScale.fit(trainArray)

testingArray = minMaxScale.transform(testArray)
trainingArray = minMaxScale.transform(trainArray)
```

8. 使用以下脚本将 `testingArray` 和 `trainingArray` 拆分为属性 `x` 和标签 `y`：

```
xtrain = trainingArray[:, 0:-1]
xtest = testingArray[:, 0:-1]
ytrain = trainingArray[:, -1:]
ytest = testingArray[:, -1:]
```

9. 执行以下脚本以检索所有 4 个数组形状的最终清单：

```
print('xtrain shape = {}'.format(xtrain.shape))
print('xtest shape = {}'.format(xtest.shape))
print('ytrain shape = {}'.format(ytrain.shape))
print('ytest shape = {}'.format(ytest.shape))
```

10. 执行以下脚本以绘制开盘价、最高价、最低价、收盘价的训练数组：

```
plt.figure(figsize=(16,6))
plt.plot(xtrain[:,0],color='red', label='open')
plt.plot(xtrain[:,1],color='blue', label='high')
plt.plot(xtrain[:,2],color='green', label='low')
plt.plot(xtrain[:,3],color='purple', label='close')
plt.legend(loc = 'upper left')
plt.title('Open, High, Low, and Close by Day')
plt.xlabel('Days')
plt.ylabel('Scaled Quotes')
plt.show()
```

11. 另外，我们使用以下脚本绘制股票成交量的训练数组：

```
plt.figure(figsize=(16,6))
plt.plot(xtrain[:,4],color='black', label='volume')
plt.legend(loc = 'upper right')
plt.title('Volume by Day')
plt.xlabel('Days')
plt.ylabel('Scaled Volume')
plt.show()
```

说明

本节将介绍模型中使用的数据所需的转换。

1. 构建模型的第一步是将数据拆分为用于模型评估的训练数据集和测试数据集。我们的目标是使用 2000 年至 2016 年的所有股票价格来预测 2017—2018 年的股票价格变化趋势。从之前的部分了解到，总共有 4610 天的股票价格，但我们并不确切地知道每年股价下跌多少。可以使用数据帧中的 `groupBy()` 函数来获得每年唯一的股票价格计数，如下图所示：

```
In [13]: df.groupBy(['year']).agg({'Adj Close':'count'})\
                      .withColumnRenamed('count(Adj Close)', 'Row Count')\
                      .orderBy(["year"],ascending=False)\
                      .show()

         +----+---------+
         |year|Row Count|
         +----+---------+
         |2018|       82|
         |2017|      251|
         |2016|      252|
         |2015|      252|
         |2014|      252|
         |2013|      252|
         |2012|      250|
         |2011|      252|
         |2010|      252|
         |2009|      252|
         |2008|      253|
         |2007|      251|
         |2006|      251|
         |2005|      252|
         |2004|      252|
         |2003|      252|
         |2002|      252|
         |2001|      248|
         |2000|      252|
         +----+---------+
```

2. 2017 年和 2018 年的综合数据约占总数据的 7%，对于测试数据集来说有点少。但是，就当前模型而言，它应该足够了。其余约占总量 93%的 2000 年至 2016 年间的数据集将用于训练。因此，使用过滤器创建两个数据帧，以确定是包含还是排除 2016 年前后的行。
3. 我们现在可以看到测试数据集 `testDF` 包含 333 行，训练数据集 `trainDF` 包含 4277 行。当两者结合使用时，我们从原始数据帧 `df` 得到的总行数为 4610。最后，我们看到，`testDF` 仅包含 2017 年和 2018 年的数据。其中，2017 年的数据为 251 行，2018 年的数据为 82 行，总共 333 行，如下图所示：

```
In [14]: trainDF = df[df.year < 2017]
         testDF = df[df.year > 2016]

In [15]: trainDF.toPandas().shape

Out[15]: (4277, 10)

In [16]: testDF.toPandas().shape

Out[16]: (333, 10)
```

请注意，我们将 Spark 数据帧转换为 pandas 数据帧时，可能没有足够大的空间容纳大数据。虽然它可以用于我们的特定示例（因为我们使用的是相对较小的数据集），但转换为 pandas 数据帧意味着所有数据都会被加载到驱动程序的内存中。一旦发生此类转换，则数据将不会存储在 Spark 工作线程节点中，而是存储在主驱动程序节点中。这不是最佳的方案，可能会产生内存不足的错误。如果你需要从 Spark 转换为 pandas 数据帧来显示数据，则建议从 Spark 中提取随机样本或将 spark 数据聚合到更易于管理的数据集，然后在 pandas 中进行可视化。

4. 我们可以使用 toPandas() 函数转换数据子集，以利用 pandas 的内置图形功能。数据子集转换完成后，我们就可以使用 matplotlib 来可视化测试数据帧和训练数据帧。当 y 轴未被调整时，如果并排显示数据帧，则两个图形将十分相似。实际上，可以看到，trainDF_plot 慢慢接近 0，而 testDF_plot 慢慢接近 110，如下图所示：

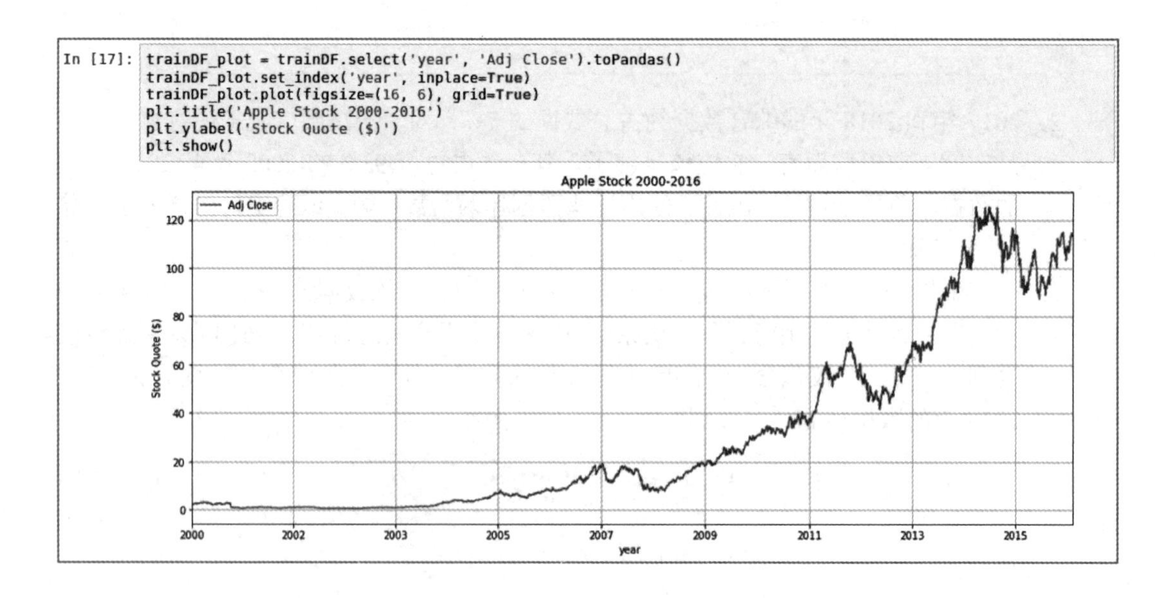

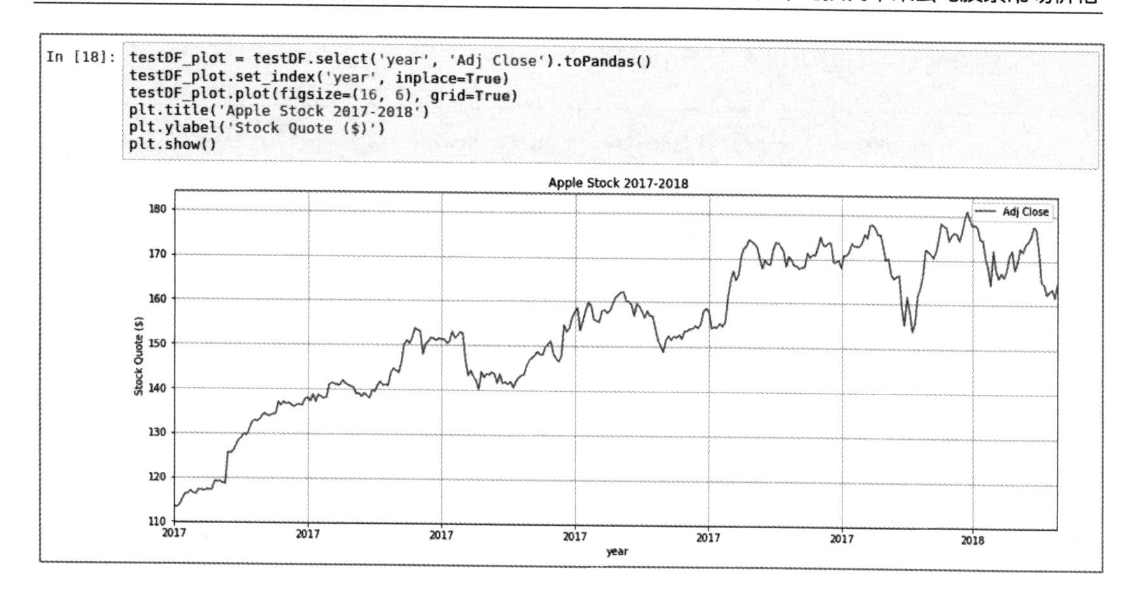

5. 事实上，我们的股票价格不适合用于深度学习建模，因为它没有正常化或标准化的基线。使用神经网络时，最好将值保持在 0 到 1 之间，以匹配用于激活的 sigmoid 函数或阶梯函数结果。为了达到这个目的，我们必须首先将 pyspark 数据帧 trainDF 和 testDF 转换为 numpy 数组，这些数组分别是 trainArray 和 testArray。由于它们是数组而不是数据帧，因此我们不会使用日期列，神经网络只对数值感兴趣。它们的第一个值可以在下图中看到：

```
In [19]: import numpy as np
         trainArray = np.array(trainDF.select('Open', 'High', 'Low', 'Close','Volume', 'Adj Close' ).collect())
         testArray = np.array(testDF.select('Open', 'High', 'Low', 'Close','Volume', 'Adj Close' ).collect())

In [20]: print(trainArray[0])
         print('-------------')
         print(testArray[0])

         [  3.74553600e+00   4.01785700e+00   3.63169600e+00   3.99776800e+00
            1.33949200e+08   2.69592000e+00]
         -------------
         [  1.15800003e+02   1.16330002e+02   1.14760002e+02   1.16150002e+02
            2.87819000e+07   1.13410263e+02]
```

6. 有许多方法可以将数组值缩放到 0 到 1 之间。它涉及使用以下公式：scaled array value=(array value-min array value)/(max array value-min array value)。幸运的是，我们不需要在数组上手动计算，可以利用 sklearn 中的 MinMaxScaler()函数来缩小这些数组。

7. MinMaxScaler()函数适合训练数组 trainArray。我们用它创建两个全新的数组 trainingArray 和 testingArray，将它们的数值缩放至 0 到 1 之间。每个数组的第一行都可以在下图中看到：

```
In [21]: from sklearn.preprocessing import MinMaxScaler
         minMaxScale = MinMaxScaler()

In [22]: minMaxScale.fit(trainArray)

Out[22]: MinMaxScaler(copy=True, feature_range=(0, 1))

In [23]: testingArray = minMaxScale.transform(testArray)
         trainingArray = minMaxScale.transform(trainArray)

In [24]: print(testingArray[0])
         print('--------------')
         print(trainingArray[0])

         [ 0.86025834  0.86369548  0.8724821   0.87240926  0.01026612  0.90325687]
         --------------
         [ 0.02110113  0.02302218  0.02086823  0.02317552  0.0672496   0.01653048]
```

8. 现在可以通过将数组切换为 x 和 y 来设置属性和标签变量，以用于测试和训练。数组中的前 5 个元素是属性或 x 值，最后一个要素是标签或 y 值。属性由**开盘价**、**最高价**、**最低价**、**收盘价**和**成交量**构成。标签由**已调整收盘价**构成。可以在下图中看到 `trainingArray` 的第一行数值：

```
In [25]: xtrain = trainingArray[:, 0:-1]
         xtest = testingArray[:, 0:-1]
         ytrain = trainingArray[:, -1:]
         ytest = testingArray[:, -1:]

In [26]: trainingArray[0]

Out[26]: array([ 0.02110113,  0.02302218,  0.02086823,  0.02317552,  0.0672496 ,
                 0.01653048])

In [27]: xtrain[0]

Out[27]: array([ 0.02110113,  0.02302218,  0.02086823,  0.02317552,  0.0672496 ])

In [28]: ytrain[0]

Out[28]: array([ 0.01653048])
```

9. 最后确认模型的 4 个数组的状况，这可用于确认我们有 **4227** 矩阵行的训练数据，**333** 矩阵行的测试数据，**5** 个属性元素（x）和 **1** 个标签元素（y），如下图所示：

```
In [29]: print('xtrain shape = {}'.format(xtrain.shape))
         print('xtest shape = {}'.format(xtest.shape))
         print('ytrain shape = {}'.format(ytrain.shape))
         print('ytest shape = {}'.format(ytest.shape))

         xtrain shape = (4277, 5)
         xtest shape = (333, 5)
         ytrain shape = (4277, 1)
         ytest shape = (333, 1)
```

10. 可以根据新调整的 0 到 1 之间的价格来绘制训练数组（`xtrain`）的**开盘价、最低价、最高价**和**收盘价**，如下图所示：

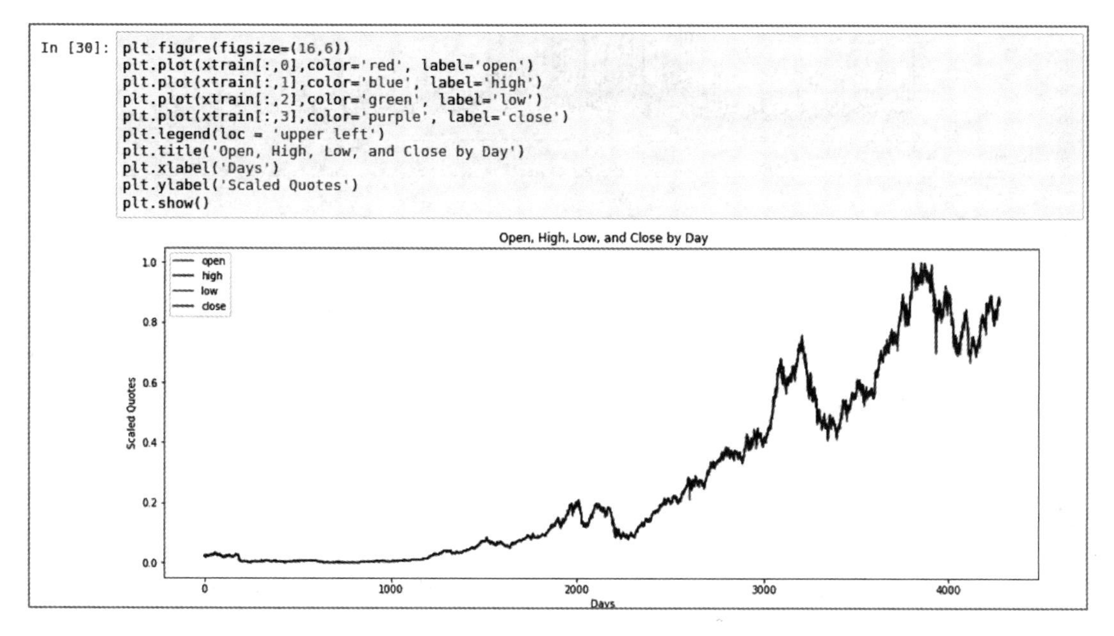

```
In [30]: plt.figure(figsize=(16,6))
         plt.plot(xtrain[:,0],color='red', label='open')
         plt.plot(xtrain[:,1],color='blue', label='high')
         plt.plot(xtrain[:,2],color='green', label='low')
         plt.plot(xtrain[:,3],color='purple', label='close')
         plt.legend(loc = 'upper left')
         plt.title('Open, High, Low, and Close by Day')
         plt.xlabel('Days')
         plt.ylabel('Scaled Quotes')
         plt.show()
```


11. 此外，还可以使用 0 到 1 之间的缩放成交量计数来绘制成交量，如下图所示：

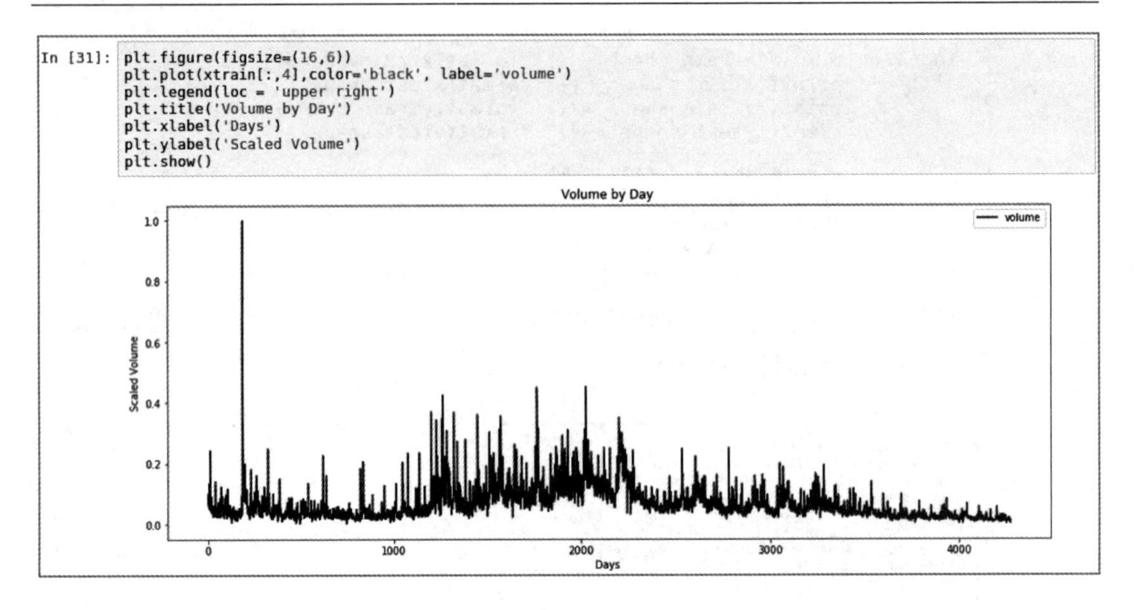

扩展

我们在此使用了 `sklearn` 中的 `MinMaxScaler()` 函数。需要注意的是，我们还可以通过 `pyspark.ml.feature` 直接使用 `MinMaxScaler()` 函数。与前者完全相同，它也将每个属性的值重新调整至 0 到 1 之间。我们在本章中通过 PySpark 使用机器学习库来进行预测，将使用 `pyspark.ml.feature` 的 `MinMaxScaler()` 函数。

其他

要了解有关 `sklearn` 中 `MinMaxScaler()` 函数的更多信息，请访问以下网站：

链接132

要了解有关 `pyspark` 中 `MinMaxScaler` 的更多信息，请访问以下网站：

链接133

构建长短期记忆单元模型

当前的数据格式与 Keras 中用于长短期记忆单元开发的模型兼容。因此，我们将在本节创建并配置深度学习模型，以预测 2017 年和 2018 年的苹果公司股票价格。

准备

我们将在本节中执行模型管理和模型的超参数调整。这需要在 Python 中导入以下库：

```
from keras import models
from keras import layers
```

实现

本节将介绍设置和调整长短期记忆单元模型的步骤。

1. 使用以下脚本从 Keras 导入以下库：

```
from keras import models, layers
```

2. 使用以下脚本构建 `Sequential` 模型：

```
model = models.Sequential()
model.add(layers.LSTM(1, input_shape=(1,5)))
model.add(layers.Dense(1))
model.compile(loss='mean_squared_error', optimizer='adam')
```

3. 使用以下脚本将测试数据集和训练数据集转换为三维数组：

```
xtrain = xtrain.reshape((xtrain.shape[0], 1, xtrain.shape[1]))
xtest = xtest.reshape((xtest.shape[0], 1, xtest.shape[1]))
```

4. 使用名为 `loss` 的变量和以下脚本进行拟合：

```
loss = model.fit(xtrain, ytrain, batch_size=10, epochs=100)
```

5. 使用以下脚本创建一个名为 `predicted` 的新数组：

```
predicted = model.predict(xtest)
```

6. 使用以下脚本将 `predicted` 和 `ytest` 数组合并到一个统一数组 `combined_array` 中：

```
combined_array = np.concatenate((ytest, predicted), axis = 1)
```

说明

本节将介绍如何配置用于训练数据集的长短期记忆单元的神经网络模型。

1. 用于构建长短期记忆单元模型的 Keras 的大多数功能都来自模型和层。
2. 已构建的长短期记忆单元模型将使用 `Sequential` 类定义，该类适用于与序列相关的时间序列。长短期记忆单元模型拥有参数 `input_shape=(1,5)`，即 1 个因变量和 5 个自变量。由于我们希望保持模型简单，因此只用一个 `Dense` 图层来定义神经网络。在 Keras 中编译模型时需要使用一个损失函数，并且因为我们要在循环神经网络中执行它，所以 `mean_squared_error` 计算最适合用于确定预测值与实际值的接近程度。最后，在编译模型以调整神经网络中的权重时，我们还定义了优化器。`adam` 已经取得了良好的效果，特别是在与循环神经网络一起使用时。
3. 当前的数组 `xtrain` 和 `xtest` 是二维数组。然而，要想将它们合并到长短期记忆单元模型中，则需要使用 `reshape()`将它们转换为三维数组，如下图所示：

```
In [32]: from keras import models, layers

         Using TensorFlow backend.

In [33]: model = models.Sequential()
         model.add(layers.LSTM(1, input_shape=(1,5)))
         model.add(layers.Dense(1))
         model.compile(loss='mean_squared_error', optimizer='adam')

In [34]: xtrain = xtrain.reshape((xtrain.shape[0], 1, xtrain.shape[1]))
         xtest  = xtest.reshape((xtest.shape[0], 1, xtest.shape[1]))

In [35]: print('The shape of xtrain is {}: '.format(xtrain.shape))
         print('The shape of xtest is {}: '.format(xtest.shape))

         The shape of xtrain is (4277, 1, 5):
         The shape of xtest is (333, 1, 5):
```

4. 长短期记忆单元模型适用于 `xtrain` 和 `ytrain`，批量大小设置为 10，包含 100 次迭代。批量大小是根据一起训练的对象数量来设置的。在设置批量大小方面，我们可以根据需要进行选择低或高，请记住，批次数越少，所需的内存越多。此外，迭代是模型遍历整个数据集频率的度量。最后，可以根据时间和内存分配来调整这些参数，捕获并可视化每次迭代中的**均方误差**损失。在第 5 次或第 6 次迭代后，我们可以看到**损失**逐渐消失，如下图所示：

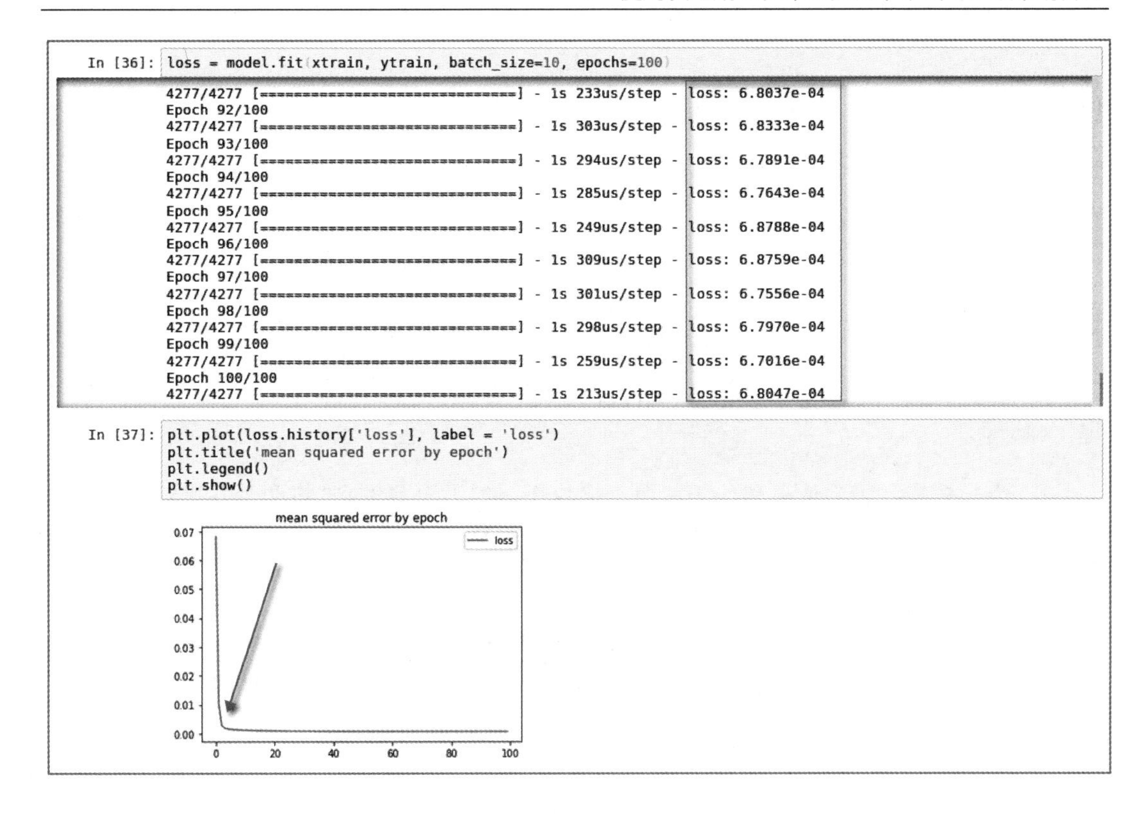

5. 我们现在可以根据应用于 `xtest` 的拟合模型创建一个名为 `predicted` 的新数组。然后将其与 `ytest` 结合起来，以便将它们并排比较，以达到更高的准确度。

其他

要了解有关 Keras 参数调优模型的更多信息，请访问以下网站：

链接134

评估长短期记忆单元模型

现在是关键时刻：看看我们的模型能否良好预测 2017 年和 2018 年苹果公司的股票价格。

准备

我们将使用均方误差进行模型评估。因此，需要导入以下库：

```
import sklearn.metrics as metrics
```

实现

本节将介绍如何对 2017 年和 2018 年苹果公司的股票预测价格与实际股票价格进行可视化和计算。

1. 为比较实际股票价格和预测股票价格趋势，使用下面的脚本将两者并排绘制成一张图表：

```
plt.figure(figsize=(16,6))
plt.plot(combined_array[:,0],color='red', label='actual')
plt.plot(combined_array[:,1],color='blue', label='predicted')
plt.legend(loc = 'lower right')
plt.title('2017 Actual vs. Predicted APPL Stock')
plt.xlabel('Days')
plt.ylabel('Scaled Quotes')
plt.show()
```

2. 使用下面的脚本计算 `ytest` 与 `predicted` 之间的均方误差：

```
import sklearn.metrics as metrics
np.sqrt(metrics.mean_squared_error(ytest,predicted))
```

说明

本节将介绍 LSTM 模型评估的结果。

1. 从下图中可以看出，我们的预测接近 2017—2018 年的实际股票价格：

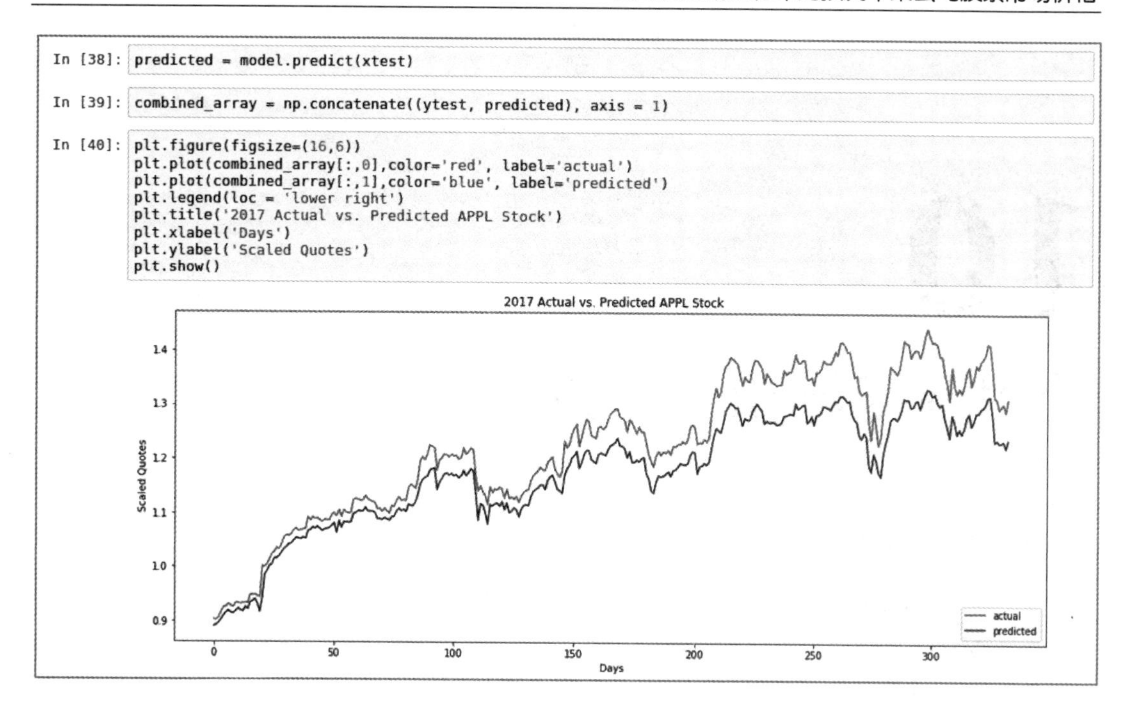

2. 我们的模型显示，预测值在2017年和2018年的早期更接近实际值。虽然总地来说，我们的预测看起来和实际非常接近，但最好还是用均方误差来了解两者之间的偏差。可以看到，均方误差为0.05841或约为5.8%：

```
In [41]: import sklearn.metrics as metrics
         np.sqrt(metrics.mean_squared_error(ytest,predicted))

Out[41]: 0.05841243272182954
```

其他

要了解有关在 `sklearn` 中计算均方误差的更多信息，请访问以下网站：

链接135

10

使用深度卷积网络进行人脸识别

本章将介绍以下内容：

- 下载 MIT-CBCL 数据集并将其加载到内存中
- 绘制并可视化目录中的图像
- 图像预处理
- 模型构建、训练和分析

介绍

当今，维护信息的安全变得越来越重要但又越来越困难。有很多可以确保安全性的方法（密码、指纹 ID、PIN 码等）。然而，当涉及易用性、准确度和低侵入性时，人脸识别算法已经做得很好了。随着高速计算的可用性和深度卷积网络的发展，我们可进一步提高这些算法的稳健性。这些算法已经非常先进，现在它们被用于许多电子设备（例如，iPhone X）甚至银行的应用程序。本章的目标是开发一种用于安全系统的稳健且可姿势不变的人脸识别算法。就本章而言，我们将使用公开可用的 `MIT-CBCL` 数据集中的 10 个不同主题的面部图像。

下载 MIT-CBCL 数据集并将其加载到内存中

在本节中，我们将了解如何下载 `MIT-CBCL` 数据集并将其加载到内存中。

生物识别技术行业有望以前所未有的速度发展，预计其 2025 年的价值为 150 亿美元。

用于生物认证的生理特征的一些示例包括指纹、DNA、人脸、视网膜、耳廓和语音等。虽然 DNA 认证和指纹等技术也非常先进，但人脸识别有其独特优势。

在深度学习模型的最新进展中，易用性和稳健性都是人脸识别算法获得如此广泛流行的驱动因素。

准备

本节需要考虑以下要点：

- `MIT-CBCL` 数据集由 3240 幅图像组成（每个主题有 324 幅图像）。在我们的模型中，将增加数据以增加模型的稳健性。我们将采用诸如对主体进行移动、旋转、缩放和剪切之类的技术来获得该增强数据。
- 我们将使用数据集中 20%的图像来测试模型（648 幅图像），从数据集中随机选择这些图像。同样，我们随机选择数据集中 80%的图像，将其用作训练数据集（2592 幅图像）。
- 最大的挑战是将图像裁剪成完全相同的大小，以便将它们输入神经网络。
- 众所周知，当所有输入图像具有相同尺寸时，设计网络要容易得多。然而，由于这些图像中的一些主体具有侧面轮廓或旋转/倾斜轮廓，因此必须调整我们的网络以获取不同尺寸的输入图像。

实现

步骤如下：

1. 通过访问 **FACE RECOGNITION HOMEPAGE** 来下载 `MIT-CBCL` 数据集。这个网页中包含了许多用于人脸识别实验的数据库。链接以及主页图示如下：

   链接136

www.face-rec.org/databases/

FACE RECOGNITION HOMEPAGE

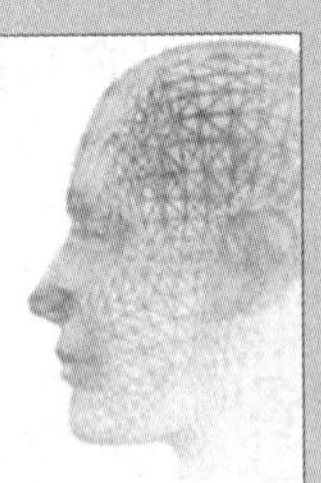

DATABASES

- General Info
- New @ face-rec.org
- Research Groups
- Newsgroup
- Interesting Papers
- New Papers
- Databases
- Algorithms
- Source Codes
- Conferences
- Journals & Books
- Vendors
- Related Links
- Contact Info

When benchmarking an algorithm it is recommendable to use a standard test data set for researchers to be able to directly compare the results. While there are many databases in use currently, the choice of an appropriate database to be used should be made based on the task given (aging, expressions, lighting etc). Another way is to choose the data set specific to the property to be tested (e.g. how algorithm behaves when given images with lighting changes or images with different facial expressions). If, on the other hand, an algorithm needs to be trained with more images per class (like LDA), Yale face database is probably more appropriate than FERET.

Read more:

R. Gross, Face Databases, Handbook of Face Recognition, Stan Z. Li and Anil K. Jain, ed., Springer-Verlag, February 2005, 22 pages
link

Testing protocols:

Face Image ISO Compliance Verification Benchmark Area - FVC-onGoing is a web-based automated evaluation system developed to evaluate biometric algorithms. Algorithms submitted to the Face Compliance Verification to ISO standard (FICV) benchmark area are required to check the compliance of face images to ISO/IEC 19794-5 standard. To the best of our knowledge this is the first available benchmark that directly assesses the accuracy of algorithms to automatically verify the compliance of face images to the ISO standard, in the attempt of semi-automating the document issuing process.

P. Jonathon Phillips, A. Martin, C.I. Wilson, M. Przybocki, An Introduction to Evaluating Biometric Systems, IEEE Computer, Vol. 33, No. 2, February 2000, pp. 56-63
download here, 407 kB

A. J. Mansfield, J. L. Wayman, Best Practices in Testing and Reporting Performance of Biometric Devices, NPL Report CMSC 14/02, August 2002
download here, 406 kB

K. Delac, M. Grgic, S. Grgic, Independent Comparative Study of PCA, ICA, and LDA on the FERET Data Set, International Journal of Imaging Systems and Technology, Vol. 15, Issue 5, pp. 252-260
download here, 412 kB

Here are some face data sets often used by researchers:

2. 导航到名为 **MIT-CBCL Face Recognition Database** 的链接并单击它，如下图所示：

AT&T "The Database of Faces" (formerly "The ORL Database of Faces")

Ten different images of each of 40 distinct subjects. For some subjects, the images were taken at different times, varying the lighting, facial expressions (open / closed eyes, smiling / not smiling) and facial details (glasses / no glasses). All the images were taken against a dark homogeneous background with the subjects in an upright, frontal position (with tolerance for some side movement).

Cohn-Kanade AU Coded Facial Expression Database

Subjects in the released portion of the Cohn-Kanade AU-Coded Facial Expression Database are 100 university students. They ranged in age from 18 to 30 years. Sixty-five percent were female, 15 percent were African-American, and three percent were Asian or Latino. Subjects were instructed by an experimenter to perform a series of 23 facial displays that included single action units and combinations of action units. Image sequences from neutral to target display were digitized into 640 by 480 or 490 pixel arrays with 8-bit precision for grayscale values. Included with the image files are "sequence" files; these are short text files that describe the order in which images should be read.

MIT-CBCL Face Recognition Database

The MIT-CBCL face recognition database contains face images of 10 subjects. It provides two training sets: 1. High resolution pictures, including frontal, half-profile and profile view; 2. Synthetic images (324/subject) rendered from 3D head models of the 10 subjects. The head models were generated by fitting a morphable model to the high-resolution training images. The 3D models are not included in the database. The test set consists of 200 images per subject. We varied the illumination, pose (up to about 30 degrees of rotation in depth) and the background.

Image Database of Facial Actions and Expressions - Expression Image Database

24 subjects are represented in this database, yielding between about 6 to 18 examples of the 150 different requested actions. Thus, about 7,000 color images are included in the database, and each has a matching gray scale image used in the neural network analysis.

Face Recognition Data, University of Essex, UK

395 individuals (male and female), 20 images per individual. Contains images of people of various racial origins, mainly of first year undergraduate students, so the majority of indivuals are between 18-20 years old but some older individuals are also present. Some individuals are wearing glasses and beards.

NIST Mugshot Identification Database

There are images of 1573 individuals (cases) 1495 male and 78 female. The database contains both front and side (profile) views when available. Separating front views and profiles, there are 131 cases with two or more front views and 1418 with only one front view. Profiles have 89 cases with two or more profiles and 1268 with only one profile. Cases with both fronts and profiles have 89 cases with two or more of both fronts and profiles, 27 with two or more fronts and one profile, and 1217 with only one front and one profile.

3. 单击它，网页将转到许可页面，你需要在该页面上接受许可协议并继续下载页面。在下载页面上单击 `download now`。下载大约 116 MB 的压缩文件后，继续将内容提取到工作目录中。

说明

功能如下：

1. 许可协议要求使用项目中的任何数据库都要提供适当的引用。该数据库由麻省理工学院的研究团队开发。
2. 感谢麻省理工学院和生物与计算学习中心提供的面部图像数据库。该许可还要求提及由 B.Weyrauch、J.Huang、B.Heisele 和 V. Blanz 四人在 2004 年于华盛顿特区发表

的一篇题为 *Component-based Face Recognition with 3D Morphable Models, First IEEE Workshopon Face Processing in Video* 的论文。

3. 下图描述了许可协议以及下载数据集的链接：

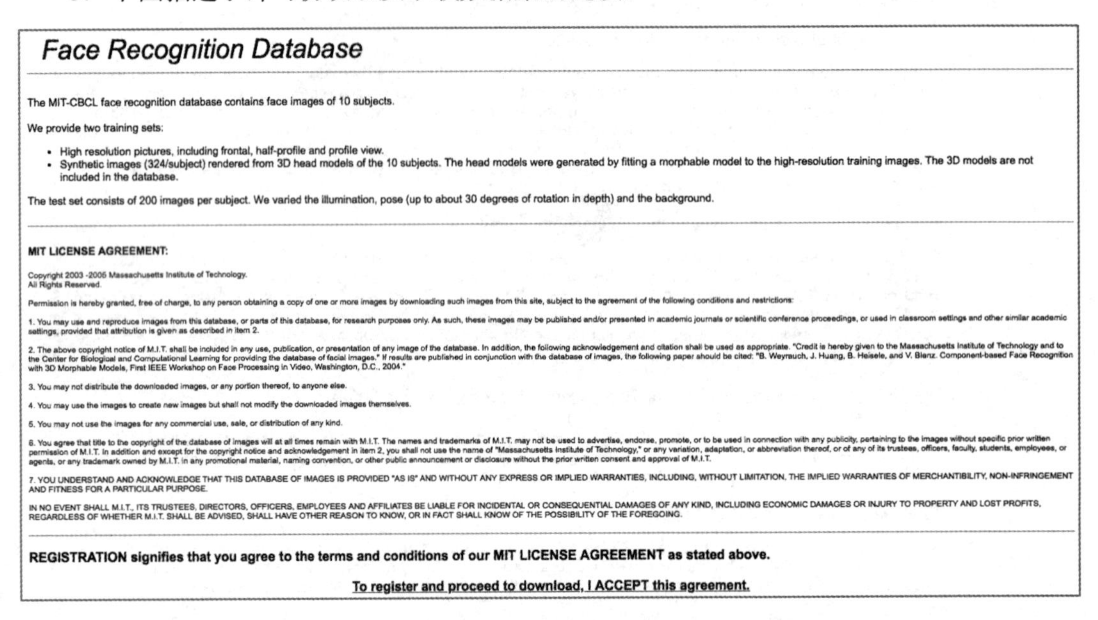

Face Recognition Database

The MIT-CBCL face recognition database contains face images of 10 subjects.

We provide two training sets:

- High resolution pictures, including frontal, half-profile and profile view.
- Synthetic images (324/subject) rendered from 3D head models of the 10 subjects. The head models were generated by fitting a morphable model to the high-resolution training images. The 3D models are not included in the database.

The test set consists of 200 images per subject. We varied the illumination, pose (up to about 30 degrees of rotation in depth) and the background.

MIT LICENSE AGREEMENT:

Copyright 2003 -2005 Massachusetts Institute of Technology.
All Rights Reserved.

Permission is hereby granted, free of charge, to any person obtaining a copy of one or more images by downloading such images from this site, subject to the agreement of the following conditions and restrictions:

1. You may use and reproduce images from this database, or parts of this database, for research purposes only. As such, these images may be published and/or presented in academic journals or scientific conference proceedings, or used in classroom settings and other similar academic settings, provided that attribution is given as described in item 2.

2. The above copyright notice of M.I.T. shall be included in any use, publication, or presentation of any image of the database. In addition, the following acknowledgement and citation shall be used as appropriate. "Credit is hereby given to the Massachusetts Institute of Technology and to the Center for Biological and Computational Learning for providing the database of facial images." If results are published in conjunction with the database of images, the following paper should be cited: "B. Weyrauch, J. Huang, B. Heisele, and V. Blanz. Component-based Face Recognition with 3D Morphable Models, First IEEE Workshop on Face Processing in Video, Washington, D.C., 2004."

3. You may not distribute the downloaded images, or any portion thereof, to anyone else.

4. You may use the images to create new images but shall not modify the downloaded images themselves.

5. You may not use the images for any commercial use, sale, or distribution of any kind.

6. You agree that title to the copyright of the database of images will at all times remain with M.I.T. The names and trademarks of M.I.T. may not be used to advertise, endorse, promote, or to be used in connection with any publicity, pertaining to the images without specific prior written permission of M.I.T. In addition and except for the copyright notice and acknowledgement in item 2, you shall not use the name of "Massachusetts Institute of Technology," or any variation, adaptation, or abbreviation thereof, or of any of its trustees, officers, faculty, students, employees, or agents, or any trademark owned by M.I.T. in any promotional material, naming convention, or other public announcement or disclosure without the prior written consent and approval of M.I.T.

7. YOU UNDERSTAND AND ACKNOWLEDGE THAT THIS DATABASE OF IMAGES IS PROVIDED "AS IS" AND WITHOUT ANY EXPRESS OR IMPLIED WARRANTIES, INCLUDING, WITHOUT LIMITATION, THE IMPLIED WARRANTIES OF MERCHANTIBILITY, NON-INFRINGEMENT AND FITNESS FOR A PARTICULAR PURPOSE.

IN NO EVENT SHALL M.I.T., ITS TRUSTEES, DIRECTORS, OFFICERS, EMPLOYEES AND AFFILIATES BE LIABLE FOR INCIDENTAL OR CONSEQUENTIAL DAMAGES OF ANY KIND, INCLUDING ECONOMIC DAMAGES OR INJURY TO PROPERTY AND LOST PROFITS, REGARDLESS OF WHETHER M.I.T. SHALL BE ADVISED, SHALL HAVE OTHER REASON TO KNOW, OR IN FACT SHALL KNOW OF THE POSSIBILITY OF THE FOREGOING.

REGISTRATION signifies that you agree to the terms and conditions of our MIT LICENSE AGREEMENT as stated above.

To register and proceed to download, I ACCEPT this agreement.

Face Recognition Database Homepage

4. 下载并解压缩数据集后，你将看到一个名为 **MIT-CBCL-facerec-database** 的文件夹。

5. 就本章而言，我们将仅使用 `training-synthetic` 文件夹中的图像。该文件夹包含所有 3240 幅图像，如下图所示：

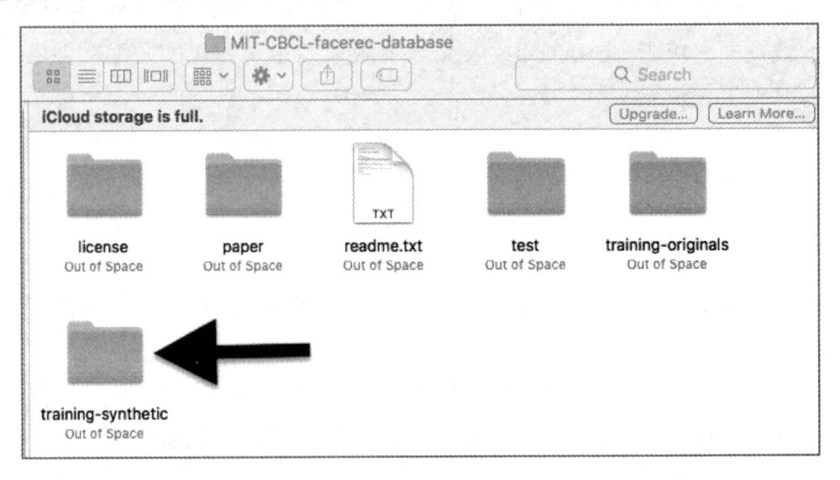

扩展

在本章中，你需要导入以下 Python 库：

- `os`
- `matplotlib`
- `numpy`
- `Keras`
- `TensorFlow`

本章以下部分将介绍如何在构建神经网络模型并将图像导入模型前导入必要的库以及预处理图像。

其他

有关本章中使用包的完整信息，请访问以下链接：

- 链接 137
- 链接 138
- 链接 139
- 链接 140
- 链接 141

绘制并可视化目录中的图像

本节将介绍已下载图像在被预处理并输入训练神经网络前如何对其进行读取和可视化。这是本章中的重要步骤，因为图像需要被可视化以让人更好地理解图像大小，以便可以准确地被裁剪：忽略背景并仅保留必要的面部特征。

准备

在开始前，请导入必要的库并完成函数的初始设置，以及设置工作目录的路径。

实现

步骤如下。

1. 使用以下代码行下载必要的库。输出必须生成一条 `Using TensorFlow backend.`

语句，如下图所示：

```
%matplotlib inline
from os import listdir
from os.path import isfile, join
import matplotlib.pyplot as plt
import matplotlib.image as mpimg
import numpy as np
from keras.models import Sequential
from keras.layers import Dense, Dropout, Activation, Flatten,
Conv2D
from keras.optimizers import Adam
from keras.layers.normalization import BatchNormalization
from keras.utils import np_utils
from keras.layers import MaxPooling2D
from keras.preprocessing.image import ImageDataGenerator
```

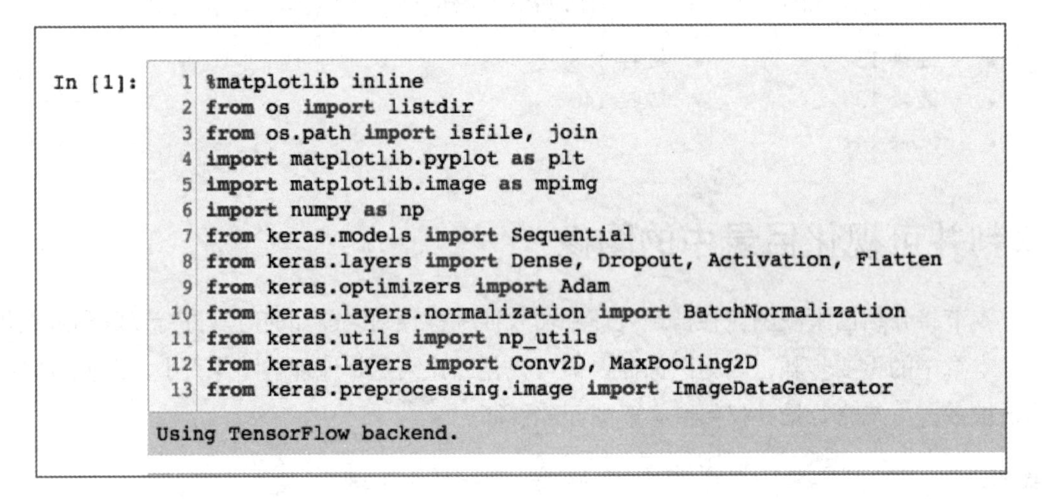

2. 打印并设置当前工作目录，如下图所示。在我们的例子中，桌面被设置为工作目录：

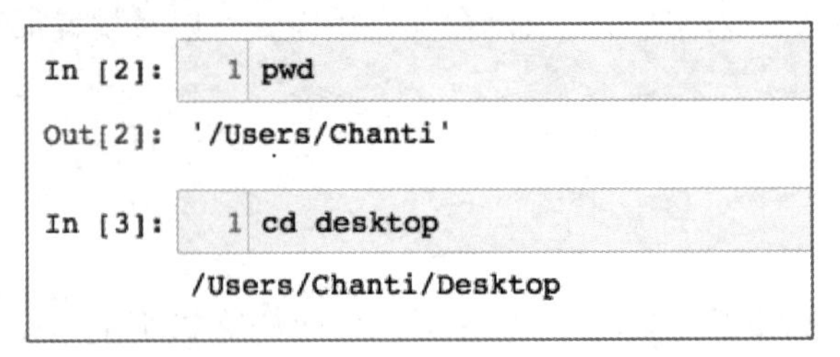

3. 使用下图显示的命令直接从文件夹中读取所有图像：

```
In [4]:
1 #reading images from the local drive
2 mypath='MIT-CBCL-facerec-database//training-synthetic'
3 onlyfiles= [ f for f in listdir(mypath) if isfile(join(mypath,f)) ]
4 images =np.empty([3240,200,200],dtype=int)
5 for n in range(0, len(onlyfiles)):
6  images[n] = mpimg.imread( join(mypath,onlyfiles[n]) ).astype(np.float32)
7
```

4. 如下图所示，使用 `plt.imshow(images[])` 命令从数据集中打印一些随机图像以便更好地了解图像中的面部轮廓。在此也略微提及以后阶段需要用到的图像尺寸：

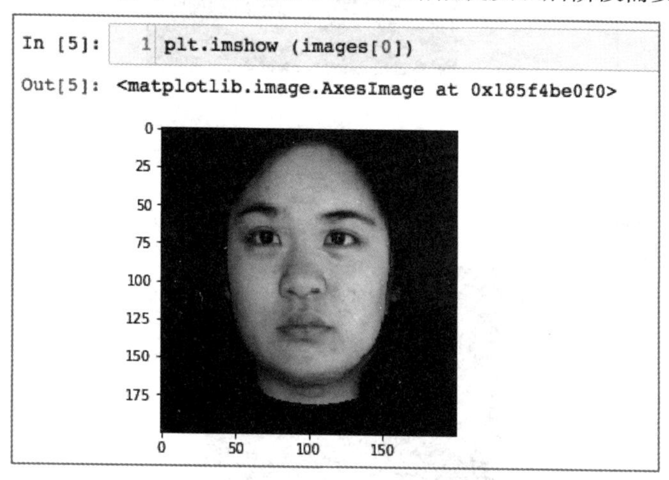

5. 这里显示的是来自第一张图像的不同测试对象的图像。

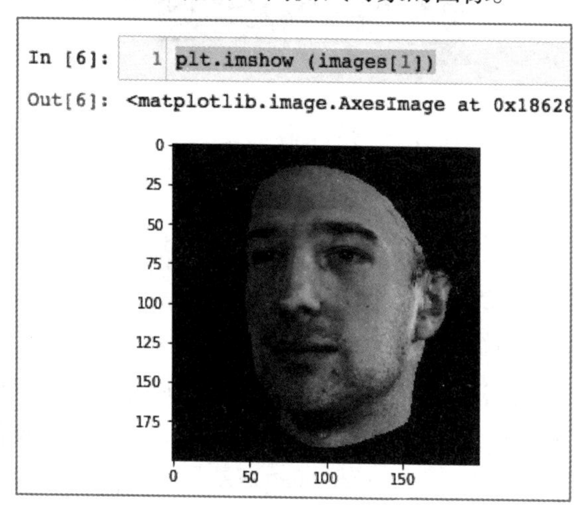

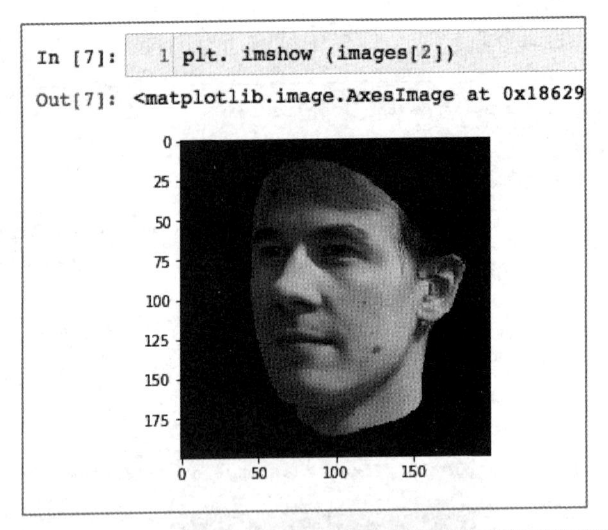

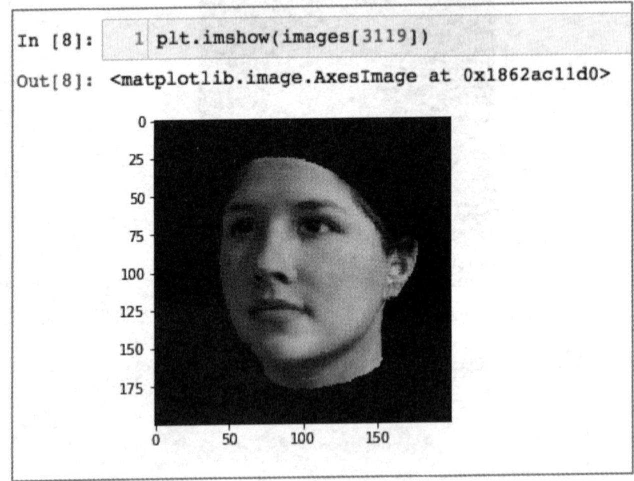

说明

功能介绍如下：

1. mypath 变量设置读取所有文件的路径。在此步骤中指定了 training-synthetic 文件夹，因为本章将仅使用此文件夹中的文件。
2. onlyfiles 变量用于通过循环遍历文件夹中包含的所有文件来计数在上一步骤中提供路径的文件夹下的所有文件。它将在下一步中用于读取和存储图像。
3. images 变量用于创建大小为 3240 的空数组，以便存储 200 像素 × 200 像素的图像。

4. 接下来，使用 onlyfiles 变量作为 for 循环中的参数来循环遍历所有文件，使用 matplotlib.image 函数读取文件夹中包含的每张图像并将其存储到先前定义的 images 数组中。
5. 最后，在通过指定图像的不同索引来打印随机选择的图像时，你将注意到每张图像是 200 像素 × 200 像素的数组，并且每个主体可以面向正前或往两侧 0°~15°之间旋转。

扩展

需要注意以下几点：

- 这个数据库的一个有趣特征是，文件名中的第 4 个数字描述了各自图像中的主题。
- 因为第 4 个数字代表相应图像中的个体，因此图像的名称是唯一的。图像名称的两个示例是 0001_-4_0_0_60_45_1.pgm 和 0006_-24_0_0_0_75_15_1.pgm。人们可以很容易地理解，第 4 个数字分别代表第二人和第七人。
- 在进行预测时，我们需要存储这些信息以供以后使用。这将有助于神经网络在训练期间知道它正在学习的主题的面部特征。
- 每张图像的文件名可以被写入一个数组，并且可以使用以下代码行分隔这 10 个主题中的每一个：

```
y =np.empty([3240,1],dtype=int)
for x in range(0, len(onlyfiles)):
    if onlyfiles[x][3]=='0': y[x]=0
    elif onlyfiles[x][3]=='1': y[x]=1
    elif onlyfiles[x][3]=='2': y[x]=2
    elif onlyfiles[x][3]=='3': y[x]=3
    elif onlyfiles[x][3]=='4': y[x]=4
    elif onlyfiles[x][3]=='5': y[x]=5
    elif onlyfiles[x][3]=='6': y[x]=6
    elif onlyfiles[x][3]=='7': y[x]=7
    elif onlyfiles[x][3]=='8': y[x]=8
    elif onlyfiles[x][3]=='9': y[x]=9
```

- 上面的代码将初始化一个大小为 3240（training-synthetic 文件夹中的图像

数）的空的一维 numpy 数组，并通过循环遍历整个文件集将相关主题存储在不同的数组中。

- if 语句主要检查每个文件名的第 4 个数字，并将该数字存储在初始化的 numpy 数组中。
- iPython Notebook 中相同的输出如下图所示：

```
In [9]:  1 y =np.empty([3240,1],dtype=int)
         2 for x in range(0, len(onlyfiles)):
         3     if onlyfiles[x][3]=='0': y[x]=0
         4     elif onlyfiles[x][3]=='1': y[x]=1
         5     elif onlyfiles[x][3]=='2': y[x]=2
         6     elif onlyfiles[x][3]=='3': y[x]=3
         7     elif onlyfiles[x][3]=='4': y[x]=4
         8     elif onlyfiles[x][3]=='5': y[x]=5
         9     elif onlyfiles[x][3]=='6': y[x]=6
        10     elif onlyfiles[x][3]=='7': y[x]=7
        11     elif onlyfiles[x][3]=='8': y[x]=8
        12     elif onlyfiles[x][3]=='9': y[x]=9
```

其他

以下博客描述了一种在 Python 中裁剪图像并用于图像预处理的方法，图像预处理将在以下部分用到：

- 链接 142

有关 Adam Optimizer 及其用例的更多信息，请访问以下链接：

- 链接 143
- 链接 144
- 链接 145

图像预处理

在上一节中，你可能已经注意到，这些图像除了具有面部轮廓的前视图外，还有轻微旋转的侧面轮廓。你可能还注意到，每张图像中都有一些需要去除的不必要的背景区域。本节将介绍如何预处理和处理图像，以便将图像送入神经网络进行训练。

准备

请思考以下内容：

- 设计大量算法来裁剪图像的重要部分。例如，SIFT、LBP、Haar-cascade 过滤器等。
- 但是，我们将用一些非常简单的代码解决这个问题——从图像中裁剪面部部分。这是该算法的新颖之处。
- 我们发现，不必要的背景部分的像素强度是 28。
- 请记住，每张图像都是 200 像素 × 200 像素的三通道矩阵。这意味着每张图像包含三个矩阵或张量，分别由红、绿、蓝像素组成，强度从 0 到 255 不等。
- 因此，我们将丢弃只包含像素强度为 28 的图像的任何行或列。
- 我们还将确保在裁剪动作之后所有图像都具有相同的大小，以实现卷积神经网络的最高可并行性。

实现

步骤如下所述。

1. 定义 crop() 函数来裁剪图像以仅获取重要部分，如以下代码行所示：

```
# 裁剪图像以仅获得重要部分的功能
def crop(img):
    a=28*np.ones(len(img))
    b=np.where((img== a).all(axis=1))
    img=np.delete(img,(b),0)
    plt.imshow(img)
    img=img.transpose()
    d=28*np.ones(len(img[0]))
    e=np.where((img== d).all(axis=1))
    img=np.delete(img,e,0)
    img=img.transpose()
    print(img.shape)
    super_threshold_indices = img < 29
    img[super_threshold_indices] = 0
```

```
    plt.imshow (img)
    return img[0:150, 0:128]
```

2. 使用以下代码循环遍历文件夹中的每张图像，并使用前面定义的函数裁剪它：

```
# 裁剪所有图像
image = np.empty([3240,150,128],dtype=int)
for n in range(0, len(images)):
    image[n]=crop(images[n])
```

3. 接下来，随机选择一张图像并打印它，以检查它是否已从 200 像素 × 200 像素大小的图像裁剪为不同的大小。我们在案例中选择了图像 23。可以使用以下代码完成：

```
print (image[22])
print (image[22].shape)
```

4. 接下来，将数据拆分为测试集和训练集，使用文件夹中 80%的图像作为训练集，剩余的 20%作为测试集。可以使用以下命令完成：

```
# 将数据以80:20分割进行训练和测试
test_ind=np.random.choice(range(3240), 648, replace=False)
train_ind=np.delete(range(0,len(onlyfiles)),test_ind)
```

5. 完成数据拆分后，使用以下命令隔离训练图像和测试图像：

```
# 隔离训练图像和测试图像
y1_train=y[train_ind]
x_test=image[test_ind]
y1_test=y[test_ind]
```

6. 接下来，将所有裁剪的图像重新塑造成 128 像素 × 150 像素的尺寸，因为这是要输入神经网络的尺寸。可以使用以下命令完成：

```
# 重塑输入图像
x_train = x_train.reshape(x_train.shape[0], 128, 150, 1)
x_test = x_test.reshape(x_test.shape[0], 128, 150, 1)
```

7. 一旦数据重塑完成，将其转换为 `float32` 类型，这将使其在规范化时更容易进行下一步处理。可以使用以下命令将数据从 `int` 转换为 `float32`：

```
# 将数据转换为float32
```

```
x_train = x_train.astype('float32')
x_test = x_test.astype('float32')
```

8. 将数据重塑并转换为 float32 类型后，必须对其进行规范化，以便将所有值调整为相似的比例。这是防止数据冗余的重要步骤。使用以下命令执行规范化：

```
# 规范化数据
x_train/=255
x_test/=255
# 10代表10个类别
number_of_persons = 10
```

9. 最后一步是将重新塑造的规范化图像转换为矢量，因为这是神经网络能理解的唯一输入形式。使用以下命令将图像转换为矢量：

```
# 将数据转换为矢量
y_train = np_utils.to_categorical(y1_train, number_of_persons)
y_test = np_utils.to_categorical(y1_test, number_of_persons)
```

说明

主要代码功能如下所述。

1. crop() 函数执行以下任务：
   （1）将强度为 28 的所有像素与 numpy 数组相乘并存储在变量 a 中。
   （2）检查整个列仅包含像素强度为 28 的像素并存储在变量 b 中的所有实例。
   （3）删除整列中像素强度为 28 的所有列。
   （4）绘制生成的图像。
   （5）以类似的方式对所有行执行操作。
   （6）用 1s 的数字数组乘上所有强度为 28 的像素，并将其存储在变量 d 中。
   （7）检查所有实例，其中整个列仅由像素强度为 28 的像素组成，并存储在变量 e 中。
   （8）删除所有列（来自转置图像），这些列的像素强度都为 28。
   （9）转置图像以恢复原始图像。
   （10）打印图像的形状。
   （11）一旦发现有小于 29 的像素强度的地方，将这些像素强度替换为零，这将导致所有这些像素被裁剪为白色。

（12）绘制生成的图像。

（13）将生成的图像重塑为 150 像素 × 128 像素的大小。

crop() 函数的输出（如执行期间在 Jupyter Notebook 中所见的）如下图显示：

```
In [10]:  1 #funtion for cropping images to obtain only the significant part
          2 def crop(img):
          3     a=28*np.ones(len(img)) #background has pixel intensity of 28
          4     b=np.where((img== a).all(axis=1)) #check image background
          5     img=np.delete(img,(b),0) #deleting the unwanted part from the Y axis
          6     plt.imshow(img)
          7     img=img.transpose()
          8     d=28*np.ones(len(img[0]))
          9     e=np.where((img== d).all(axis=1))
         10     img=np.delete(img,e,0) #deleting the unwanted part from the X axis
         11     img=img.transpose()
         12     super_threshold_indices = img < 29 #padding zeros instead of background data
         13     img[super_threshold_indices] = 0
         14     return img[0:150, 0:128]
```

2. 接下来，通过循环遍历每个文件，将定义的 crop() 函数应用于 training-synthetic 文件夹中包含的所有文件。输出如下图所示：

```
In [11]:  1 #cropping all the images
          2 image = np.empty([3240,150,128],dtype=int)
          3 for n in range(0, len(images)):
          4  image[n]=crop(images[n])

(176, 139)
(179, 139)
(175, 141)
(166, 132)
(173, 140)
(154, 134)
(176, 144)
(167, 128)
(175, 138)
(167, 128)
(175, 138)
(176, 144)
(175, 138)
(166, 132)
(173, 140)
(165, 140)
(175, 141)
(175, 141)
(154, 137)
```

继续输出如下：

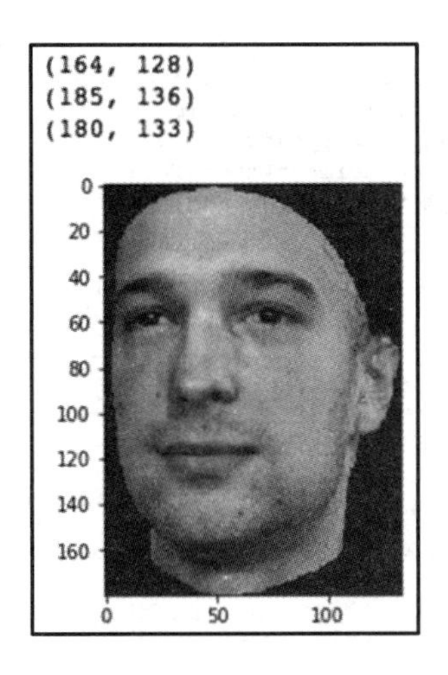

请注意，仅保留相关的面部特征，并且所有裁剪图像的最终形状小于初始大小，初始大小为 200 像素 × 200 像素。

3. 在打印任何随机图像时，你会注意到所有图像都已调整为 150 像素 × 128 像素的数组，将看到以下输出：

```
In [12]:  1 print (image[22])

[[104   0 106 ...,   0   0   0]
 [  0   0   0 ...,   0   0   0]
 [  0   0   0 ...,   0   0   0]
 ...,
 [  0   0   0 ...,   0   0   0]
 [  0   0   0 ...,   0   0   0]
 [  0   0   0 ...,   0   0   0]]

In [13]:  1 print (image[22].shape)

(150, 128)
```

4. 将图像拆分为测试集和训练集以及将它们分离成名为 x_train、y1_train、x_test 和 y1_test 的变量。输出如下图所示：

```
In [14]:  1 # randomly splitting data into training(80%) and test(20%) sets
          2 test_ind=np.random.choice(range(3240), 648, replace=False)
          3 train_ind=np.delete(range(0,len(onlyfiles)),test_ind)
```

5. 分离数据的步骤如下：

```
In [15]:  1 # segregating the training and test images
          2 x_train=image[train_ind]
          3 y1_train=y[train_ind]
          4 x_test=image[test_ind]
          5 y1_test=y[test_ind]
```

6. 重塑训练图像和测试图像并将数据类型转换为 `float32`，输出如下图所示：

```
In [16]:  1 #reshaping the input images
          2 x_train = x_train.reshape(x_train.shape[0], 128, 150, 1)
          3 x_test = x_test.reshape(x_test.shape[0], 128, 150, 1)

In [17]:  1 #converting data to float32
          2 x_train = x_train.astype('float32')
          3 x_test = x_test.astype('float32')
```

扩展

思考以下内容：

- 图像完成预处理后仍需规范化并转换成矢量（在本例中是张量），然后再输入网络。
- 在最简单的情况下，规范化通常意味着在平均之前将在不同尺度上测量的值调整到概念上的共同尺度。规范化对防止梯度爆炸或梯度消失很有帮助。规范化还可确保不存在数据冗余。
- 通过将每张图像中的每个像素除以 `255` 来完成数据的规范化，因为像素值的范围在 `0` 到 `255` 之间。输出如下图所示：

```
In [18]:  1 #normalizing data
          2 x_train/=255
          3 x_test/=255
          4 #10 digits represent the 10 classes
          5 number_of_persons = 10
```

- 接下来，使用 `numpy_utils` 中的 `to_categorical()` 函数将图像转换为具有 10 个不同类的输入向量，如下图所示：

```
In [19]:  1 #convert data to vectors
          2 y_train = np_utils.to_categorical(y1_train, number_of_persons)
          3 y_test = np_utils.to_categorical(y1_test, number_of_persons)
```

其他

其他资源如下所述：

- 有关数据规范化的更多信息，请查看以下链接：

  链接146

- 有关过度拟合以及为何将数据拆分为测试集和训练集的信息，请访问以下链接：

  链接147

- 有关编码变量及其重要性的更多信息，请访问以下链接：

  链接148

模型构建、训练和分析

我们将使用 Keras 库中的标准顺序模型来构建卷积神经网络。该网络将包括 3 个卷积层、2 个最大池化层和 4 个全连接层。输入层和后续隐藏层具有 16 个神经元，而最大池化层的池大小为(2,2)。4 个全连接层由 2 个 `dense` 层、1 个 `flattened` 层和 1 个 `dropout` 层组成。`dropout 0.25` 用于减少过度拟合问题。该算法的另一个新颖之处在于使用数据增强来对抗过度拟合现象。通过将图像旋转、移位、剪切和缩放至不同程度来进行数据增强以适合模型。

`relu` 函数用作输入层和隐藏层中的激活函数，而 `softmax` 分类器用于输出层，以基于预测输出对测试图像进行分类。

准备

将构建的网络可视化，如下图所示：

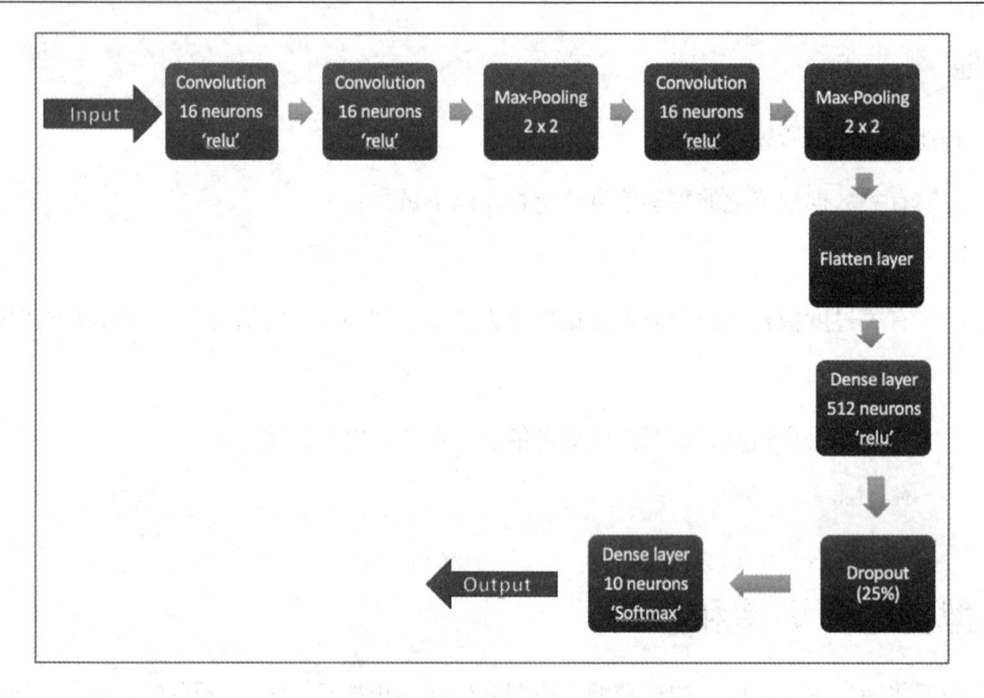

实现

操作步骤如下所述。

1. 用以下命令使用 Keras 框架中的 `Sequential()` 函数定义模型：

```
model = Sequential()
model.add(Conv2D(16, (3, 3), input_shape=(128,150,1)))
model.add(Activation('relu'))
model.add(Conv2D(16, (3, 3)))
model.add(Activation('relu'))
model.add(MaxPooling2D(pool_size=(2,2)))
model.add(Conv2D(16,(3, 3)))
model.add(Activation('relu'))
model.add(MaxPooling2D(pool_size=(2,2)))
model.add(Flatten())

model.add(Dense(512))
model.add(Activation('relu'))
model.add(Dropout(0.25))
```

```
model.add(Dense(10))

model.add(Activation('softmax'))
```

2. 打印模型摘要以更好地了解模型的构建方式，并确保按照前面的规范构建模型。这可以通过使用 `model.summary()` 命令来完成。
3. 接下来，使用以下命令编译模型：

```
model.compile(loss='categorical_crossentropy', optimizer=Adam(),
metrics=['accuracy'])
```

4. 为了防止过度拟合和进一步提高模型准确度，我们实现某种形式的数据增强。在此步骤中，图像将被剪切并在水平和垂直轴上移动、放大和旋转。模型学习和识别这些异常的能力将决定模型的稳健性。使用以下命令增强数据：

```
# 以最小化过度拟合方式进行数据增强
gen = ImageDataGenerator(rotation_range=8,
        width_shift_range=0.08, shear_range=0.3,
        height_shift_range=0.08,zoom_range=0.08)
test_gen = ImageDataGenerator()
train_generator = gen.flow(x_train, y_train, batch_size=16)
test_generator = test_gen.flow(x_test, y_test, batch_size=16)
```

5. 最后，使用以下命令在数据增强后拟合并评估模型：

```
model.fit_generator(train_generator, epochs=5,
validation_data=test_generator)

scores = model.evaluate(x_test, y_test, verbose=0)
print("Recognition Error: %.2f%%" % (100-scores[1]*100))
```

说明

主要代码的功能如下所述。

1. 利用序列函数，定义了一个 9 层卷积神经网络，每层执行以下功能：

（1）第 1 层是具有 16 个神经元的卷积层，对输入张量/矩阵执行卷积。特征图的大小定义为 3×3 矩阵。我们需要为第 1 层指定输入形状，因为神经网络需要知道期望的输入类型。由于所有图像都被裁剪为150像素×128像素的大小，因此这也是为网络的第 1 层定义的输入形状。该层中使用的激活函数是**线性整流函数**（relu）。

（2）网络的第 2 层（第 1 隐藏层）是另一个具有 16 个神经元的卷积层。同样，relu 将用作该层的激活函数。

（3）网络的第 3 层（第 2 隐藏层）是池大小为 2×2 的最大池化层。该层的功能是提取在前两层中执行卷积所学习的所有有效特征并减小具有所有学习特征的矩阵大小。卷积只不过是特征图和输入矩阵（在我们的例子中是图像）之间的矩阵乘法。形成卷积过程的结果值由网络存储在矩阵中。这些存储值的最大值将定义输入图像中的某个确定特征。这些最大值是最大池化层保留的值，最大池化层将省略不相关的特征。

（4）网络的第 4 层（第 3 隐藏层）是特征图为 3×3 的另一个卷积层。该层中使用的激活函数也是 relu 函数。

（5）网络的第 5 层（第 4 隐藏层）是池大小为 2×2 的最大池化层。

（6）网络的第 6 层（第 5 隐藏层）是 flatten 层。它将包含所有学习特征（以数字形式存储）的矩阵转换为单行而不是多维矩阵。

（7）网络中的第 7 层（第 6 隐藏层）是具有 512 个神经元和 relu 函数的密集层。每个神经元都会处理一定的权重和偏差，这只不过是从特定图像中呈现所有学到的特征。这样做是为了通过在密集层上使用 softmax 分类器来容易地对图像进行分类。

（8）网络中的第 8 层（第 7 隐藏层）是具有 0.25 或 25%的丢失概率的 dropout 层。该层将在训练过程中随机丢弃 25%的神经元，并通过鼓励网络使用许多替代路径学习给定特征来帮助防止过度拟合。

（9）网络中的最后一层是一个只有 10 个神经元和 softmax 分类器的密集层。这是第 8 个隐藏层，也将作为网络的输出层。

2. 定义模型后的输出类似下图所示：

```
In [20]:  1 # model building
          2 model = Sequential()
          3 model.add(Conv2D(16, (3, 3), input_shape=(128,150,1))) #Input layer
          4 model.add(Activation('relu')) # 'relu' as activation function
          5 model.add(Conv2D(16, (3, 3))) #first hidden layer
          6 model.add(Activation('relu'))
          7 model.add(MaxPooling2D(pool_size=(2,2))) # Maxpooling from (2,2)
          8 model.add(Conv2D(16,(3, 3))) # second hidden layer
          9 model.add(Activation('relu'))
         10 model.add(MaxPooling2D(pool_size=(2,2))) # Maxpooling from (2,2)
         11 model.add(Flatten()) #flatten the maxpooled data
         12 # Fully connected layer
         13 model.add(Dense(512))
         14 model.add(Activation('relu'))
         15 model.add(Dropout(0.25)) #Dropout is applied to overcome overfitting
         16 model.add(Dense(10))
         17 #output layer
         18 model.add(Activation('softmax')) # 'softmax' is used for SGD
         19 model.summary()
```

3. 在打印 `model.summary()` 函数时，你必须看到类似下图的输出：

```
_________________________________________________________________
Layer (type)                 Output Shape              Param #
=================================================================
conv2d_1 (Conv2D)            (None, 126, 148, 16)      160
_________________________________________________________________
activation_1 (Activation)    (None, 126, 148, 16)      0
_________________________________________________________________
conv2d_2 (Conv2D)            (None, 124, 146, 16)      2320
_________________________________________________________________
activation_2 (Activation)    (None, 124, 146, 16)      0
_________________________________________________________________
max_pooling2d_1 (MaxPooling2 (None, 62, 73, 16)        0
_________________________________________________________________
conv2d_3 (Conv2D)            (None, 60, 71, 16)        2320
_________________________________________________________________
activation_3 (Activation)    (None, 60, 71, 16)        0
_________________________________________________________________
max_pooling2d_2 (MaxPooling2 (None, 30, 35, 16)        0
_________________________________________________________________
flatten_1 (Flatten)          (None, 16800)             0
_________________________________________________________________
dense_1 (Dense)              (None, 512)               8602112
_________________________________________________________________
activation_4 (Activation)    (None, 512)               0
_________________________________________________________________
dropout_1 (Dropout)          (None, 512)               0
_________________________________________________________________
dense_2 (Dense)              (None, 10)                5130
_________________________________________________________________
activation_5 (Activation)    (None, 10)                0
=================================================================
Total params: 8,612,042
Trainable params: 8,612,042
Non-trainable params: 0
_________________________________________________________________
```

4. 该模型使用分类交叉熵进行编译，该交叉熵是将信息从一个层传输到后续层时测量和计算网络损耗的函数。该模型利用 Keras 框架中的 `Adam()`优化器函数，该函数基本上决定了网络在学习特征时如何优化权重和偏差。`model.compile()`函数的输出必须如下图所示：

```
In [21]:  1 #model compliation
          2 model.compile(loss='categorical_crossentropy', optimizer=Adam(), metrics=['accuracy'])
```

5. 由于神经网络非常密集，总图像数量仅为 3240，因此我们设计了一种防止过度拟合的方法。这是通过执行数据增强从训练集生成更多图像来完成的。在此步骤中，图像通过 `ImageDataGenerator()` 函数生成。此函数通过以下方式获取训练集和测试集并增强图像：

   - 旋转
   - 修剪
   - 修改宽度，基本上是扩大图像
   - 在水平轴上移动图像
   - 在垂直轴上移动图像

   上述函数的输出必须如下图所示：

```
In [22]:  1 # data augmentation to reduce overfitting problem
          2 gen = ImageDataGenerator(rotation_range=8, width_shift_range=0.08, shear_range=0.3,
          3                          height_shift_range=0.08,zoom_range=0.08)
          4 test_gen = ImageDataGenerator()
          5 train_generator = gen.flow(x_train, y_train, batch_size=16)
          6 test_generator = test_gen.flow(x_test, y_test, batch_size=16)
```

6. 最后，将模型拟合到数据中，并在训练超过 5 个迭代后进行评估。我们获得的输出显示在下图中：

```
1 #model fitting
2 model.fit_generator(train_generator, epochs=5, validation_data=test_generator)
3 # Final evaluation of the model
4 scores = model.evaluate(x_test, y_test, verbose=0)
5 print("Recognition Error: %.2f%%" % (100-scores[1]*100))

Epoch 1/5
162/162 [==============================] - 257s 2s/step - loss: 2.9746 - acc: 0.3468 - val_loss: 0.7733 - val_acc: 0.
7238
Epoch 2/5
162/162 [==============================] - 338s 2s/step - loss: 0.5461 - acc: 0.8067 - val_loss: 0.0999 - val_acc: 0.
9846
Epoch 3/5
162/162 [==============================] - 259s 2s/step - loss: 0.2179 - acc: 0.9282 - val_loss: 0.0603 - val_acc: 0.
9830
Epoch 4/5
162/162 [==============================] - 277s 2s/step - loss: 0.1679 - acc: 0.9394 - val_loss: 0.0445 - val_acc: 0.
9892
Epoch 5/5
162/162 [==============================] - 347s 2s/step - loss: 0.1242 - acc: 0.9606 - val_loss: 0.0501 - val_acc: 0.
9846
Recognition Error: 1.54%
```

7. 如你所见，我们获得了 98.46%的准确度，误差率为 1.54%。这表现得很好，当今卷积网络已经取得了很大的进步，我们可以通过调整一些超参数或使用更深的网络来减小误差率。

扩展

使用具有 12 层（一个额外卷积层和一个额外最大池化层）的更深卷积神经网络可将准确度提高到 99.07%，如下图所示：

```
In [29]:  1 #model fitting
          2 model.fit_generator(train_generator, epochs=5, validation_data=test_generator)
          3 # Final evaluation of the model
          4 scores = model.evaluate(x_test, y_test, verbose=0)
          5 print("Recognition Error: %.2f%%" % (100-scores[1]*100))

Epoch 1/5
162/162 [==============================] - 296s 2s/step - loss: 1.5980 - acc: 0.4645 - val_loss: 0.2235 - val_acc: 0.
9552
Epoch 2/5
162/162 [==============================] - 297s 2s/step - loss: 0.3713 - acc: 0.8661 - val_loss: 0.1324 - val_acc: 0.
9475
Epoch 3/5
162/162 [==============================] - 289s 2s/step - loss: 0.1413 - acc: 0.9529 - val_loss: 0.0312 - val_acc: 0.
9892
Epoch 4/5
162/162 [==============================] - 250s 2s/step - loss: 0.1083 - acc: 0.9622 - val_loss: 0.0028 - val_acc: 1.
0000
Epoch 5/5
162/162 [==============================] - 229s 1s/step - loss: 0.0455 - acc: 0.9873 - val_loss: 0.0262 - val_acc: 0.
9907
Recognition Error: 0.93%
```

在构建模型期间，每两层使用数据规范化，我们进一步将准确度提高到 99.85%，如下图所示：

```
In [23]:  1 #model fitting
          2 model.fit_generator(train_generator, epochs=5, validation_data=test_generator)
          3 # Final evaluation of the model
          4 scores = model.evaluate(x_test, y_test, verbose=0)
          5 print("Recognition Error: %.2f%%" % (100-scores[1]*100))

Epoch 1/5
162/162 [==============================] - 72s 444ms/step - loss: 1.9148 - acc: 0.2924 - val_loss: 0.8199 - val_acc:
0.7901
Epoch 2/5
162/162 [==============================] - 122s 751ms/step - loss: 0.6824 - acc: 0.7631 - val_loss: 0.1210 - val_acc:
0.9799
Epoch 3/5
162/162 [==============================] - 203s 1s/step - loss: 0.2766 - acc: 0.9140 - val_loss: 0.1808 - val_acc: 0.
9167
Epoch 4/5
162/162 [==============================] - 153s 948ms/step - loss: 0.1444 - acc: 0.9479 - val_loss: 0.0278 - val_acc:
1.0000
Epoch 5/5
162/162 [==============================] - 142s 879ms/step - loss: 0.0928 - acc: 0.9734 - val_loss: 0.0137 - val_acc:
0.9985
Recognition Error: 0.15%
```

可能会获得不同的结果，但可以随意运行几次训练步骤。可以采取以下步骤来更好地了解网络：

- 尝试更好地调整超参数以实现更高的丢失百分比，并了解网络如何响应。
- 当尝试使用不同的激活函数或更小（密度更小）的网络时，准确度大大降低。
- 此外，更改特征图和最大池化层的大小，并查看它们是如何影响训练时间和模型准确度的。
- 尝试在密度较小的卷积神经网络中包含更多神经元并对其进行调整以提高准确度。这也可能导致网络在更短的时间内进行训练。
- 使用更多训练数据。探索其他在线存储库并找到更大的数据库来训练网络。当训练数据增多时，卷积神经网络通常表现得更好。

其他

以下论文是获得更好理解卷积神经网络的良好资源。它们可以用作进一步阅读，以便更好地理解卷积神经网络的各种应用：

- 链接 149
- 链接 150
- 链接 151
- 链接 152
- 链接 153
- 链接 154
- 链接 155
- 链接 156
- 链接 157

11

使用 Word2Vec 创建和可视化单词向量

本章将介绍以下内容：

- 获取数据
- 导入必要的库
- 准备数据
- 构建和训练模型
- 进一步可视化
- 进一步分析

介绍

在使用 LSTM 单元训练文本数据和生成文本之前，重要的是要了解文本数据（如单词、句子、客户评论或故事）在被送入神经网络之前如何首先被转换为单词向量。本章将介绍如何将文本转换为语料库并从语料库生成单词向量，这样可以使用欧几里得距离计算或不同单词向量之间的余弦距离计算等技术轻松对相似单词进行分组。

获取数据

第一步是获取一些数据。在本章中，我们需要将大量文本数据转换为标记并将其可视化，以了解神经网络如何根据欧几里得距离和余弦距离对单词向量进行排名。这是理解不同单词如何相互关联的重要一步。反过来，这可以用于设计更好、更有效的语言和文本处理模型。

准备

思考以下内容：

- 模型的文本数据需要是`.txt`格式的文件，并且必须确保将文件放在当前工作目录中。文本数据可以来自 Twitter 提要、新闻提要、客户评论、计算机代码或工作目录中以`.txt`格式保存的整本书籍。在我们的例子中，我们使用 *Game of Thrones* 一书中的文本作为模型的输入文本。但是，可以用任何文本代替，对模型同样有效。
- 许多经典文本不再受版权保护，这意味着你可以免费下载这些书籍的所有文本，并在实验中使用它们，例如创建生成模型。获取不受版权保护的免费图书的最佳地点是古腾堡计划网站。

实现

操作步骤如下。

1. 首先访问古腾堡计划网站浏览你感兴趣的书籍。单击该书，然后单击 **UTF-8**，它允许你以纯文本格式下载该书。该链接显示在下图中：

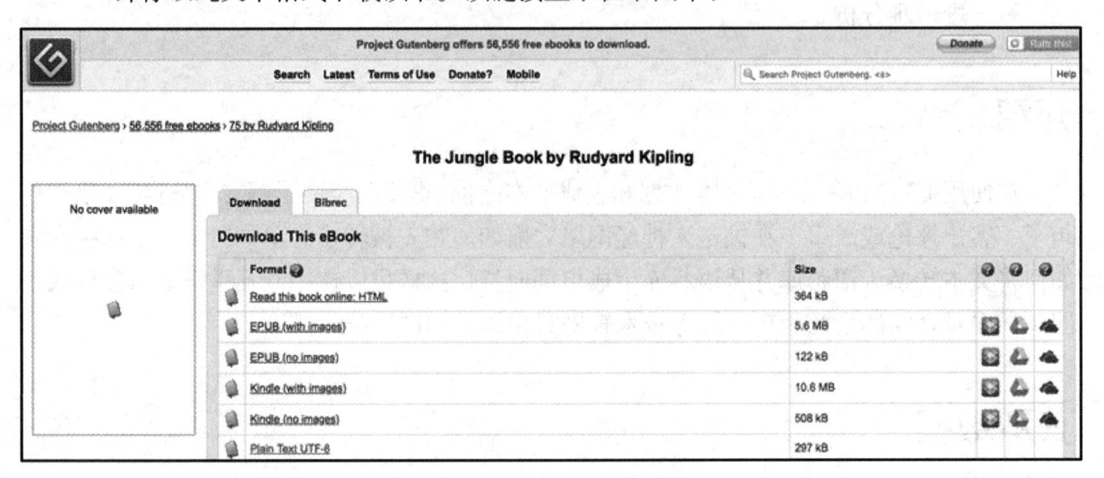

古腾堡项目数据集下载页面

2. 单击 **Plain Text UTF-8** 后，可以看到一个类似下图的页面。右键单击页面并单击弹出菜单中的 **Save As ...**项。接下来，将文件任意重命名并将其保存到你的工作目录中：

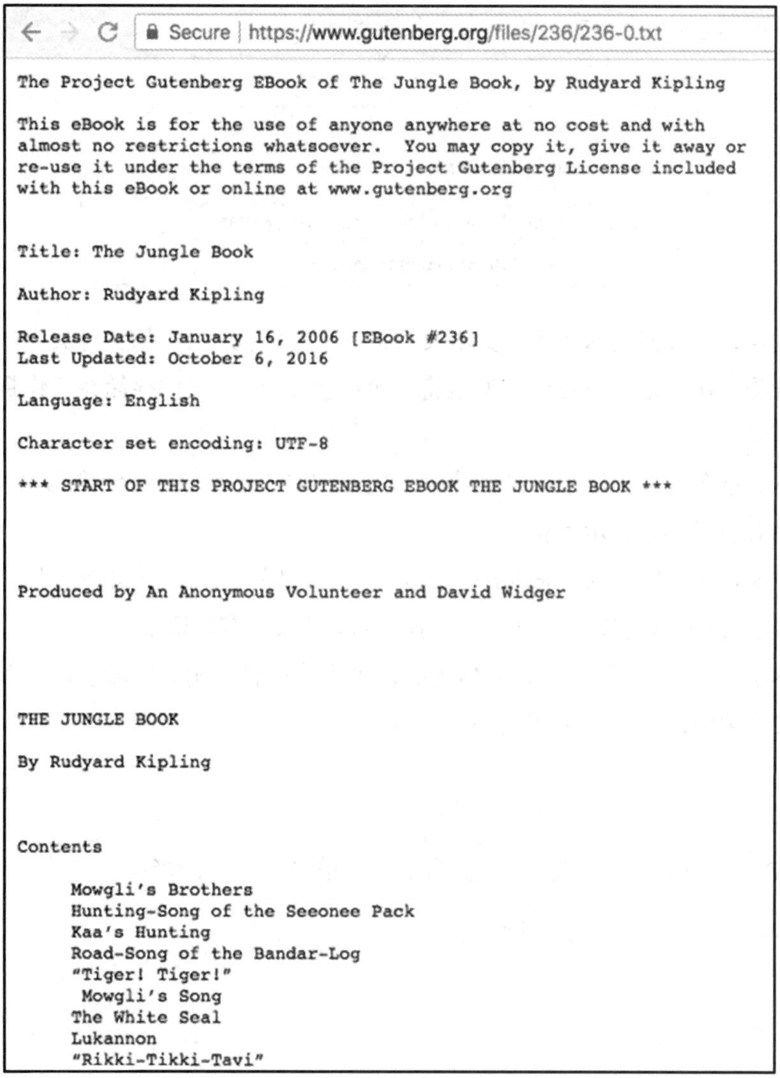

Secure | https://www.gutenberg.org/files/236/236-0.txt

```
The Project Gutenberg EBook of The Jungle Book, by Rudyard Kipling

This eBook is for the use of anyone anywhere at no cost and with
almost no restrictions whatsoever.  You may copy it, give it away or
re-use it under the terms of the Project Gutenberg License included
with this eBook or online at www.gutenberg.org


Title: The Jungle Book

Author: Rudyard Kipling

Release Date: January 16, 2006 [EBook #236]
Last Updated: October 6, 2016

Language: English

Character set encoding: UTF-8

*** START OF THIS PROJECT GUTENBERG EBOOK THE JUNGLE BOOK ***




Produced by An Anonymous Volunteer and David Widger





THE JUNGLE BOOK

By Rudyard Kipling



Contents

     Mowgli's Brothers
     Hunting-Song of the Seeonee Pack
     Kaa's Hunting
     Road-Song of the Bandar-Log
     "Tiger! Tiger!"
      Mowgli's Song
     The White Seal
     Lukannon
     "Rikki-Tikki-Tavi"
```

3. 现在就可以在当前工作目录中看到具有指定文件名的`.txt`文件了。
4. 古腾堡项目为每本书添加了标准的页眉和页脚，但这些不属于原文部分。在文本编辑器中打开文件，删除页眉和页脚。

说明

1. 使用以下命令检查当前工作目录：`pwd`。

2. 可以使用 cd 命令更改工作目录，如下图所示：

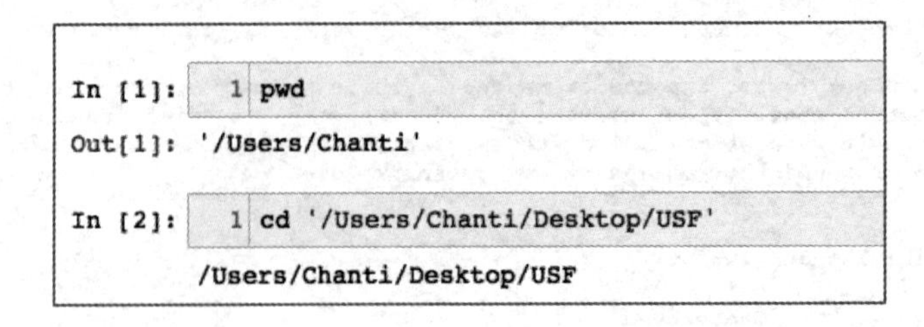

3. 请注意，在我们的示例中，文本文件被包含在名为 USF 的文件夹中，因此，将其设置为工作目录。你可以类似地将一个或多个.txt 文件存储在工作目录中，以用作模型的输入。
4. UTF-8 指定文本文件中字符的编码类型。**UTF-8** 代表 **Unicode 转换格式**。8 表示它使用 **8 位**子块来表示字符。
5. UTF-8 是一种折中的字符编码，可以像 ASCII 码一样紧凑（如果文件只是普通英文文本），也可以包含任何 Unicode 字符（文件大小有所增加）。
6. 文本文件并不一定是 UTF-8 格式的，因为我们将在稍后阶段使用编解码器库将所有文本编码为 Latin1 编码格式。

扩展

有关 UTF-8 和 Latin1 编码格式的更多信息，请访问以下链接：

- 链接 158
- 链接 159

其他

请访问以下链接以更好地了解神经网络中对单词向量的需求：

- 链接 160

下面列出了一些与将单词转换为向量相关的其他有用文章：

- 链接 161
- 链接 162

导入必要的库

在开始之前，我们需要以下库和依赖项，这些库和依赖项需要导入我们的 Python 环境中。这些库可以降低任务难度，因为它们具有可用的函数和模型，这也使代码更紧凑和可读。

准备

我们需要以下库和依赖项来创建单词向量和绘图，并在 2D 空间中可视化 *n* 维单词向量：

- future
- codecs
- glob
- multiprocessing
- os
- pprint
- re
- nltk
- Word2Vec
- sklearn
- numpy
- matplotlib
- pandas
- seaborn

实现

操作步骤如下。

1. 在 Jupyter Notebook 中键入以下命令以导入所有必需的库：

```
from  __future__  import absolute_import, division, print_function
import codecs
```

```
import glob
import logging
import multiprocessing
import os
import pprint import re
import nltk
import gensim.models.word2vec as w2v
import sklearn.manifold
import numpy as np
import matplotlib.pyplot as plt
import pandas as pd
import seaborn as sns
%pylab inline
```

2. 你会看到如下图所示的输出：

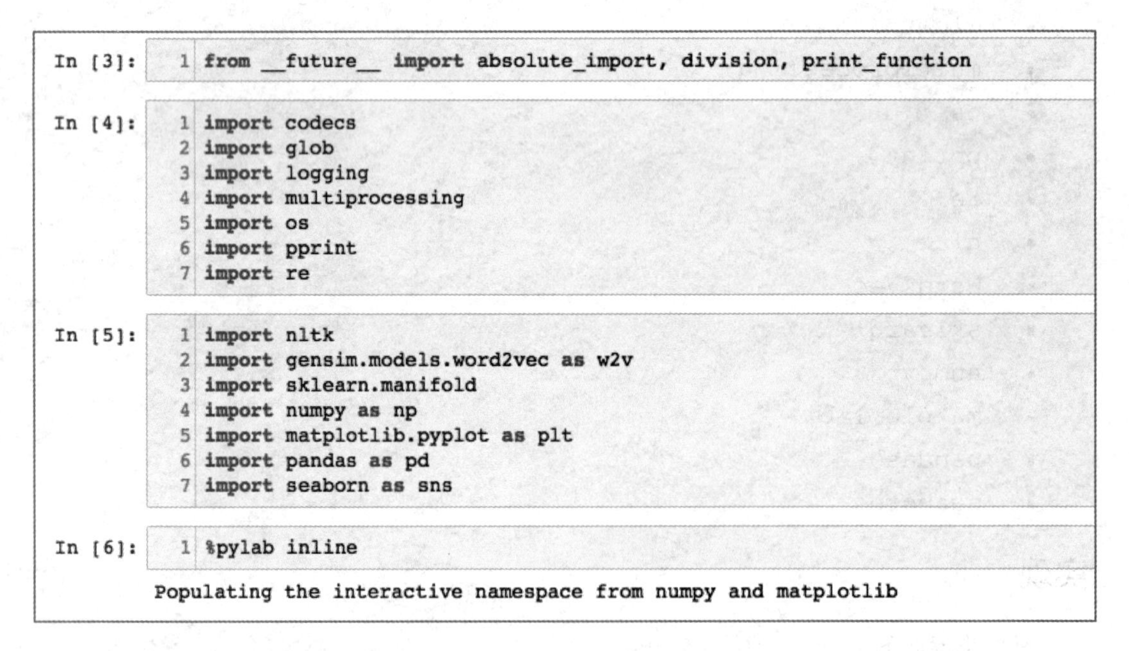

3. 接下来，使用以下命令导入 stopwords 和 punkt 库：

```
nltk.download("punkt")
nltk.download("stopwords")
```

4. 输出应如下图所示：

```
In [7]:   1 logging.basicConfig(format='%(asctime)s : %(levelname)s : %(message)s', level=logging.INFO)

In [8]:   1 nltk.download("punkt")
          2 nltk.download("stopwords")

        [nltk_data] Downloading package punkt to /Users/Chanti/nltk_data...
        [nltk_data]   Package punkt is already up-to-date!
        [nltk_data] Downloading package stopwords to
        [nltk_data]     /Users/Chanti/nltk_data...
        [nltk_data]   Package stopwords is already up-to-date!

Out[8]: True
```

说明

本节将介绍前面操作步骤中包含的每个库的用途。

1. `future` 库是 Python 2 和 Python 3 之间缺失的链接。它充当两个版本之间的桥梁，允许我们使用两个版本的语法。
2. `codecs` 库将用于执行文本文件中存在的所有单词的编码。这构成了我们的数据集。
3. `Regex` 是用于快速查找或搜索文件的库。`glob` 函数允许快速有效地在大型数据库中搜索所需文件。
4. `multiprocessing` 库允许我们执行并发，这是一种运行多个线程并让每个线程运行不同进程的方法。这是一种通过并行化使程序运行得更快的方法。
5. `os` 库允许与操作系统（例如 macOS、Windows 等）轻松交互，并执行诸如读取文件之类的功能。
6. `pprint` 库提供了一种能够以可用作解释器输入的形式漂亮打印任意 Python 数据结构的能力。
7. `re` 模块提供类似 Perl 中正则表达式匹配的操作。
8. NLTK 是一种自然语言工具包，能够以非常短的代码对单词进行标记。当用完整的句子输入时，`nltk` 函数会分解句子并输出每个单词的标记。基于这些标记，可以将单词组织成不同的类别。NLTK 通过将每个单词与一个称为 **lexicon** 的预训练单词的庞大数据库进行比较来做到这一点。
9. `Word2Vec` 是谷歌的模型，在大量的单词向量数据集上训练。它将语义相似的单词组合在一起，这将是本节要介绍的最重要的库。

10. `sklearn.manifold` 采用 t-分布邻域嵌入算法（t-SNE）技术来降低数据集的维数。由于每个单词向量都是多维的，因此我们需要某种形式的降维技术来将这些单词的维数降低到更低的维度空间，以便在二维空间中进行可视化。

扩展

`Numpy` 是一个常用的数学库。`matplotlib` 是我们将使用的绘图库，`pandas` 在数据处理方面提供了很大的灵活性，它允许进行简单的整形、切片、索引、子集化和数据操作。

`Seaborn` 库是另一个统计数据可视化库，我们需要将它与 `matplotlib` 一起使用。`Punkt` 和 `Stopwords` 是两个数据处理库，可简化任务。例如，将一段文本从语料库拆分为标记（即通过标记化）并删除停用词。

其他

有关所使用的某些库的更多信息，请访问以下链接：

- 链接 163
- 链接 164
- 链接 165
- 链接 166
- 链接 167
- 链接 168

准备数据

将数据输入模型前需要执行许多数据预处理步骤。本节将介绍如何清理数据并进行准备，以便将数据输入模型。

准备

`.txt` 文件中的所有文本首先被转换为一个大的语料库。这是通过从每个文件中读取每个句子并将其添加到空语料库来完成的。然后执行许多预处理步骤以去除诸如空格、拼写错误、停用词等不规则的地方。还必须对已清理的文本数据进行标记化，并通过运行循环将标记化的句子添加到空数组中。

实现

操作步骤如下。

1. 输入以下命令以搜索工作目录中的.txt 文件，并打印找到的文件的名称：

```
book_names = sorted(glob.glob("./*.txt"))
print("Found books:")
book_names
```

在我们的例子中，有名为 got1、got2、got3、got4 和 got5 的 5 本书保存在工作目录中。

2. 创建一个 corpus，从第一个文件开始读取每个句子，对其进行编码，然后使用以下命令将已编码的字符添加到 corpus 中：

```
corpus = u''
for book_name in book_names:
print("Reading '{0}'...".format(book_name))
with codecs.open(book_name,"r","Latin1") as book_file:
corpus += book_file.read()
print("Corpus is now {0} characters long".format(len(corpus)))
print()
```

3. 执行前面步骤中的代码，产生类似下图的输出：

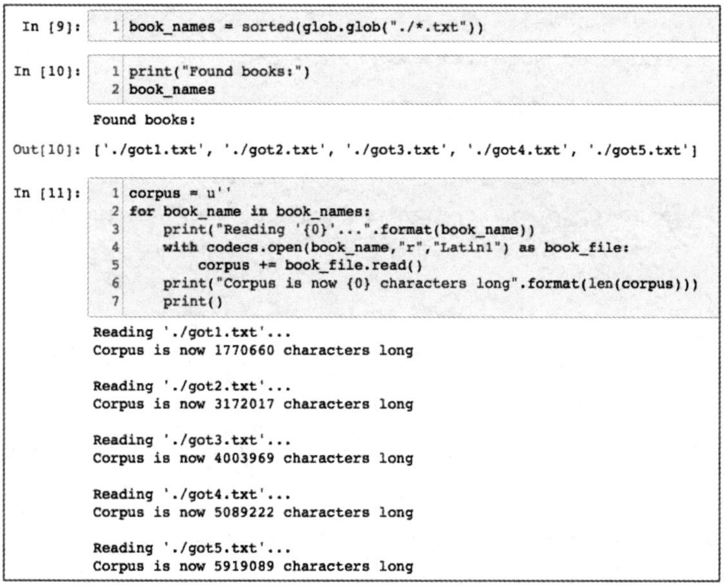

```
In [9]:   1 book_names = sorted(glob.glob("./*.txt"))

In [10]:  1 print("Found books:")
          2 book_names

          Found books:

Out[10]: ['./got1.txt', './got2.txt', './got3.txt', './got4.txt', './got5.txt']

In [11]:  1 corpus = u''
          2 for book_name in book_names:
          3     print("Reading '{0}'...".format(book_name))
          4     with codecs.open(book_name,"r","Latin1") as book_file:
          5         corpus += book_file.read()
          6     print("Corpus is now {0} characters long".format(len(corpus)))
          7     print()

          Reading './got1.txt'...
          Corpus is now 1770660 characters long

          Reading './got2.txt'...
          Corpus is now 3172017 characters long

          Reading './got3.txt'...
          Corpus is now 4003969 characters long

          Reading './got4.txt'...
          Corpus is now 5089222 characters long

          Reading './got5.txt'...
          Corpus is now 5919089 characters long
```

4. 使用以下命令从 punkt 中加载英语句子的 pickle 标记：

```
tokenizer = nltk.data.load('tokenizers/punkt/english.pickle')
```

5. 使用以下命令将整个语料库标记为句子：

```
raw_sentences = tokenizer.tokenize(corpus)
```

6. 定义函数将句子拆分成其组成单词，并用下列方式删除不必要的字符：

```
def sentence_to_wordlist(raw):
     clean = re.sub("[^a-zA-Z]"," ", raw)
     words = clean.split()
     return words
```

7. 将每个单词都被标记化的所有原始句子添加到新的句子数组中。使用以下代码完成：

```
sentences = []
for raw_sentence in raw_sentences:
   if len(raw_sentence) > 0:
   sentences.append(sentence_to_wordlist(raw_sentence))
```

8. 从语料库中随机打印一个语句来直观地查看标记生成器如何分割句子并从结果中创建单词列表。这是使用以下命令完成的：

```
print(raw_sentences[50])
print(sentence_to_wordlist(raw_sentences[50]))
```

9. 使用以下命令计算数据集中的总标记数：

```
token_count = sum([len(sentence) for sentence in sentences])
print("The book corpus contains {0:,} tokens".format(token_count))
```

说明

执行标记生成器并对语料库中的所有句子进行标记会产生类似下图的输出：

```
In [12]:  1 #Load the English pickle tokenizer from punkt
          2 tokenizer = nltk.data.load('tokenizers/punkt/english.pickle')

In [13]:  1 #Tokenize the corpus into sentences
          2 raw_sentences = tokenizer.tokenize(corpus)
```

接下来，按以下方式删除不必要的字符，例如连字符和特殊字符。使用用户定义的 `sentence_to_wordlist()` 函数拼接所有句子，得到如下图所示的输出：

```
In [14]:  1 #Convert sentences into list of words
          2 #remove unecessary characters, split into words, remove hyphens and special characters
          3 def sentence_to_wordlist(raw):
          4     clean = re.sub("[^a-zA-Z]"," ", raw)
          5     words = clean.split()
          6     return words
          7
```

将原始句子添加到名为 `sentences[]` 的新数组中会产生一个输出，如下图所示：

```
In [15]:  1 #for each sentence, sentences where each word is tokenized
          2 sentences = []
          3 for raw_sentence in raw_sentences:
          4     if len(raw_sentence) > 0:
          5         sentences.append(sentence_to_wordlist(raw_sentence))

In [16]:  1 print(raw_sentences[50])
          2 print(sentence_to_wordlist(raw_sentences[50]))

Two years past, he had fallen and shattered a hip, and it had never mended properly.
['Two', 'years', 'past', 'he', 'had', 'fallen', 'and', 'shattered', 'a', 'hip', 'and', 'it', 'had', 'never', 'mende
d', 'properly']
```

在打印语料库中的标记总数时，我们注意到，整个语料库中有 1,110,288 个标记。说明如下图所示：

```
In [17]:  1 #count tokens, each one being a sentence
          2 token_count = sum([len(sentence) for sentence in sentences])
          3 print("The book corpus contains {0:,} tokens".format(token_count))

The book corpus contains 1,110,288 tokens
```

功能如下：

1. 来自 NLTK 的预训练标记生成器用于通过将每个句子作为标记来标记整个语料库。每个标记化的句子都被添加到变量 `raw_sentences` 中，该变量存储已标记化的句子。
2. 接下来，删除常用的停用词，并通过将每个句子分成单词来清理文本。
3. 打印随机句子及其单词列表以了解其工作原理。在我们的例子中，我们选择在 `raw_sentences` 数组中打印第 50 个句子。
4. 数组中的标记总数（在此为句子标记总数）被计算和打印。此时，我们看到标记生成器创建了 1,110,288 个标记。

扩展

有关标记段落和句子的更多信息，请访问以下链接：

- 链接 169
- 链接 170
- 链接 171

其他

有关正则表达式工作原理的更多信息，请访问以下链接：

链接172

构建和训练模型

一旦我们在数组中以标记的形式获得文本数据，就能够以数组格式将其输入模型。首先，我们必须为模型定义一些超参数。本节将介绍如何执行以下操作：

- 声明模型超参数
- 使用 `Word2Vec` 构建模型
- 在已准备好的数据集上训练模型
- 保存并检查训练模型

准备

要声明的一些模型超参数包括以下内容：

- 生成的词向量的维数
- 最小字数阈值
- 训练模型时要运行的并行线程数
- 上下文窗口长度
- 下采样（针对频繁出现的单词）
- 设定随机数种子

声明前面提到的超参数后，我们就可使用Gensim库中的Word2Vec函数来构建模型。

实现

操作步骤如下所述。

1. 使用以下命令声明模型的超参数：

```
num_features = 300
min_word_count = 3
num_workers = multiprocessing.cpu_count()
context_size = 7
downsampling = 1e-3
seed = 1
```

2. 使用声明的超参数，用以下代码行构建模型：

```
got2vec = w2v.Word2Vec(
    sg=1,
    seed=seed,
    workers=num_workers,
    size=num_features,
    min_count=min_word_count,
    window=context_size,
    sample=downsampling
)
```

3. 使用已标记化的句子构建模型的词汇表并遍历所有标记。这是以下列方式使用 build_vocab 函数完成的：

```
got2vec.build_vocab(sentences,progress_per=10000,
keep_raw_vocab=False, trim_rule=None)
```

4. 使用以下命令训练模型：

```
got2vec.train(sentences, total_examples=got2vec.corpus_count,
total_words=None, epochs=got2vec.iter, start_alpha=None,
end_alpha=None, word_count=0, queue_factor=2, report_delay=1.0,
compute_loss=False)
```

5. 如果目录尚不存在，请创建名为 trained 的目录。使用以下命令保存并检查受训模型：

```
if not os.path.exists("trained"):
     os.makedirs("trained")
got2vec.wv.save(os.path.join("trained", "got2vec.w2v"), ignore=[])
```

6. 要在任何位置加载已保存的模型，请使用以下命令：

```
got2vec = w2v.KeyedVectors.load(os.path.join("trained",
"got2vec.w2v"))
```

说明

各步骤的功能如下。

1. 模型参数声明不会产生任何输出。它只是在内存中创建空间来存储变量作为模型参数。如下图描述：

```
In [18]:  1 #Define hyperparameters
          2 
          3 # Dimensionality of the resulting word vectors.
          4 num_features = 300
          5 
          6 # Minimum word count threshold.
          7 min_word_count = 3
          8 
          9 # Number of threads to run in parallel.
         10 num_workers = multiprocessing.cpu_count()
         11 
         12 # Context window length.
         13 context_size = 7
         14 
         15 # Downsample setting for frequent words.
         16 downsampling = 1e-3
         17 
         18 # Seed for the RNG, to make the results reproducible.
         19 seed = 1
```

2. 该模型使用前面声明的超参数构建。在我们的例子中，将模型命名为 got2vec。此外，模型可以根据你的喜好命名。模型命名如下图所示：

```
In [19]:  1 got2vec = w2v.Word2Vec(
          2     sg=1,
          3     seed=seed,
          4     workers=num_workers,
          5     size=num_features,
          6     min_count=min_word_count,
          7     window=context_size,
          8     sample=downsampling
          9 )
```

3. 在模型上运行 build_vocab 命令会生成如下图所示的输出：

```
In [20]:  1 got2vec.build_vocab(sentences,progress_per=10000, keep_raw_vocab=False, trim_rule=None)

2018-06-10 23:06:03,435 : INFO : collecting all words and their counts
2018-06-10 23:06:03,442 : INFO : PROGRESS: at sentence #0, processed 0 words, keeping 0 word types
2018-06-10 23:06:03,501 : INFO : PROGRESS: at sentence #10000, processed 141019 words, keeping 10280 word types
2018-06-10 23:06:03,547 : INFO : PROGRESS: at sentence #20000, processed 279976 words, keeping 13565 word types
2018-06-10 23:06:03,593 : INFO : PROGRESS: at sentence #30000, processed 420646 words, keeping 16602 word types
2018-06-10 23:06:03,640 : INFO : PROGRESS: at sentence #40000, processed 556994 words, keeping 18330 word types
2018-06-10 23:06:03,695 : INFO : PROGRESS: at sentence #50000, processed 699254 words, keeping 20291 word types
2018-06-10 23:06:03,747 : INFO : PROGRESS: at sentence #60000, processed 835958 words, keeping 21841 word types
2018-06-10 23:06:03,806 : INFO : PROGRESS: at sentence #70000, processed 970547 words, keeping 23057 word types
2018-06-10 23:06:03,849 : INFO : collected 23960 word types from a corpus of 1110288 raw words and 79418 sentences
2018-06-10 23:06:03,852 : INFO : Loading a fresh vocabulary
2018-06-10 23:06:03,899 : INFO : min_count=3 retains 13351 unique words (55% of original 23960, drops 10609)
2018-06-10 23:06:03,902 : INFO : min_count=3 leaves 1096572 word corpus (98% of original 1110288, drops 13716)
2018-06-10 23:06:03,958 : INFO : deleting the raw counts dictionary of 23960 items
2018-06-10 23:06:03,961 : INFO : sample=0.001 downsamples 49 most-common words
2018-06-10 23:06:03,963 : INFO : downsampling leaves estimated 851575 word corpus (77.7% of prior 1096572)
2018-06-10 23:06:03,966 : INFO : estimated required memory for 13351 words and 300 dimensions: 38717900 bytes
2018-06-10 23:06:04,029 : INFO : resetting layer weights
```

4. 通过定义参数来完成模型的训练，如下图所示：

```
In [21]:  1 #train model on sentences
          2 got2vec.train(sentences, total_examples=got2vec.corpus_count,
          3               total_words=None, epochs=got2vec.iter,
          4               start_alpha=None, end_alpha=None, word_count=0,
          5               queue_factor=2, report_delay=1.0, compute_loss=False)
```

5. 上面的命令生成如下图所示的输出：

```
2018-06-10 23:06:04,319 : INFO : training model with 4 workers on 13351 vocabulary and 300 features, using sg=1 hs=0 sample=0.001 negative=5 window=7
2018-06-10 23:06:05,342 : INFO : PROGRESS: at 3.73% examples, 160036 words/s, in_qsize 7, out_qsize 0
2018-06-10 23:06:06,389 : INFO : PROGRESS: at 8.22% examples, 171593 words/s, in_qsize 7, out_qsize 0
2018-06-10 23:06:07,409 : INFO : PROGRESS: at 12.59% examples, 174664 words/s, in_qsize 7, out_qsize 0
2018-06-10 23:06:08,414 : INFO : PROGRESS: at 17.04% examples, 176645 words/s, in_qsize 7, out_qsize 0
2018-06-10 23:06:09,428 : INFO : PROGRESS: at 21.37% examples, 178994 words/s, in_qsize 7, out_qsize 0
2018-06-10 23:06:10,470 : INFO : PROGRESS: at 25.35% examples, 176095 words/s, in_qsize 7, out_qsize 0
2018-06-10 23:06:11,471 : INFO : PROGRESS: at 29.53% examples, 176031 words/s, in_qsize 7, out_qsize 0
2018-06-10 23:06:12,483 : INFO : PROGRESS: at 33.42% examples, 174908 words/s, in_qsize 8, out_qsize 0
2018-06-10 23:06:13,552 : INFO : PROGRESS: at 37.95% examples, 174545 words/s, in_qsize 7, out_qsize 0
2018-06-10 23:06:14,597 : INFO : PROGRESS: at 42.06% examples, 174654 words/s, in_qsize 7, out_qsize 0
2018-06-10 23:06:15,617 : INFO : PROGRESS: at 46.55% examples, 175824 words/s, in_qsize 7, out_qsize 0
2018-06-10 23:06:16,665 : INFO : PROGRESS: at 51.14% examples, 176453 words/s, in_qsize 7, out_qsize 0
2018-06-10 23:06:17,680 : INFO : PROGRESS: at 55.48% examples, 176822 words/s, in_qsize 7, out_qsize 0
2018-06-10 23:06:18,696 : INFO : PROGRESS: at 59.75% examples, 177108 words/s, in_qsize 7, out_qsize 0
2018-06-10 23:06:19,729 : INFO : PROGRESS: at 64.01% examples, 177182 words/s, in_qsize 8, out_qsize 0
2018-06-10 23:06:20,747 : INFO : PROGRESS: at 68.31% examples, 177407 words/s, in_qsize 7, out_qsize 0
2018-06-10 23:06:21,750 : INFO : PROGRESS: at 72.68% examples, 177766 words/s, in_qsize 6, out_qsize 1
2018-06-10 23:06:22,787 : INFO : PROGRESS: at 77.13% examples, 177748 words/s, in_qsize 6, out_qsize 1
2018-06-10 23:06:23,797 : INFO : PROGRESS: at 81.46% examples, 178328 words/s, in_qsize 7, out_qsize 0
2018-06-10 23:06:24,812 : INFO : PROGRESS: at 85.61% examples, 178113 words/s, in_qsize 6, out_qsize 1
2018-06-10 23:06:25,830 : INFO : PROGRESS: at 90.19% examples, 178609 words/s, in_qsize 7, out_qsize 0
2018-06-10 23:06:26,859 : INFO : PROGRESS: at 94.06% examples, 177939 words/s, in_qsize 7, out_qsize 0
2018-06-10 23:06:27,934 : INFO : PROGRESS: at 98.58% examples, 177623 words/s, in_qsize 7, out_qsize 0
2018-06-10 23:06:28,176 : INFO : worker thread finished; awaiting finish of 3 more threads
2018-06-10 23:06:28,205 : INFO : worker thread finished; awaiting finish of 2 more threads
2018-06-10 23:06:28,272 : INFO : worker thread finished; awaiting finish of 1 more threads
2018-06-10 23:06:28,295 : INFO : worker thread finished; awaiting finish of 0 more threads
2018-06-10 23:06:28,297 : INFO : training on 5551440 raw words (4258565 effective words) took 24.0s, 177726 effective words/s

Out[21]: 4258565
```

6. 保存、检查点和加载模型的命令生成如下图所示的输出：

```
In [22]:  1 #save model
          2 if not os.path.exists("trained"):
          3     os.makedirs("trained")

In [23]:  1 got2vec.wv.save(os.path.join("trained", "got2vec.w2v"), ignore=[])

2018-06-10 23:06:28,326 : INFO : saving KeyedVectors object under trained/got2vec.w2v, separately None
2018-06-10 23:06:28,767 : INFO : saved trained/got2vec.w2v

In [24]:  1 #load model
          2 got2vec = w2v.KeyedVectors.load(os.path.join("trained", "got2vec.w2v"))

2018-06-10 23:06:28,787 : INFO : loading KeyedVectors object from trained/got2vec.w2v
2018-06-10 23:06:29,362 : INFO : loaded trained/got2vec.w2v
```

扩展

思考以下内容：

- 在我们的例子中，我们注意到，`build_vocab` 函数从 1,110,288 个单词的列表中识别出 23,960 个不同的单词类型。但是，对于不同的文本语料库，此数字会有所不同。
- 因为我们已将维度声明为 300，因此每个单词由 300 维向量表示。增加此数字会增加模型的训练时间，但也能让模型轻松地推广到新数据。

- 1e-3 是一个较好的下采样率。这是为了让模型知道什么时候对频繁出现的单词进行下采样，因为这些单词在分析时并不十分重要。它们包括 this、that、those、them 等。
- 设置种子以使结果可重复。设置种子也能使调试变得更容易。
- 使用常规 CPU 计算训练模型只需大约 30 秒，因为模型不是很复杂。
- 已设置检查点的模型保存在工作目录的 `trained` 文件夹内。

其他

有关 `Word2Vec` 模型和 `Gensim` 库的更多信息，请访问以下链接：

链接173

进一步可视化

本节介绍如何压缩所有已训练单词的维度，并将全部单词放入一个巨大的矩阵中以进行可视化。由于每个单词都是 300 维的向量，因此需要将其降到较低维度，以便在 2D 空间中进行可视化。

准备

就像在前一节中所做的那样，模型在完成训练并保存和设置检查点后，首先将它加载到内存中。本节将使用的库和模块是：

- `tSNE`
- `pandas`
- `Seaborn`
- `numpy`

实现

操作步骤如下所述。

1. 使用以下命令压缩 300 维单词向量的维数：

```
tsne = sklearn.manifold.TSNE(n_components=2, random_state=0)
```

2. 将所有单词向量放入一个名为 all_word_vectors_matrix 的巨型矩阵中，并使用以下命令查看：

```
all_word_vectors_matrix = got2vec.wv.syn0
print (all_word_vectors_matrix)
```

3. 使用以下命令，通过使用 tsne 技术将所有学习到的表征拟合到一个二维空间中：

```
all_word_vectors_matrix_2d =
tsne.fit_transform(all_word_vectors_matrix)
```

4. 使用以下代码收集所有单词向量及其关联的单词：

```
points = pd.DataFrame(
    [
            (word, coords[0], coords[1])
             for word, coords in [
              (word,
all_word_vectors_matrix_2d[got2vec.vocab[word].index])
                  for word in got2vec.vocab
        ]
    ],
    columns=["word", "x", "y"]
)
```

5. 可以使用以下命令获取前 10 个点的 x 坐标和 y 坐标及其关联单词：

```
points.head(10)
```

6. 使用以下命令绘制所有点：

```
sns.set_context("poster")
points.plot.scatter("x", "y", s=10, figsize=(15, 15))
```

7. 绘制的图形的选定区域可以放大以进行更仔细的检查。通过使用以下函数切割原始数据来执行此操作：

```
def plot_region(x_bounds, y_bounds):
    slice = points[
        (x_bounds[0] <= points.x) &
        (points.x <= x_bounds[1]) &
        (y_bounds[0] <= points.y) &
```

```
        (points.y <= y_bounds[1])
        ]
    ax = slice.plot.scatter("x", "y", s=35, figsize=(10, 8))
        for i, point in slice.iterrows():
            ax.text(point.x + 0.005, point.y + 0.005, point.word,
fontsize=11)
```

8. 使用以下命令绘制切片数据。切片数据可以显示为所有数据点原始图的放大区域：

```
plot_region(x_bounds=(20.0, 25.0), y_bounds=(15.5, 20.0))
```

说明

各步骤的主要功能如下所述。

1. t-SNE 算法是一种非线性降维技术。计算机很容易在计算过程中解释和处理许多维度。然而，人们一次只能看到两个或三个维度。因此，当试图从数据中获得洞见时，这些降维技术非常有用。
2. 将 t-SNE 应用于 300 维的向量中，我们能够将其压缩成两个维度以绘制并查看它。
3. 通过将 `n_components` 指定为 2，我们让算法知道必须将数据压缩到二维空间中。完成后，我们将所有压缩的向量添加到一个名为 `all_word_vectors_matrix` 的巨型矩阵中，如下图所示：

```
In [25]:  1 #Squash dimensionality to 2
          2 tsne = sklearn.manifold.TSNE(n_components=2, random_state=0)

In [26]:  1 #Put all the word vectors into one big matrix
          2 all_word_vectors_matrix = got2vec.wv.syn0

In [27]:  1 print (all_word_vectors_matrix)

     [[ 0.09056767  0.13808218 -0.15090199 ..., -0.0429583   0.37500036
        0.08323756]
      [ 0.21597612  0.14266475  0.10169824 ..., -0.24987067  0.23634805
       -0.0658862 ]
      [ 0.1161018   0.00083609 -0.12968211 ..., -0.02102427  0.14930068
        0.15946394]
      ...,
      [ 0.04589215 -0.00924069  0.12722564 ..., -0.08988392  0.07124554
        0.0107049 ]
      [ 0.04099707  0.02326098  0.16791834 ..., -0.11710527  0.07844222
        0.03250155]
      [ 0.00718155 -0.00764655  0.14178357 ..., -0.06933824  0.05238995
        0.02870508]]
```

4. t-SNE 算法需要在所有这些单词向量上进行训练。常规 CPU 训练大约需要 5 分钟。
5. 一旦 t-SNE 完成对所有单词向量的训练，它就输出每个单词的二维向量。通过将这些向量全部转换为数据帧，可以将这些向量绘制成点。如下图所示：

```
In [28]:  1 #train tsne
          2 all_word_vectors_matrix_2d = tsne.fit_transform(all_word_vectors_matrix)

In [29]:  1 #plot point in 2d space
          2 points = pd.DataFrame(
          3     [
          4         (word, coords[0], coords[1])
          5         for word, coords in [
          6             (word, all_word_vectors_matrix_2d[got2vec.vocab[word].index])
          7             for word in got2vec.vocab
          8         ]
          9     ],
         10     columns=["word", "x", "y"]
         11 )
```

6. 我们看到前面的代码产生了许多个点，其中每个点代表一个**单词**及其 *x* 坐标和 *y* 坐标。在检查数据帧的前 20 个点时，我们得到一个如下图所示的输出：

```
In [30]:  1 points.head(20)
Out[30]:
```

	word	x	y
0	This	49.950523	-25.327841
1	edition	35.310001	56.534756
2	the	-1.957921	-10.210916
3	complete	14.203405	1.723180
4	of	-32.203743	38.342068
5	original	7.682618	44.520737
6	hardcover	32.301609	53.877991
7	ONE	17.199678	45.970676
8	A	4.724955	-11.747786
9	OF	37.043114	58.189484
10	KINGS	34.051868	56.641701
11	Bantam	37.084698	57.890003
12	Spectra	36.364651	56.821690
13	Book	36.035824	54.772251
14	PUBLISHING	32.160858	53.860893
15	HISTORY	32.051739	53.599449
16	published	34.316971	56.022495
17	paperback	31.942375	53.843864
18	September	31.740513	53.542671
19	and	-19.186104	27.123867

7. 在使用all_word_vectors_2D变量绘制所有点时，你可以看到类似下图的输出：

```
In [31]:  1 # Plotting using the seaborn library
          2 sns.set_context("poster")

In [32]:  1 points.plot.scatter("x", "y", s=10, figsize=(10, 10))
```

8. 上面的命令将绘制从整个文本生成的所有标记或单词的图，如下图所示：

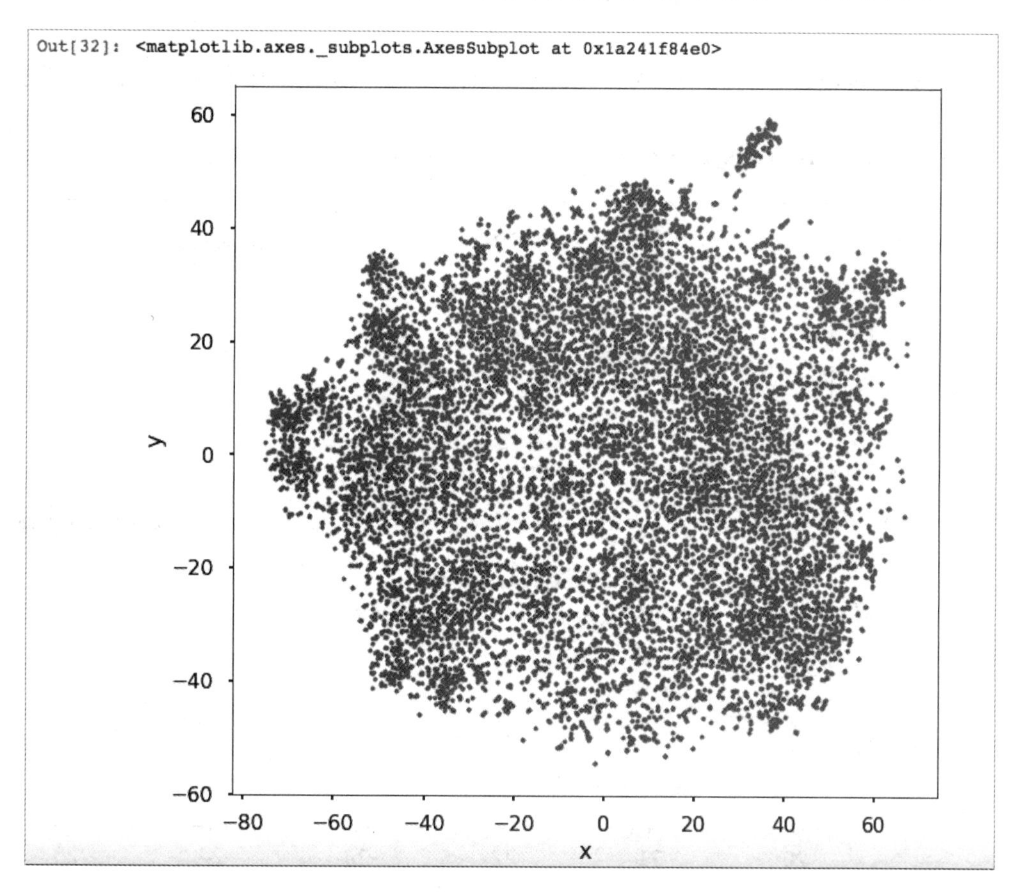

9. 我们可以使用 plot_region 函数放大绘图的某个区域，这样就可以实际看到这些单词及其坐标。下图说明了此步骤：

```
In [33]:  1 def plot_region(x_bounds, y_bounds):
          2     slice = points[
          3         (x_bounds[0] <= points.x) &
          4         (points.x <= x_bounds[1]) &
          5         (y_bounds[0] <= points.y) &
          6         (points.y <= y_bounds[1])
          7     ]
          8
          9     ax = slice.plot.scatter("x", "y", s=35, figsize=(10, 8))
         10     for i, point in slice.iterrows():
         11         ax.text(point.x + 0.005, point.y + 0.005, point.word, fontsize=11)
```

10. 可以通过设置x_bounds和y_bounds的值来显示绘图的放大区域，如下图所示：

```
In [34]:  1 plot_region(x_bounds=(20.0, 25.0), y_bounds=(15.5, 20.0))
```

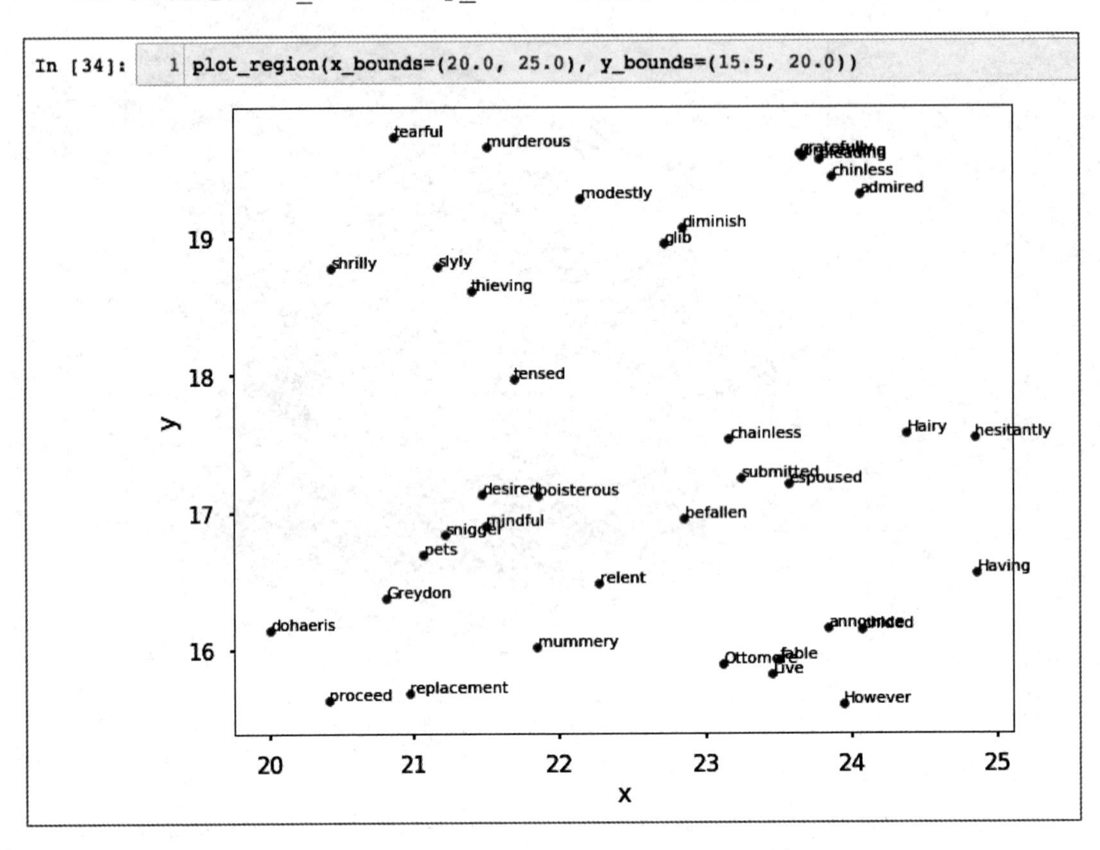

11. 可以通过更改x_bounds和y_bounds的值来显示同一绘图的不同区域，如下图所示：

```
In [35]:  1 plot_region(x_bounds=(4, 41), y_bounds=(-0.5, -0.1))
```

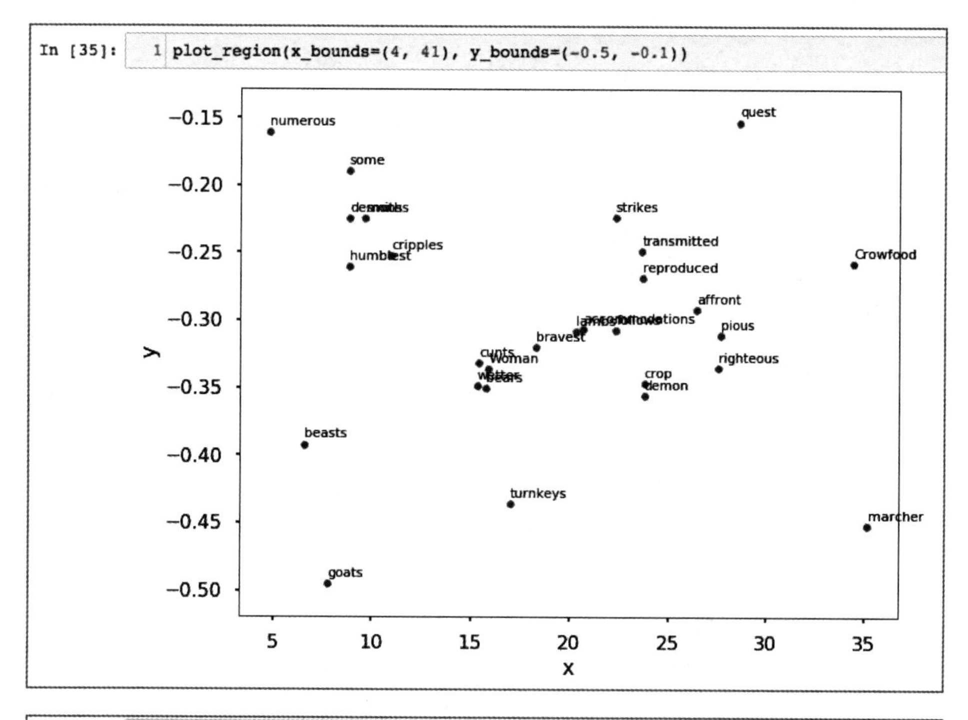


```
In [36]:  1 plot_region(x_bounds=(10, 15), y_bounds=(5, 10))
```

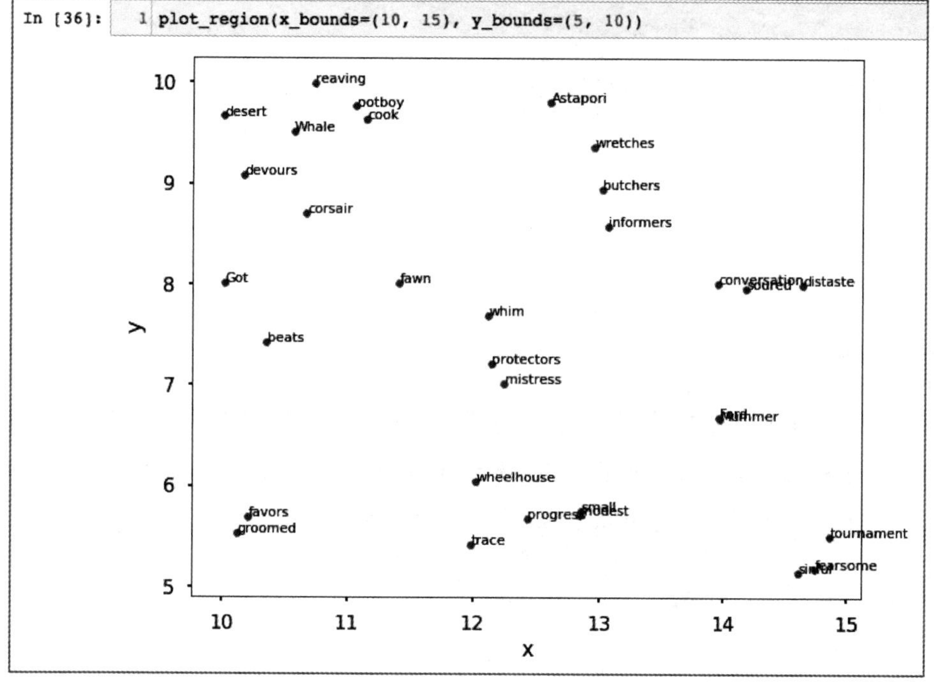

其他

- 有关 t-SNE 算法如何工作的更多信息，请访问以下链接：

  链接174

- 更多关于余弦距离相似性和排序的信息可以通过访问以下链接找到：

  链接175

- 访问以下链接了解 `Seaborn` 库的不同函数：

  链接176

进一步分析

本节将介绍可视化后可对数据执行的进一步分析。例如，探索不同单词向量之间的余弦距离相似性。

准备

下面的链接是一个关于余弦距离相似性工作原理的优质博客，其中也讨论了一些相关数学问题：

链接177

实现

思考以下内容。

- 可以使用 `Word2Vec` 的不同函数执行各种自然语言处理任务。其中之一是在给定某个单词的情况下找到最具语义相似的单词（即，具有高余弦相似性或短欧氏距离的单词向量）。这可以通过使用 `Word2Vec` 的 `most_similar` 函数来完成，如下图所示：

```
In [37]:  1 got2vec.most_similar("Stark")

2018-06-10 23:19:58,525 : INFO : precomputing L2-norms of word weight vectors

Out[37]: [('Eddard', 0.7668936252593994),
          ('Winterfell', 0.7056568264961243),
          ('Robb', 0.6961060762405396),
          ('ward', 0.6951630711555481),
          ('Benjen', 0.6915132403373718),
          ('beheaded', 0.691235363483429),
          ('Brandon', 0.6858698725700378),
          ('Rickard', 0.6805354952812195),
          ('Roslin', 0.6784009337425232),
          ('Tully', 0.6777351498603821)]
```

- 下图显示了所有与 `Lannister` 一词相关的最接近的单词：

```
In [38]:  1 got2vec.most_similar("Lannister")

Out[38]: [('pays', 0.7002766728401184),
          ('debts', 0.6817960143089294),
          ('Kevan', 0.6544679999351501),
          ('Kingslayer', 0.6358460783958435),
          ('lion', 0.6246482133865356),
          ('Jaime', 0.6158034205436707),
          ('scorn', 0.6151726245880127),
          ('Cersei', 0.6130942702293396),
          ('Stafford', 0.6115696430206299),
          ('Tywin', 0.6111588478088379)]
```

- 此图显示了与单词 `Jon` 相关的所有单词列表：

```
In [39]:  1 got2vec.most_similar("Jon")

Out[39]: [('Snow', 0.743793249130249),
          ('Sam', 0.7024655938148499),
          ('Theon', 0.6459170579910278),
          ('Qhorin', 0.6453526616096497),
          ('Ygritte', 0.6438825130462646),
          ('Pyp', 0.6253669261932373),
          ('Ned', 0.6234972476959229),
          ('Ghost', 0.6164664626121521),
          ('Benjen', 0.6151096224784851),
          ('Reek', 0.6134048700332642)]
```

说明

思考以下内容。

- 有多种测量单词之间语义相似性的函数。我们在本节中使用的函数是基于余弦相似性的。还可以使用以下代码来探索单词之间的线性关系：

```
def nearest_similarity_cosmul(start1, end1, end2):
    similarities = got2vec.most_similar_cosmul(
        positive=[end2, start1],
        negative=[end1]
)
start2 = similarities[0][0]
print("{start1} is related to {end1}, as {start2} is related to
{end2}".format(**locals()))
return start2
```

- 要查找最近单词与给定单词集的余弦相似度，请使用以下命令：

```
nearest_similarity_cosmul("Stark", "Winterfell", "Riverrun")
nearest_similarity_cosmul("Jaime", "sword", "wine")
nearest_similarity_cosmul("Arya", "Nymeria", "dragons")
```

- 下图说明了上述过程：

```
In [40]:  1 #distance, similarity, and ranking
          2 def nearest_similarity_cosmul(start1, end1, end2):
          3     similarities = got2vec.most_similar_cosmul(
          4         positive=[end2, start1],
          5         negative=[end1]
          6     )
          7     start2 = similarities[0][0]
          8     print("{start1} is related to {end1}, as {start2} is related to {end2}".format(**locals()))
          9     return start2
         10
```

- 结果如下：

```
In [41]:  1 nearest_similarity_cosmul("Stark", "Winterfell", "Riverrun")
          2 nearest_similarity_cosmul("Jaime", "sword", "wine")
          3 nearest_similarity_cosmul("Arya", "Nymeria", "dragons")

Stark is related to Winterfell, as Tully is related to Riverrun
Jaime is related to sword, as Cersei is related to wine
Arya is related to Nymeria, as Dany is related to dragons
```

- 如本节所示，单词向量构成了所有自然语言处理任务的基础。在深入研究更复杂的自然语言处理模型（如**循环神经网络**和**长短期记忆单元**）之前，了解它们以及构建这些模型所需的数学计算非常重要。

其他

为了更好地理解余弦距离相似性、聚类和其他用于单词向量排序的机器学习技术，可以进行深度阅读。下面提供了一些关于这个主题已发表论文的链接：

- 链接 178
- 链接 179

12

使用 Keras 创建电影推荐引擎

本章将介绍以下内容：

- 下载 MovieLens 数据集
- 操作和合并 MovieLens 数据集
- 探索 MovieLens 数据集
- 为深度学习流水线准备数据集
- 应用 Keras 深度学习模型
- 评估推荐引擎的准确度

介绍

2006 年，一家小型 DVD 租赁公司想将他们的推荐引擎性能提升 10%，于是发起了征集活动，这家公司就是 Netflix，征集活动的奖金为 100 万美元。这场竞赛吸引了世界上一些较大的科技公司的工程师和科学家。获胜者的推荐引擎是用机器学习构建的。在流媒体数据和向客户推荐观看内容方面，Netflix 现在是领先的科技巨头之一。

如今，无论你在做什么，评分无处不在。如果你正在寻找出去吃饭的新餐馆，要在网上订购一些衣服，在当地剧院看一个新电影，或者在电视或网上看一部新剧，总有那么一个网站或移动应用程序会给你想要购买的产品或服务某种类型的评分以及反馈。正是由于反馈的迅速增加，推荐算法在过去几年变得越来越受欢迎。本章将重点介绍如何使用深度学习库 Keras 为用户构建电影推荐引擎。

下载 MovieLens 数据集

1992 年，明尼苏达州的明尼阿波利斯市开设了一个名为 **GroupLens** 的研究实验中心，该中心专注于研究推荐引擎，并且多年来在 MovieLens 网站上慷慨地汇集了数百万行数据。我们将使用其数据集作为推荐引擎模型的数据源。

准备

MovieLens 数据集由 GroupLens 在以下网站上进行管理和维护：

链接180

值得注意的是，我们将使用的数据集直接来自其网站，而不是来自第三方中介或存储库。此外，还有两个可供我们查询的不同数据集：

- 推荐用于新研究
- 推荐用于教育和发展事业

使用该数据集纯粹是为了教育需要，因此我们将从网站的**教育和发展**部分下载数据。教育数据为我们的模型提供了大量数据，因为它包含 100,000 个评分，如下图所示：

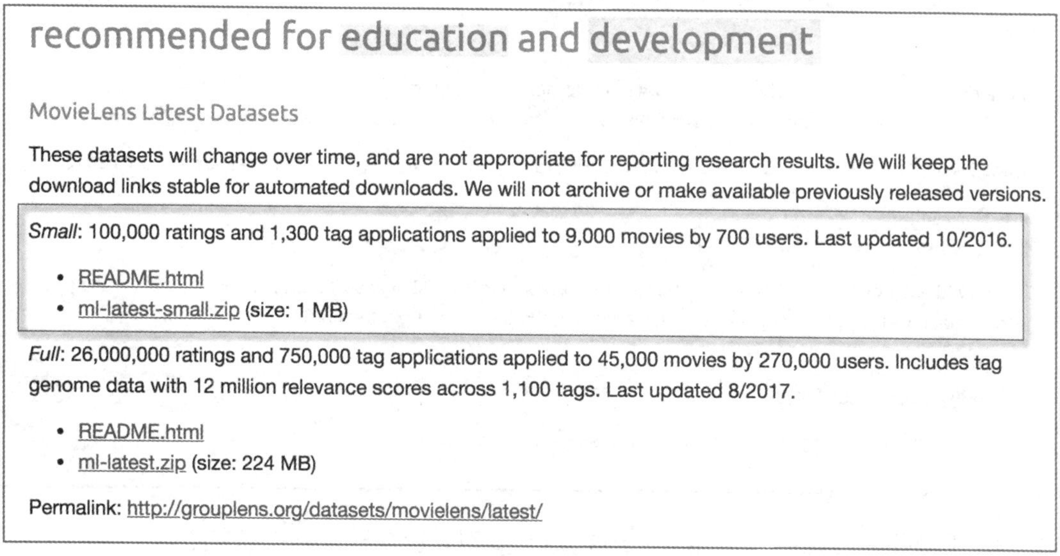

recommended for education and development

MovieLens Latest Datasets

These datasets will change over time, and are not appropriate for reporting research results. We will keep the download links stable for automated downloads. We will not archive or make available previously released versions.

Small: 100,000 ratings and 1,300 tag applications applied to 9,000 movies by 700 users. Last updated 10/2016.

- README.html
- ml-latest-small.zip (size: 1 MB)

Full: 26,000,000 ratings and 750,000 tag applications applied to 45,000 movies by 270,000 users. Includes tag genome data with 12 million relevance scores across 1,100 tags. Last updated 8/2017.

- README.html
- ml-latest.zip (size: 224 MB)

Permalink: http://grouplens.org/datasets/movielens/latest/

此外，该数据集还收集了从 1995 年 9 月 1 日至 2015 年 3 月 31 日这期间 600 多名匿名用户的相关信息。数据集最近一次更新是在 2017 年 10 月。

F Maxwell Harper and Joseph A Konstan, 2015. The MovieLens Datasets: History and Context. ACM **Transactions on Interactive Intelligent Systems (TiiS)** 5, 4, Article 19 (December 2015), 19 pages.

实现

本节将介绍如何下载和解压缩 MovieLens 数据集。

1. 下载较小的 MovieLens 数据集的研究版本，可在以下网站上下载：

   链接181

2. 将名为 `ml-latest-small.zip` 的压缩文件下载到本地文件夹中，如下图所示：

grouplens about datasets publications blog

MovieLens Latest Datasets

These datasets will change over time, and are not appropriate for reporting research results. We will keep the download links stable for automated downloads. We will not archive or make available previously released versions.

Small: 100,000 ratings and 1,300 tag applications applied to 9,000 movies by 700 users. Last updated 10/2016.

- README.html
- ml-latest-small.zip (size: 1 MB)

Full: 26,000,000 ratings and 750,000 tag applications applied to 45,000 movies by 270,000 users. Includes tag genome data with 12 million relevance scores across 1,100 tags. Last updated 8/2017.

- README.html
- ml-latest.zip (size: 224 MB)

Permalink: http://grouplens.org/datasets/movielens/latest/

3. 下载并解压缩 `ml-latest-small.zip` 时，应提取以下 4 个文件：

(1) `links.csv`

(2) `movies.csv`

(3) `ratings.csv`

(4) `tags.csv`

4. 执行以下脚本以开始我们的 `SparkSession`：

```
spark = SparkSession.builder \
        .master("local") \
        .appName("RecommendationEngine") \
        .config("spark.executor.memory", "6gb") \
        .getOrCreate()
```

5. 通过执行以下脚本，确认以下 6 个文件可供访问：

```
import os
os.listdir('ml-latest-small/')
```

6. 使用以下脚本将每个数据集加载到 Spark 数据帧中：

```
movies = spark.read.format('com.databricks.spark.csv')\
            .options(header='true', inferschema='true')\
            .load('ml-latest-small/movies.csv')
tags = spark.read.format('com.databricks.spark.csv')\
            .options(header='true', inferschema='true')\
            .load('ml-latest-small/tags.csv')
links = spark.read.format('com.databricks.spark.csv')\
            .options(header='true', inferschema='true')\
            .load('ml-latest-small/links.csv')
ratings = spark.read.format('com.databricks.spark.csv')\
            .options(header='true', inferschema='true')\
            .load('ml-latest-small/ratings.csv')
```

7. 执行以下脚本确认每个数据集的行数：

```
print('The number of rows in movies dataset is
{}'.format(movies.toPandas().shape[0]))
print('The number of rows in ratings dataset is
```

```
{}'.format(ratings.toPandas().shape[0]))
print('The number of rows in tags dataset is
{}'.format(tags.toPandas().shape[0]))
print('The number of rows in links dataset is
{}'.format(links.toPandas().shape[0]))
```

说明

本节将重点介绍MovieLens 10万数据集中可用的每个数据集中的字段。查看以下步骤：

1. 压缩文件 `ml-latest-small.zip` 中所有的数据集都可用。`rating.csv` 数据集将作为我们的数据的伪事实表，因为它对每个被评分的电影都有汇报。数据集 `ratings` 有如下图所示的4个列名：

```
In [1]: spark = SparkSession.builder \
            .master("local") \
            .appName("RecommendationEngine") \
            .config("spark.executor.memory", "6gb") \
            .getOrCreate()

In [2]: import os
        os.listdir('ml-latest-small/')

Out[2]: ['tags.csv', 'links.csv', 'README.txt', 'ratings.csv', 'movies.csv']

In [3]: movies = spark.read.format('com.databricks.spark.csv')\
                      .options(header='true', inferschema='true')\
                      .load('ml-latest-small/movies.csv')
        tags = spark.read.format('com.databricks.spark.csv')\
                      .options(header='true', inferschema='true')\
                      .load('ml-latest-small/tags.csv')
        links = spark.read.format('com.databricks.spark.csv')\
                      .options(header='true', inferschema='true')\
                      .load('ml-latest-small/links.csv')
        ratings = spark.read.format('com.databricks.spark.csv')\
                      .options(header='true', inferschema='true')\
                      .load('ml-latest-small/ratings.csv')

In [4]: ratings.columns

Out[4]: ['userId', 'movieId', 'rating', 'timestamp']
```

2. 数据集显示了每个 **userId** 在他们的时间内选择的**评分**，从最早的评分到最近的评分。**评分**范围可以从0.5星到5.0星不等，如下图中的 `userId = 1` 所示：

```
In [5]: ratings.show(truncate=False)

+------+-------+------+----------+
|userId|movieId|rating|timestamp |
+------+-------+------+----------+
|1     |31     |2.5   |1260759144|
|1     |1029   |3.0   |1260759179|
|1     |1061   |3.0   |1260759182|
|1     |1129   |2.0   |1260759185|
|1     |1172   |4.0   |1260759205|
|1     |1263   |2.0   |1260759151|
|1     |1287   |2.0   |1260759187|
|1     |1293   |2.0   |1260759148|
|1     |1339   |3.5   |1260759125|
|1     |1343   |2.0   |1260759131|
|1     |1371   |2.5   |1260759135|
|1     |1405   |1.0   |1260759203|
|1     |1953   |4.0   |1260759191|
|1     |2105   |4.0   |1260759139|
|1     |2150   |3.0   |1260759194|
|1     |2193   |2.0   |1260759198|
|1     |2294   |2.0   |1260759108|
|1     |2455   |2.5   |1260759113|
|1     |2968   |1.0   |1260759200|
|1     |3671   |3.0   |1260759117|
+------+-------+------+----------+
only showing top 20 rows
```

3. tags 数据集包含一个 **tag** 列，其中包含用户用于在特定 **timestamp** 描述特定 **movieId** 的特定单词或短语。如下图所示，**userId 15** 在她的一部电影中并不特别喜欢 **Sandra Bullock**：

```
In [6]: tags.show(truncate = False)

+------+-------+-----------------------+----------+
|userId|movieId|tag                    |timestamp |
+------+-------+-----------------------+----------+
|15    |339    |sandra 'boring' bullock|1138537770|
|15    |1955   |dentist                |1193435061|
|15    |7478   |Cambodia               |1170560997|
|15    |32892  |Russian                |1170626366|
|15    |34162  |forgettable            |1141391765|
|15    |35957  |short                  |1141391873|
|15    |37729  |dull story             |1141391806|
|15    |45950  |powerpoint             |1169616291|
|15    |100365 |activist               |1425876220|
|15    |100365 |documentary            |1425876220|
|15    |100365 |uganda                 |1425876220|
|23    |150    |Ron Howard             |1148672905|
|68    |2174   |music                  |1249808064|
|68    |2174   |weird                  |1249808102|
|68    |8623   |Steve Martin           |1249808497|
|73    |107999 |action                 |1430799184|
|73    |107999 |anime                  |1430799184|
|73    |107999 |kung fu                |1430799184|
|73    |111624 |drama                  |1431584497|
|73    |111624 |indie                  |1431584497|
+------+-------+-----------------------+----------+
only showing top 20 rows
```

4. `movies` 数据集主要是一个具有评分的电影类型查找表。电影有 19 种独特的 **genres**（类型）；然而，值得注意的是，一部电影可以同时属于多个类型，如下图所示：

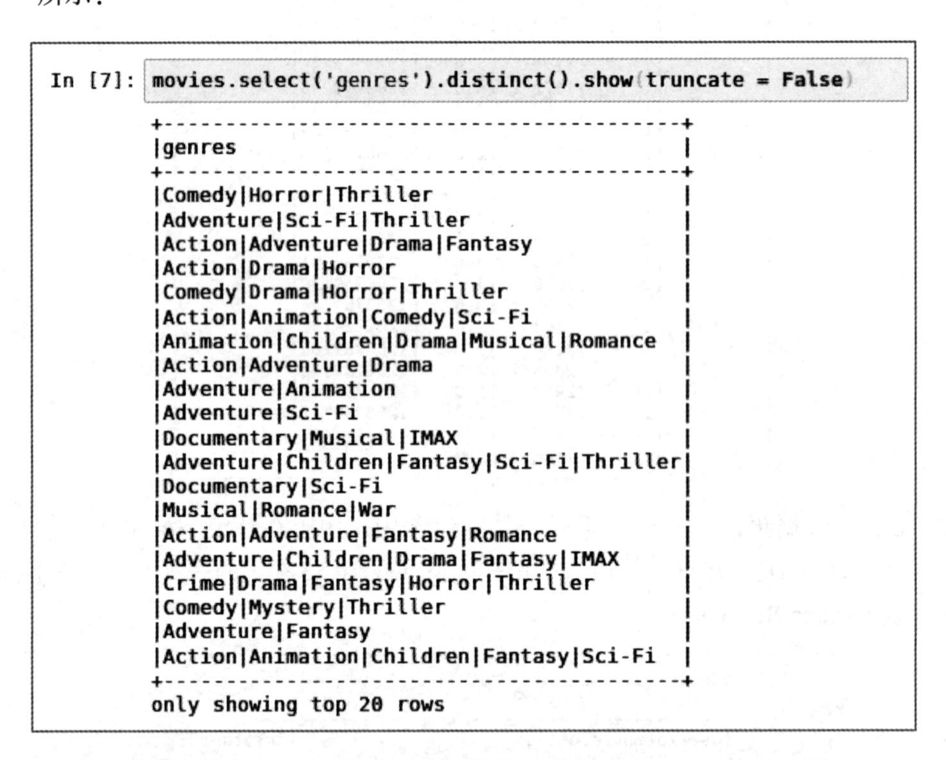

```
In [7]: movies.select('genres').distinct().show(truncate = False)

+-----------------------------------------+
|genres                                   |
+-----------------------------------------+
|Comedy|Horror|Thriller                   |
|Adventure|Sci-Fi|Thriller                |
|Action|Adventure|Drama|Fantasy           |
|Action|Drama|Horror                      |
|Comedy|Drama|Horror|Thriller             |
|Action|Animation|Comedy|Sci-Fi           |
|Animation|Children|Drama|Musical|Romance |
|Action|Adventure|Drama                   |
|Adventure|Animation                      |
|Adventure|Sci-Fi                         |
|Documentary|Musical|IMAX                 |
|Adventure|Children|Fantasy|Sci-Fi|Thriller|
|Documentary|Sci-Fi                       |
|Musical|Romance|War                      |
|Action|Adventure|Fantasy|Romance         |
|Adventure|Children|Drama|Fantasy|IMAX    |
|Crime|Drama|Fantasy|Horror|Thriller      |
|Comedy|Mystery|Thriller                  |
|Adventure|Fantasy                        |
|Action|Animation|Children|Fantasy|Sci-Fi |
+-----------------------------------------+
only showing top 20 rows
```

5. 最终的数据集是 `links` 数据集，它也可用作查找表。它将来自 MovieLens 的电影链接到流行的电影数据库网站上的相同电影的数据，例如链接 182 以及链接 183 所指示的网站。指向 IMDB 的链接位于名为 **imdbId** 的列下，指向 MovieDB 的链接位于名为 **tmdbId** 的列下，如下图所示：

```
In [8]: links.show()

+-------+------+------+
|movieId|imdbId|tmdbId|
+-------+------+------+
|      1|114709|   862|
|      2|113497|  8844|
|      3|113228| 15602|
|      4|114885| 31357|
|      5|113041| 11862|
|      6|113277|   949|
|      7|114319| 11860|
|      8|112302| 45325|
|      9|114576|  9091|
|     10|113189|   710|
|     11|112346|  9087|
|     12|112896| 12110|
|     13|112453| 21032|
|     14|113987| 10858|
|     15|112760|  1408|
|     16|112641|   524|
|     17|114388|  4584|
|     18|113101|     5|
|     19|112281|  9273|
|     20|113845| 11517|
+-------+------+------+
only showing top 20 rows
```

6. 在我们完成上述工作前，确认我们真正体验到所有数据集中的预期行数始终是一个好主意。这有助于确保在将文件上传到 Notebook 时不会遇到任何问题。我们应该期望看到大约 10 万行的 **ratings**（评分）数据集，如下图所示：

```
In [9]: print('The number of rows in movies dataset is {}'.format(movies.toPandas().shape[0]))
        print('The number of rows in ratings dataset is {}'.format(ratings.toPandas().shape[0]))
        print('The number of rows in tags dataset is {}'.format(tags.toPandas().shape[0]))
        print('The number of rows in links dataset is {}'.format(links.toPandas().shape[0]))

        The number of rows in movies dataset is 9125
        The number of rows in ratings dataset is 100004
        The number of rows in tags dataset is 1296
        The number of rows in links dataset is 9125
```

扩展

虽然我们不打算在本章中使用 2000 万行数据集版本的 MovieLens，但你可以选择将其用于此推荐引擎。你仍将拥有相同的 4 个数据集，但具有更多数据，尤其是对于评分数据集。如果你选择使用此方法，可以从以下网站下载完整的压缩数据集：

链接184

其他

要了解有关本章中使用的 MovieLens 数据集背后的元数据的更多信息，请访问以下网站：

链接185

要了解有关本章中使用的 MovieLens 数据集的历史记录和上下文的更多信息，请访问以下网站：

链接186

要了解更多关于 Netflix 奖的信息，请访问以下网站：

链接187

操作和合并 MovieLens 数据集

我们目前有 4 个独立的数据集，但最终希望将其归为 1 个数据集。本章将重点介绍如何将数据集化为 1 个。

准备

本节不需要导入任何 PySpark 库，但 SQL 连接的背景知识将派上用场，因为我们将探索加入数据帧的多种方法。

实现

在 PySpark 中连接数据帧的操作如下所示。

1. 执行以下脚本以通过在名称末尾附加`_1` 来重命名 `ratings` 数据集中的所有字段名称：

```
for i in ratings.columns:
     ratings = ratings.withColumnRenamed(i, i+'_1')
```

2. 执行以下脚本将 movies 数据集内连接到 ratings 数据集，创建一个名为 temp1 的新表：

```
temp1 = ratings.join(movies, ratings.movieId_1 == movies.movieId,
how = 'inner')
```

3. 执行以下脚本将 temp1 数据集内连接到 links 数据集，创建一个名为 temp2 的新表：

```
temp2 = temp1.join(links, temp1.movieId_1 == links.movieId, how =
'inner')
```

4. 通过使用以下脚本将 temp2 左连接到 tags 数据集来创建我们的最终组合数据集 mainDF：

```
mainDF = temp2.join(tags, (temp2.userId_1 == tags.userId) &
(temp2.movieId_1 == tags.movieId), how = 'left')
```

5. 通过执行以下脚本，仅选择最终的 mainDF 数据集所需的列：

```
mainDF = mainDF.select('userId_1',
                       'movieId_1',
                       'rating_1',
                       'title',
                       'genres',
                       'imdbId',
                       'tmdbId',
                       'timestamp_1').distinct()
```

说明

本节介绍将表连接在一起的设计过程以及将保留的最终列。

1. 如前一节所述，**ratings** 数据帧将作为我们的事实表，因为它包含每个用户随时间进行评分的所有主要交易。**ratings** 中的列将在每个后续连接中与其他三个表一起使用，为了保持列的唯一性，我们将“_1”附加到每个列名的末尾，如下图所示：

```
In [10]: for i in ratings.columns:
             ratings = ratings.withColumnRenamed(i, i+'_1')

In [11]: ratings.show()

+--------+---------+--------+-----------+
|userId_1|movieId_1|rating_1|timestamp_1|
+--------+---------+--------+-----------+
|       1|       31|     2.5| 1260759144|
|       1|     1029|     3.0| 1260759179|
|       1|     1061|     3.0| 1260759182|
|       1|     1129|     2.0| 1260759185|
|       1|     1172|     4.0| 1260759205|
|       1|     1263|     2.0| 1260759151|
|       1|     1287|     2.0| 1260759187|
|       1|     1293|     2.0| 1260759148|
|       1|     1339|     3.5| 1260759125|
|       1|     1343|     2.0| 1260759131|
|       1|     1371|     2.5| 1260759135|
|       1|     1405|     1.0| 1260759203|
|       1|     1953|     4.0| 1260759191|
|       1|     2105|     4.0| 1260759139|
|       1|     2150|     3.0| 1260759194|
|       1|     2193|     2.0| 1260759198|
|       1|     2294|     2.0| 1260759108|
|       1|     2455|     2.5| 1260759113|
|       1|     2968|     1.0| 1260759200|
|       1|     3671|     3.0| 1260759117|
+--------+---------+--------+-----------+
only showing top 20 rows
```

2. 现在，我们可以将三个查找表连接到 **ratings** 表。到 **ratings** 表的前两个连接是**内连接**，因为 **temp1** 和 **temp2** 的行数仍然是 **100,004** 行。从 **tags** 到 **ratings** 的第三个连接需要一个**外连接**以避免删除行。此外，连接需要同时应用于 **movieId** 和 **userId**，因为标记在任何给定时间对特定用户和特定电影都是唯一的。在下图中可以看到 **temp1**、**temp2** 和 **mainDF** 这三个表的行数：

```
In [12]: temp1 = ratings.join(movies, ratings.movieId_1 == movies.movieId, how = 'inner')

In [13]: temp2 = temp1.join(links, temp1.movieId_1 == links.movieId, how = 'inner')

In [14]: mainDF = temp2.join(tags, (temp2.userId_1 == tags.userId) &
                             (temp2.movieId_1 == tags.movieId), how = 'left')

In [15]: print(temp1.count())
         print(temp2.count())
         print(mainDF.count())

         100004
         100004
         100441
```

通常，在使用数据集之间的连接时，我们会遇到几种类型的连接：内连接、左连接和右连接。当数据集 1 和数据集 2 中的两个连接键都可用时，内连接将仅生成结果集。左连接将生成数据集 1 中的所有行，并且仅生成具有来自数据集 2 的匹配行。右连接将生成所有的来自数据集 2 中的行以及来自数据集 1 的匹配行。接下来，我们将探讨 Spark 中的 SQL 连接。

3. 值得注意的是，和 **temp1** 和 **temp2** 一样，我们新创建的数据集 **mainDF** 有 **100,441** 行，而不是原始数据集中的 **100,004** 行。其中有 437 个评分有多个与之关联的标签。此外，我们可以看到，大多数 **ratings_1** 都有与其关联的 **null 标记值**，如下图所示：

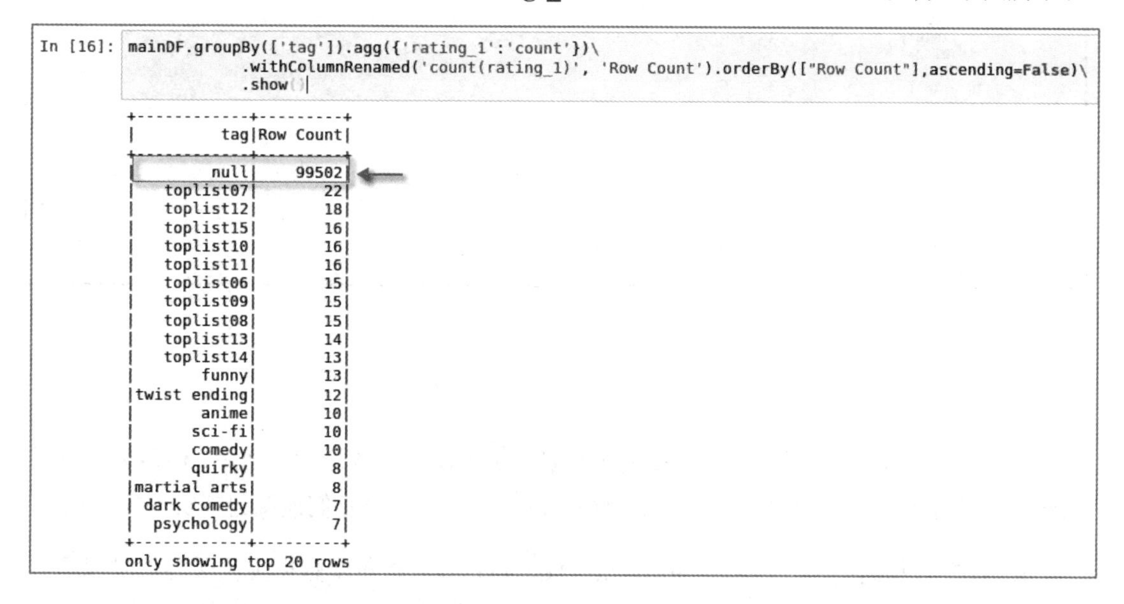

```
In [16]: mainDF.groupBy(['tag']).agg({'rating_1':'count'})\
                 .withColumnRenamed('count(rating_1)', 'Row Count').orderBy(["Row Count"],ascending=False)\
                 .show()

+------------+---------+
|         tag|Row Count|
+------------+---------+
|        null|    99502|
|   toplist07|       22|
|   toplist12|       18|
|   toplist15|       16|
|   toplist10|       16|
|   toplist11|       16|
|   toplist06|       15|
|   toplist09|       15|
|   toplist08|       15|
|   toplist13|       14|
|   toplist14|       13|
|       funny|       13|
|twist ending|       12|
|       anime|       10|
|      sci-fi|       10|
|      comedy|       10|
|      quirky|        8|
|martial arts|        8|
| dark comedy|        7|
|  psychology|        7|
+------------+---------+
only showing top 20 rows
```

4. 我们已经累积了不再需要的额外重复列，总共有 14 列，如下图所示：

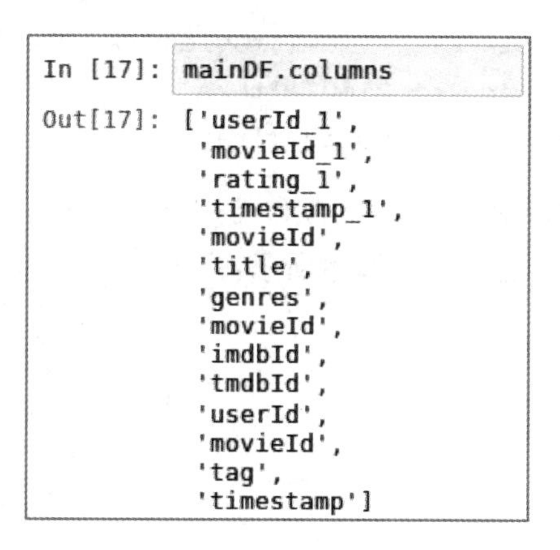

```
In [17]: mainDF.columns

Out[17]: ['userId_1',
          'movieId_1',
          'rating_1',
          'timestamp_1',
          'movieId',
          'title',
          'genres',
          'movieId',
          'imdbId',
          'tmdbId',
          'userId',
          'movieId',
          'tag',
          'timestamp']
```

5. 此外，我们确定 **tags** 字段无用，因为它有超过 9.9 万个空值。因此，我们将使用数据帧上的 `select()` 函数来仅拉入将用于推荐引擎的 8 列。然后，我们可以确认最终的新数据帧 **mainDF** 具有正确的行数（**100,004**），如下图所示：

```
In [17]: mainDF.columns

Out[17]: ['userId_1',
          'movieId_1',
          'rating_1',
          'timestamp_1',
          'movieId',
          'title',
          'genres',
          'movieId',
          'imdbId',
          'tmdbId',
          'userId',
          'movieId',
          'tag',
          'timestamp']

In [18]: mainDF = mainDF.select('userId_1','movieId_1','rating_1','title','genres', 'imdbId','tmdbId', 'timestamp_1')\
                    .distinct()

In [19]: mainDF.count()

Out[19]: 100004
```

扩展

虽然我们确实在用了 **PySpark** 的 **Spark** 数据帧中使用函数进行了连接，但是也可以通过将数据帧注册为临时表，然后使用 `sqlContext.sql()`将它们连接起来实现这一点。

1. 首先，我们使用 `creatorReplaceTempView()`将每个数据集注册为临时视图，如以下脚本所示：

```
movies.createOrReplaceTempView('movies_')
links.createOrReplaceTempView('links_')
ratings.createOrReplaceTempView('ratings_')
```

2. 接下来，我们将编写 SQL 脚本，就像使用 `sqlContext.sql()`函数处理任何其他关系数据库一样，如下面的脚本所示：

```
mainDF_SQL = \
sqlContext.sql(
"""
    select
    r.userId_1
    ,r.movieId_1
    ,r.rating_1
    ,m.title
    ,m.genres
```

```
    ,l.imdbId
    ,l.tmdbId
    ,r.timestamp_1
    from ratings_ r

    inner join movies_ m on
    r.movieId_1 = m.movieId
    inner join links_ l on
    r.movieId_1 = l.movieId
"""
)
```

3. 最后，我们可以分析新的数据帧 **mainDF_SQL**，并发现它看起来与另一个 **mainDF** 数据帧相同，同时保持完全相同的行数，如下图所示：

```
In [20]: movies.createOrReplaceTempView('movies_')
         links.createOrReplaceTempView('links_')
         ratings.createOrReplaceTempView('ratings_')

In [21]: mainDF_SQL = \
         sqlContext.sql(
         """
         select
         r.userId_1
         ,r.movieId_1
         ,r.rating_1
         ,m.title
         ,m.genres
         ,l.imdbId
         ,l.tmdbId
         ,r.timestamp_1
         from ratings_ r
         inner join movies_ m on
         r.movieId_1 =  m.movieId
         inner join links_ l on
         r.movieId_1 = l.movieId
         """
         )

In [22]: mainDF_SQL.show(n =  5)

         +--------+---------+--------+--------------------+--------------------+------+------+-----------+
         |userId_1|movieId_1|rating_1|               title|              genres|imdbId|tmdbId|timestamp_1|
         +--------+---------+--------+--------------------+--------------------+------+------+-----------+
         |       1|       31|     2.5|Dangerous Minds (...|               Drama|112792|  9909| 1260759144|
         |       1|     1029|     3.0|        Dumbo (1941)|Animation|Childre...| 33563| 11360| 1260759179|
         |       1|     1061|     3.0|     Sleepers (1996)|            Thriller|117665|   819| 1260759182|
         |       1|     1129|     2.0|Escape from New Y...|Action|Adventure|...| 82340|  1103| 1260759185|
         |       1|     1172|     4.0|Cinema Paradiso (...|               Drama| 95765| 11216| 1260759205|
         +--------+---------+--------+--------------------+--------------------+------+------+-----------+
         only showing top 5 rows

In [23]: mainDF_SQL.count()
Out[23]: 100004
```

其他

要了解有关 Spark 中 SQL 编程的更多信息，请访问以下网站：

链接188

探索 MovieLens 数据集

在进行任何建模前，熟悉源数据集并执行一些探索性数据分析非常重要。

准备

我们将导入 `matplotlib` 库以帮助可视化和探索 MovieLens 数据集。

实现

本节将介绍分析 `MovieLens` 数据库中的电影评分的步骤。

1. 通过执行以下脚本检索 `rating_1` 列的一些摘要统计信息：

```
mainDF.describe('rating_1').show
```

2. 通过执行下面的脚本构建评分分布的直方图：

```
import matplotlib.pyplot as plt
%matplotlib inline

mainDF.select('rating_1').toPandas().hist(figsize=(16, 6), grid=True)
plt.title('Histogram of Ratings')
plt.show()
```

3. 执行以下脚本查看电子表格数据帧中直方图的值：

```
mainDF.groupBy(['rating_1']).agg({'rating_1':'count'})\
 .withColumnRenamed('count(rating_1)', 'Row Count').orderBy(["Row
Count"],ascending=False)\
 .show()
```

4. 通过执行以下脚本，可以将用户选择评分的唯一计数存储为名为 userId_frequency 的数据帧：

```
userId_frequency =
mainDF.groupBy(['userId_1']).agg({'rating_1':'count'})\
         .withColumnRenamed('count(rating_1)', '# of
Reviews').orderBy(["# of Reviews"],ascending=False)
```

5. 使用以下脚本绘制 userID_frequency 的直方图：

```
userId_frequency.select('# of
Reviews').toPandas().hist(figsize=(16, 6), grid=True)
plt.title('Histogram of User Ratings')
plt.show()
```

说明

本节将讨论评分和用户活动是如何在 MovieLens 数据库中分布的。步骤如下所示。

1. 我们可以看到，用户所给的电影平均评分约为 3.5，如下图所示：

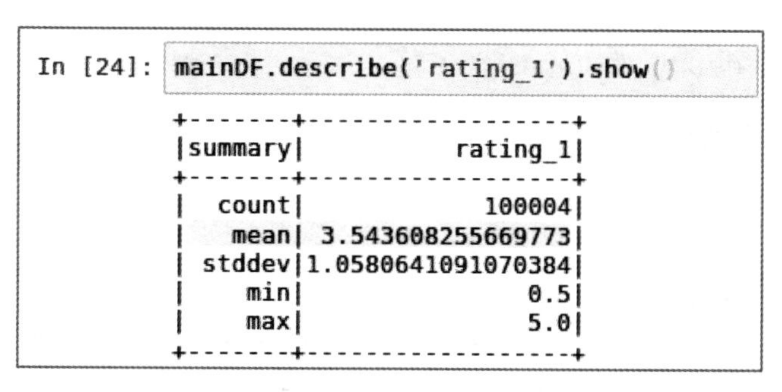

```
In [24]: mainDF.describe('rating_1').show()

+-------+------------------+
|summary|          rating_1|
+-------+------------------+
|  count|            100004|
|   mean| 3.543608255669773|
| stddev|1.0580641091070384|
|    min|               0.5|
|    max|               5.0|
+-------+------------------+
```

2. 即使平均评分为 3.54，我们也可以看到直方图中显示的中位数为 4，这表示用户评分严重偏向更高的评分，如下图所示：

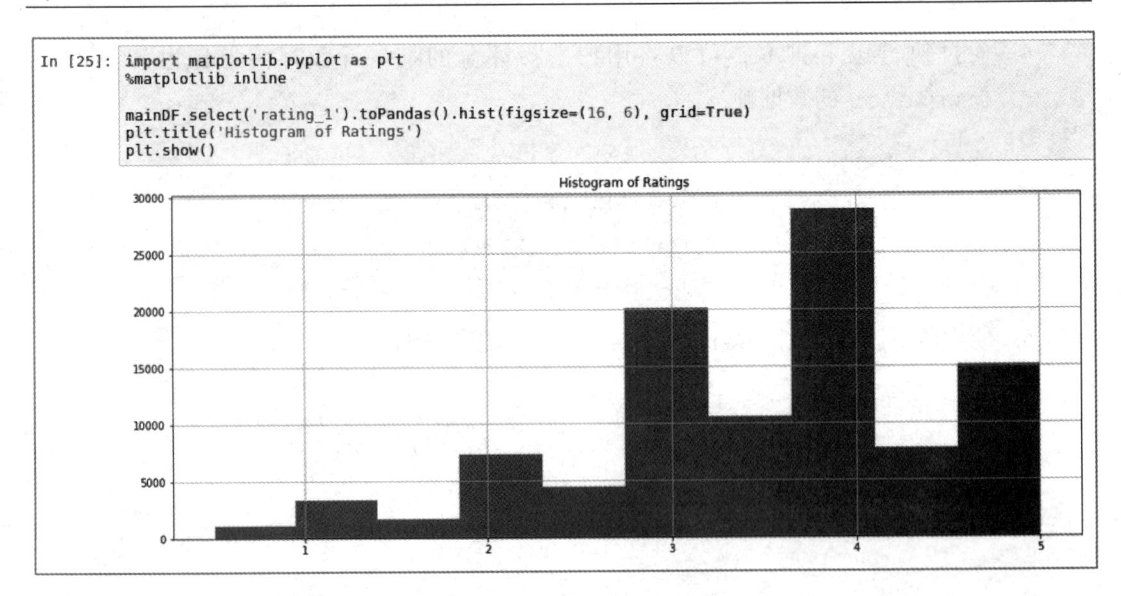

3. 再看一下直方图背后的数据，可以看出，用户最常选择 **4.0**，然后是 **3.0**，接着是 **5.0**，如下图所示：

```
In [26]: mainDF.groupBy(['rating_1']).agg({'rating_1':'count'})\
                   .withColumnRenamed('count(rating_1)', 'Row Count').orderBy(["Row Count"],ascending=False)\
                   .show()

         +--------+---------+
         |rating_1|Row Count|
         +--------+---------+
         |     4.0|    28750|
         |     3.0|    20064|
         |     5.0|    15095|
         |     3.5|    10538|
         |     4.5|     7723|
         |     2.0|     7271|
         |     2.5|     4449|
         |     1.0|     3326|
         |     1.5|     1687|
         |     0.5|     1101|
         +--------+---------+
```

4. 我们可以看看用户评分的分布情况。你会发现，有些用户非常积极地表达他们对所看影片的看法。这是已发布 **2391** 个评分的匿名用户 **547** 的情况，如下图所示：

```
In [27]: userId_frequency = mainDF.groupBy(['userId_1']).agg({'rating_1':'count'})\
                    .withColumnRenamed('count(rating_1)', '# of Reviews')\
                    .orderBy(["# of Reviews"],ascending=False)

In [28]: userId_frequency.show()

         +--------+------------+
         |userId_1|# of Reviews|
         +--------+------------+
         |     547|        2391|
         |     564|        1868|
         |     624|        1735|
         |      15|        1700|
         |      73|        1610|
         |     452|        1340|
         |     468|        1291|
         |     380|        1063|
         |     311|        1019|
         |      30|        1011|
         |     294|         947|
         |     509|         923|
         |     580|         922|
         |     213|         910|
         |     212|         876|
         |     472|         830|
         |     388|         792|
         |      23|         726|
         |     457|         713|
         |     518|         707|
         +--------+------------+
         only showing top 20 rows
```

5. 但是，当我们查看已发表评分的用户分布时，确实看到，虽然有一些用户已发表超过 1000 个评分，但绝大多数用户评分仍少于 250 个，如以下图所示：

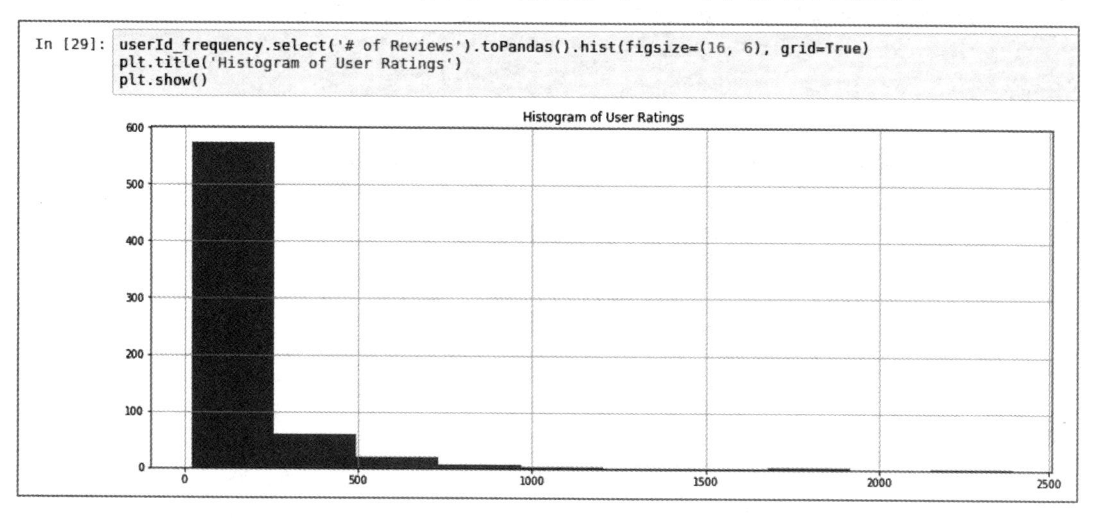

6. 直方图的分布是上图的长尾格式，表示大多数事件远离直方图的中心。这表明绝大多数评分是由少数用户进行的。

扩展

pyspark 数据帧的特点与 pandas 数据帧的特点类似，可以对特定列执行一些摘要统计。

在 pandas 中，我们使用以下脚本执行汇总统计：

```
dataframe['column'].describe()
```

在 pyspark 中，我们使用以下脚本执行汇总统计：

```
dataframe.describe('column').show()
```

其他

要了解更多关于 PySpark 中的 describe() 函数的信息，请访问以下网站：

链接189

为深度学习流水线准备数据集

我们现已准备好将数据集输入将在 Keras 中构建的深度学习模型中。

准备

在为 Keras 准备数据集时，我们将以下库导入 Notebook 中：

- 导入 pyspark.sql.functions，并命名为 F。
- 导入 numpy，并命名为 np。
- 从 pyspark.ml.feature 导入 StringIndexer。
- 导入 keras.utils。

实现

本节将介绍为深度学习流水线准备数据集的步骤。

1. 执行以下脚本以清除列名：

```
mainDF = mainDF.withColumnRenamed('userId_1', 'userid')
mainDF = mainDF.withColumnRenamed('movieId_1', 'movieid')
mainDF = mainDF.withColumnRenamed('rating_1', 'rating')
mainDF = mainDF.withColumnRenamed('timestamp_1', 'timestamp')
mainDF = mainDF.withColumnRenamed('imdbId', 'imdbid')
mainDF = mainDF.withColumnRenamed('tmdbId', 'tmdbid')
```

2. 当前，`rating` 列的增量为 0.5。使用以下脚本将评分转化为整数：

```
import pyspark.sql.functions as F
mainDF = mainDF.withColumn("rating", F.round(mainDF["rating"], 0))
```

3. 根据类型（`genres`）标签的频率，将 `genres` 列从字符串转换为名为 `genreCount` 的索引，如以下脚本所示：

```
from pyspark.ml.feature import StringIndexer
string_indexer = StringIndexer(inputCol="genres",
outputCol="genreCount")
mainDF = string_indexer.fit(mainDF).transform(mainDF)
```

4. 使用以下脚本配对我们的数据帧：

```
mainDF = mainDF.select('rating', 'userid', 'movieid', 'imdbid',
'tmdbid', 'timestamp', 'genreCount')
```

5. 使用以下脚本将 `mainDF` 拆分为用于模型训练的训练集和测试集：

```
trainDF, testDF = mainDF.randomSplit([0.8, 0.2], seed=1234)
```

6. 使用以下脚本将两个 Spark 数据帧 `trainDF` 和 `testDF` 转换为四个 numpy 数组以供深度学习模型使用：

```
import numpy as np

xtrain_array = np.array(trainDF.select('userid','movieid',
'genreCount').collect())
xtest_array = np.array(testDF.select('userid','movieid',
'genreCount').collect())

ytrain_array = np.array(trainDF.select('rating').collect())
ytest_array = np.array(testDF.select('rating').collect()
```

7. 使用以下脚本将 ytrain_array 和 ytest_array 转换为独热编码标签 ytrain_OHE 和 ytest_OHE：

```
import keras.utils as u
ytrain_OHE = u.to_categorical(ytrain_array)
ytest_OHE = u.to_categorical(ytest_array)
```

说明

本节将解释如何为深度学习流水线准备数据集。

1. 为了便于在深度学习流水线中使用，在管道接收数据之前最好清理列名和列顺序。重命名列标题之后，我们可以查看更新后的列，如下面的脚本所示：

```
In [30]: mainDF = mainDF.withColumnRenamed('userId_1', 'userid')
         mainDF = mainDF.withColumnRenamed('movieId_1', 'movieid')
         mainDF = mainDF.withColumnRenamed('rating_1', 'rating')
         mainDF = mainDF.withColumnRenamed('timestamp_1', 'timestamp')
         mainDF = mainDF.withColumnRenamed('imdbId', 'imdbid')
         mainDF = mainDF.withColumnRenamed('tmdbId', 'tmdbid')

In [31]: mainDF.columns

Out[31]: ['userid',
          'movieid',
          'rating',
          'title',
          'genres',
          'imdbid',
          'tmdbid',
          'timestamp']
```

2. 在 rating 列上执行一些操作，以将超过 0.5 增量的值向上入到下一个最高的整数。这将有助于我们在 Keras 内进行多级分类，将 rating 分为 6 类，而非 11 类。
3. 为了将电影类型转换为深度学习模型，我们需要将 genres 的字符串值转换为数字标签。最常见类型的值将为 0，而下一最常见类型的值将增加。在下面的图中，我们可以看到，**Good Will Hunting** 有两种类型（**Drama|Romance**），这是第 4 个最常见的类型，值为 3.0。

```
In [33]: from pyspark.ml.feature import StringIndexer
         string_indexer = StringIndexer(inputCol="genres", outputCol="genreCount")
         mainDF = string_indexer.fit(mainDF).transform(mainDF)
         mainDF.show()

+------+-------+------+--------------------+--------------------+-------+------+----------+----------+
|userid|movieid|rating|               title|              genres| imdbid|tmdbid| timestamp|genreCount|
+------+-------+------+--------------------+--------------------+-------+------+----------+----------+
|     2|    367|   3.0|   Mask, The (1994)|Action|Comedy|Cri...| 110475|   854| 835355619|     119.0|
|     4|    913|   5.0|Maltese Falcon, T...|    Film-Noir|Mystery|  33870|   963| 949919247|     231.0|
|     4|   1344|   5.0|   Cape Fear (1962)|Crime|Drama|Thriller|  55824| 11349| 949919247|      15.0|
|     4|   2454|   5.0|    Fly, The (1958)|Horror|Mystery|Sc...|  51622| 11815| 949982274|     448.0|
|     4|   2986|   3.0|   RoboCop 2 (1990)|Action|Crime|Sci-...| 100502|  5549| 949896015|     406.0|
|    15|   3755|   2.0|Perfect Storm, Th...|      Drama|Thriller| 177971|  2133|1416119541|      11.0|
|    15|   3994|   4.0|  Unbreakable (2000)|        Drama|Sci-Fi| 217869|  9741| 997937442|      65.0|
|    15|   5956|   3.0|Gangs of New York...|         Crime|Drama| 217505|  3131|1163876422|       6.0|
|    15|  71282|   3.0|   Food, Inc. (2008)|         Documentary|1286537| 18570|1465793912|      13.0|
|    15| 110553|   1.0|The Amazing Spide...|  Action|Sci-Fi|IMAX|1872181|102382|1416120149|     238.0|
|    15| 152081|   3.0|    Zootopia (2016)|Action|Adventure|...|2948356|269149|1460076733|     126.0|
|    16|    527|   4.0|Schindler's List ...|           Drama|War| 108052|   424|1178364921|      12.0|
|    19|    805|   3.0|Time to Kill, A (...|      Drama|Thriller| 117913|  1645| 855190199|      11.0|
|    19|   1073|   4.0|Willy Wonka & the...|Children|Comedy|F...|  67992|   252| 855190128|      83.0|
|    21|     21|   3.0|  Get Shorty (1995)|Comedy|Crime|Thri...| 113161|  8012| 853846669|      67.0|
|    21|   1321|   4.0|American Werewolf...|Comedy|Horror|Thr...|  82010|   814| 853851156|     154.0|
|    22|   1645|   3.0|The Devil's Advoc...|Drama|Mystery|Thr...| 118971|  1813|1131662268|      20.0|
|    26|   2692|   5.0|Run Lola Run (Lol...|        Action|Crime| 130827|   104|1354752751|      48.0|
|    26|  30810|   3.0|Life Aquatic with...|Adventure|Comedy|...| 362270|   421|1353708965|      61.0|
|    27|   1704|   5.0|Good Will Hunting...|       Drama|Romance| 119217|   489| 939080090|       3.0|
+------+-------+------+--------------------+--------------------+-------+------+----------+----------+
only showing top 20 rows
```

4. 深度模型不再需要 **genres** 列，因为它将被 **genreCount** 列替换，如下图所示：

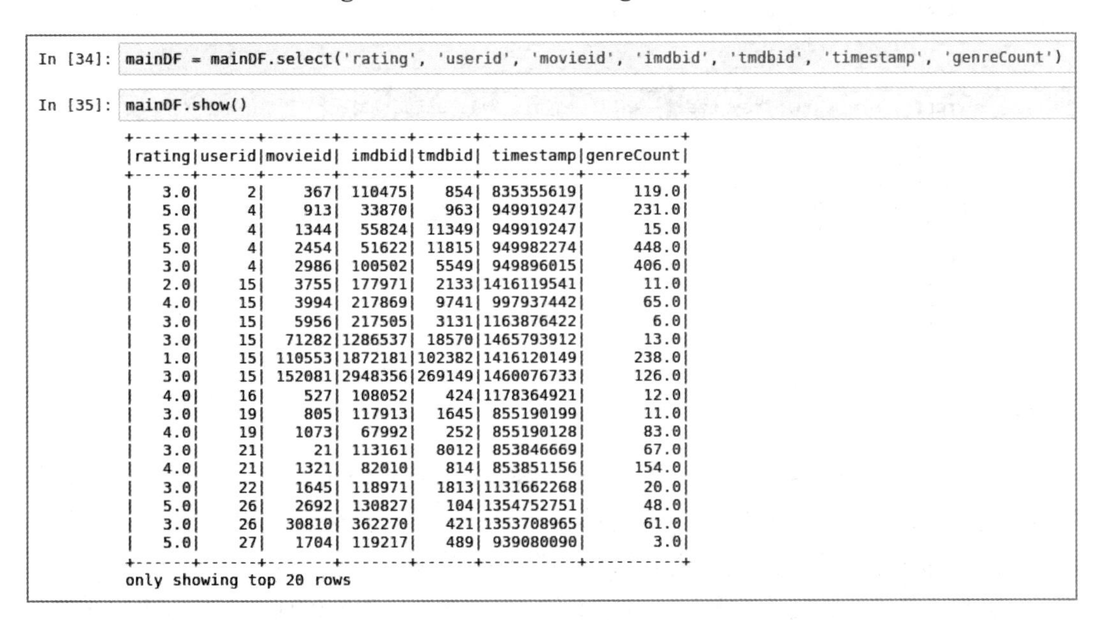

```
In [34]: mainDF = mainDF.select('rating', 'userid', 'movieid', 'imdbid', 'tmdbid', 'timestamp', 'genreCount')

In [35]: mainDF.show()

+------+------+-------+-------+------+----------+----------+
|rating|userid|movieid| imdbid|tmdbid| timestamp|genreCount|
+------+------+-------+-------+------+----------+----------+
|   3.0|     2|    367| 110475|   854| 835355619|     119.0|
|   5.0|     4|    913|  33870|   963| 949919247|     231.0|
|   5.0|     4|   1344|  55824| 11349| 949919247|      15.0|
|   5.0|     4|   2454|  51622| 11815| 949982274|     448.0|
|   3.0|     4|   2986| 100502|  5549| 949896015|     406.0|
|   2.0|    15|   3755| 177971|  2133|1416119541|      11.0|
|   4.0|    15|   3994| 217869|  9741| 997937442|      65.0|
|   3.0|    15|   5956| 217505|  3131|1163876422|       6.0|
|   3.0|    15|  71282|1286537| 18570|1465793912|      13.0|
|   1.0|    15| 110553|1872181|102382|1416120149|     238.0|
|   3.0|    15| 152081|2948356|269149|1460076733|     126.0|
|   4.0|    16|    527| 108052|   424|1178364921|      12.0|
|   3.0|    19|    805| 117913|  1645| 855190199|      11.0|
|   4.0|    19|   1073|  67992|   252| 855190128|      83.0|
|   3.0|    21|     21| 113161|  8012| 853846669|      67.0|
|   4.0|    21|   1321|  82010|   814| 853851156|     154.0|
|   3.0|    22|   1645| 118971|  1813|1131662268|      20.0|
|   5.0|    26|   2692| 130827|   104|1354752751|      48.0|
|   3.0|    26|  30810| 362270|   421|1353708965|      61.0|
|   5.0|    27|   1704| 119217|   489| 939080090|       3.0|
+------+------+-------+-------+------+----------+----------+
only showing top 20 rows
```

5. 我们的主数据帧 **mainDF** 分为 **trainDF** 和 **testDF**，用于建模、训练和评估，使用 80：20 的比例分割。所有三个数据帧的行数可以在下图中看到：

```
In [36]: trainDF, testDF = mainDF.randomSplit([0.8, 0.2], seed=1234)

In [37]: print('The number of rows in mainDF is {}'.format(mainDF.count()))
         print('The number of rows in trainDF is {}'.format(trainDF.count()))
         print('The number of rows in testDF is {}'.format(testDF.count()))

         The number of rows in mainDF is 100004
         The number of rows in trainDF is 80146
         The number of rows in testDF is 19858
```

6. 数据将使用矩阵而非数据帧被传递到 Keras 深度学习模型中。因此，我们的训练数据帧和测试数据帧都被转换成 numpy 数组，并被分解为 *x* 和 *y*。为 xtrain_array 和 xtest_array 选择的特征包括 **userid**、**movieid** 和 **genreCount**。我们将使用这些特征来确定用户的潜在评分。我们将删除 imdbid 和 tmdbid，因为它们直接绑定到 movieid，不会提供任何额外的价值。时间戳将被删除，以过滤与频率相关的任何偏差。最后，ytest_array 和 ytrain_array 将包含评分的标签值。所有 4 个数组的形状可以在下图中看到：

```
In [38]: import numpy as np
         xtrain_array = np.array(trainDF.select('userid','movieid', 'genreCount').collect())
         xtest_array = np.array(testDF.select('userid','movieid', 'genreCount').collect())

In [39]: ytrain_array = np.array(trainDF.select('rating').collect())
         ytest_array = np.array(testDF.select('rating').collect())

In [40]: print(xtest_array.shape)
         print(ytest_array.shape)
         print(xtrain_array.shape)
         print(ytrain_array.shape)

         (19858, 3)
         (19858, 1)
         (80146, 3)
         (80146, 1)
```

扩展

虽然 ytrain_array 和 ytest_array 都是矩阵格式的标签，但它们并不是深度学习所需的理想编码。由于这在技术上是我们正在构建的分类模型，所以需要以模型能够理解的方式对标签进行编码。这意味着 0 到 5 的评分应该根据它们的元素编码为 0 值或 1 值。因此，如果一个评分收到的最大值是 5，那么它应该被编码为[0,0,0,0,0,1]。第 1 个位置保留为 0，第 6 个位置保留为 1，表示值为 5。可以使用 keras.utils 进行此转换，并将分类变量转换为独热编码变量。通过这样做，我们的训练标签的形状从（**80146,1**）转换为（**80146,6**），如下图所示：

```
In [40]: print(xtest_array.shape)
         print(ytest_array.shape)
         print(xtrain_array.shape)
         print(ytrain_array.shape)

         (19858, 3)
         (19858, 1)
         (80146, 3)
         (80146, 1)

In [41]: import keras.utils as u
         ytrain_OHE = u.to_categorical(ytrain_array)
         ytest_OHE = u.to_categorical(ytest_array)

         Using TensorFlow backend.

In [42]: print(ytrain_OHE.shape)
         print(ytest_OHE.shape)

         (80146, 6)
         (19858, 6)
```

其他

要了解有关 `keras.utils` 的更多信息，请访问以下网站：

链接190

应用 Keras 深度学习模型

此时，我们已准备好将 Keras 应用于我们的数据。

准备

我们将使用 Keras 的以下内容：

- `form keras.models import Sequential`
- `form keras.layers import Dense, Activation`

实现

本节将介绍以下步骤，以便在数据集上使用 Keras 应用深度学习模型：

1. 使用以下脚本导入库以从 Keras 构建序列模型：

```
from keras.models import Sequential
from keras.layers import Dense, Activation
```

2. 使用以下脚本从 Keras 配置 Sequential 模型：

```
model = Sequential()
model.add(Dense(32, activation='relu',
input_dim=xtrain_array.shape[1]))
model.add(Dense(10, activation='relu'))
model.add(Dense(ytrain_OHE.shape[1], activation='softmax'))
model.compile(optimizer='adam', loss='categorical_crossentropy',
metrics=['accuracy'])
```

3. 使用以下脚本拟合并训练模型并将结果存储到名为 accuracy_history 的变量中：

```
accuracy_history = model.fit(xtrain_array, ytrain_OHE, epochs=20,
batch_size=32)
```

说明

本节将解释应用于数据集的 Keras 模型的配置，该模型用于根据所选特征预测评分。

1. 在 Keras 中，Sequential 模型是简单的层的线性组合，如下所示：Dense 层用于定义深度神经网络中完全连接层的层类型。activation 层用于将输入从特征转换为可用于预测的输出。在神经网络中可以使用许多类型的激活函数。但是，在本章中，我们将使用 relu 和 softmax。
2. Sequential 模型被配置为包括三个 Dense 层：

   （1）第一层将 input_dim 设置为 xtrain_array 的特征数。shape 特征使用 xtrain_array.shape[1]来获取值：3。此外，将神经网络的第一层设置为有 32 个神经元。最后，使用 relu 激活函数激活三个输入参数。只有第一层需要输入维度的显式定义。在后续层中不需要这样做，因为它们能够从前一层推断出维度的数量。

   （2）Sequential 模型的第二层神经网络中有 10 个神经元，并有一个设置为 relu 的激活函数。线性整流函数被应用于早期的神经网络中，因为它们在训练过程中是有效的。这归功于等式的简单性，因为任何小于 0 的值都会被抛出，而其他激活函数则不是这样。

（3）Sequential 模型的第三层也是最后一层需要 6 个输出，这些输出基于 0 到 5 等级的每个可能场景。这需要将输出值设置为 ytrain_OHE.shape[1]。输出通常是在神经网络结束时使用 softmax 函数生成的，因为它对于分类目的非常有用。此时，我们正在寻找 0 到 5 之间的值。

（4）指定图层后，我们必须编译模型。

（5）我们使用 adam 来优化模型，adam 是**自适应矩估计（Adaptive Moment Estimation）**的缩写。优化器非常适合配置梯度下降的学习速率，模型用于调整和更新神经网络的权重。adam 是一个流行的优化器，据说它集合了其他常见优化器的一些最佳功能。

（6）我们的损失函数被设置为 categorical_crossentropy,通常在预测多类分类时使用。损失函数评估模型在训练时的性能。

3. 我们使用训练特征 xtrain_array 和训练标签 ytrain_OHE 来训练模型。模型训练超过 **20** 次迭代，每次将 **batch_size** 设置为 **32**。每次迭代的准确度和损失的模型输出都在一个名为 accuracy_history 的变量中捕获，可以在下图中看到：

```
In [45]: accuracy_history = model.fit(xtrain_array, ytrain_OHE, epochs=20, batch_size=32)

Epoch 1/20
80146/80146 [==============================] - 4s 45us/step - loss: 4.4843 - acc: 0.3385
Epoch 2/20
80146/80146 [==============================] - 4s 56us/step - loss: 1.4123 - acc: 0.3939
Epoch 3/20
80146/80146 [==============================] - 4s 46us/step - loss: 1.4056 - acc: 0.3939
Epoch 4/20
80146/80146 [==============================] - 3s 43us/step - loss: 1.4037 - acc: 0.3939
Epoch 5/20
80146/80146 [==============================] - 3s 42us/step - loss: 1.4031 - acc: 0.3939
Epoch 6/20
80146/80146 [==============================] - 3s 43us/step - loss: 1.4028 - acc: 0.3939
Epoch 7/20
80146/80146 [==============================] - 3s 43us/step - loss: 1.4028 - acc: 0.3939
Epoch 8/20
80146/80146 [==============================] - 4s 45us/step - loss: 1.4028 - acc: 0.3939
Epoch 9/20
80146/80146 [==============================] - 4s 53us/step - loss: 1.4027 - acc: 0.3939
Epoch 10/20
80146/80146 [==============================] - 4s 44us/step - loss: 1.4027 - acc: 0.3939
Epoch 11/20
80146/80146 [==============================] - 4s 45us/step - loss: 1.4027 - acc: 0.3939
Epoch 12/20
80146/80146 [==============================] - 4s 44us/step - loss: 1.4027 - acc: 0.3939
Epoch 13/20
80146/80146 [==============================] - 4s 44us/step - loss: 1.4027 - acc: 0.3939
Epoch 14/20
80146/80146 [==============================] - 4s 44us/step - loss: 1.4027 - acc: 0.3939
Epoch 15/20
80146/80146 [==============================] - 4s 49us/step - loss: 1.4027 - acc: 0.3939
Epoch 16/20
80146/80146 [==============================] - 4s 45us/step - loss: 1.4027 - acc: 0.3939
Epoch 17/20
80146/80146 [==============================] - 4s 44us/step - loss: 1.4027 - acc: 0.3939
Epoch 18/20
80146/80146 [==============================] - 4s 45us/step - loss: 1.4027 - acc: 0.3939
Epoch 19/20
80146/80146 [==============================] - 4s 47us/step - loss: 1.4027 - acc: 0.3939
Epoch 20/20
80146/80146 [==============================] - 4s 46us/step - loss: 1.4027 - acc: 0.3939
```

扩展

虽然我们可以打印出每次迭代的**损失**和**准确度**分数，但每 20 次迭代可视化两者的输出更佳。可以使用以下脚本绘制两者：

```
plt.plot(accuracy_history.history['acc'])
plt.title('Accuracy vs. Epoch')
plt.xlabel('Epoch')
plt.ylabel('Accuracy')
plt.show()

plt.plot(accuracy_history.history['loss'])
plt.title('Loss vs. Epoch')
plt.xlabel('Epoch')
plt.ylabel('Loss')
plt.show()
```

脚本的输出如下图所示：

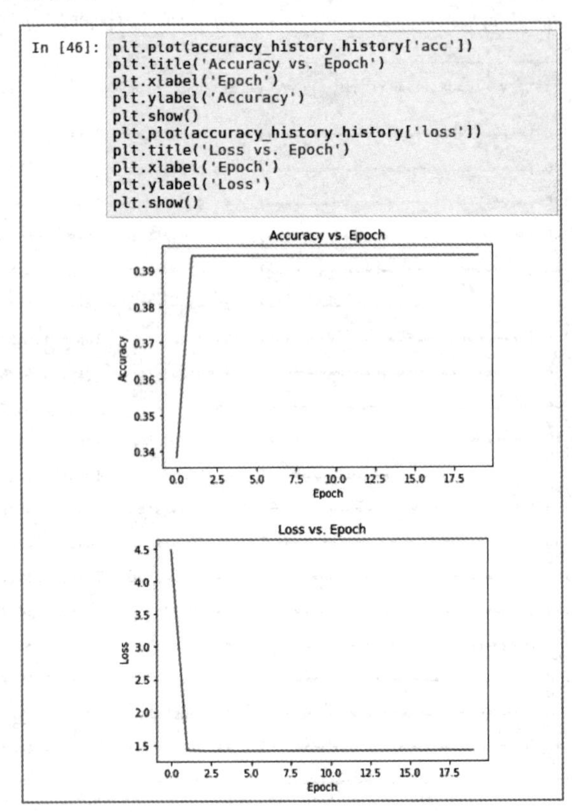

似乎在第二次迭代后，模型中的损失和准确度都变得较稳定了。

其他

要了解有关从 Keras 使用 `Sequential` 模型的更多信息，请访问以下网站：

链接191

评估推荐引擎的准确度

我们现在可以计算出基于 Keras 的深度学习模型的准确度。

准备

为了准确评估 `Sequential` 模型，需要使用 Keras 中的 `model.evaluate()` 函数。

实现

可以通过执行以下脚本来简单计算 `accuracy_rate` 的准确度得分：

```
score = model.evaluate(xtest_array, ytest_OHE, batch_size=128)
accuracy_rate = score[1]*100
print('accuracy is {}%'.format(round(accuracy_rate,2)))
```

说明

模型的性能基于对带验证标签 `ytest_OHE` 的验证特征 `xtest_array` 的评估。可以使用 `model.evaluate()` 函数并将 `batch_size` 设置为 `128` 个元素以便进行评估。可以看到，我们的准确度约为 39%，如下图所示：

```
In [47]: score = model.evaluate(xtest_array, ytest_OHE, batch_size=128)
         accuracy_rate = score[1]*100
         print('accuracy is {}%'.format(round(accuracy_rate,2)))

         19858/19858 [==============================] - 0s 9us/step
         accuracy is 38.87%
```

这说明我们能够确定用户在 0 到 5 之间的评分，准确度接近 39%。

其他

要了解有关使用 Keras 指标的模型性能的更多信息，请访问以下网站：

链接192

13

使用 TensorFlow 在 Spark 中进行图像分类

本章将介绍以下内容：

- 下载梅西和罗纳尔多各 30 张图像
- 使用深度学习包安装 PySpark
- 将图像加载到 PySpark 数据帧
- 理解迁移学习
- 创建用于图像分类训练的流水线
- 评估模型性能
- 微调模型参数

介绍

在过去的几年中，图像识别软件的需求越来越大。这种需求与大数据存储的进步同时发生。谷歌相册、Facebook 和苹果都使用图像分类软件为其用户标记照片。这些公司使用的大部分图像识别软件都是由深度学习模型来提供支持的，这些模型基于流行库（如 TensorFlow）构建。本章通过训练一组图像的来学习或识别另一组图像来扩展深度学习的技术。这个概念被称为迁移学习。在本章中，我们将重点关注利用迁移学习来识别世界著名的足球运动员：

1. 莱昂内尔·梅西（Lionel Messi）
2. 克里斯蒂亚诺·罗纳尔多（Cristiano Ronaldo）

请看这张照片：

下载梅西和罗纳尔多各 30 张图像

在进行任何图像分类前，我们都必须首先从网上下载一些要进行分类的运动员的图像。

准备

浏览器有许多可以批量下载图像的插件。由于 Ubuntu 预先安装了 Mozilla Firefox 浏览器，因此我们将使用它来安装批量图像下载器扩展。

实现

以下介绍了如何批量下载图像。

1. 访问以下网站以下载和安装 Firefox 插件：

   链接193

2. 搜索并选择 **Download all Images** 插件，如下图所示：

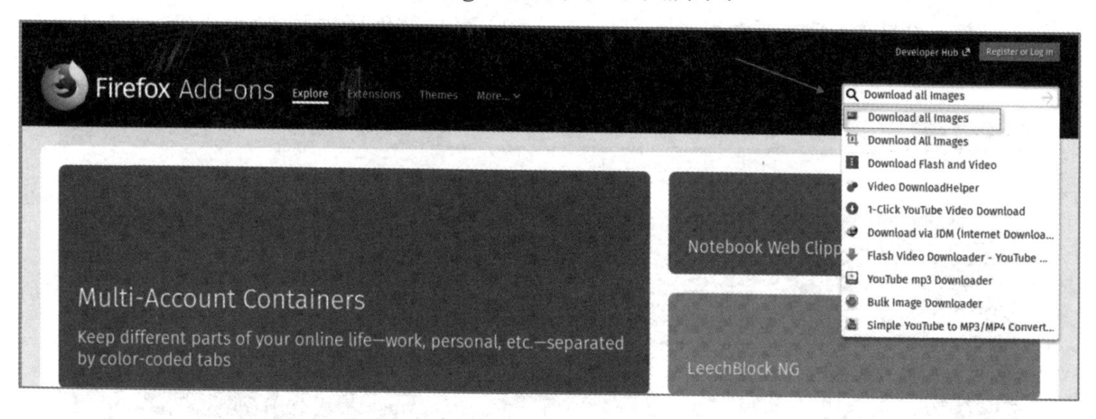

3. 接着进入安装页面。此时单击 Add to Firefox 按钮，如下图所示：

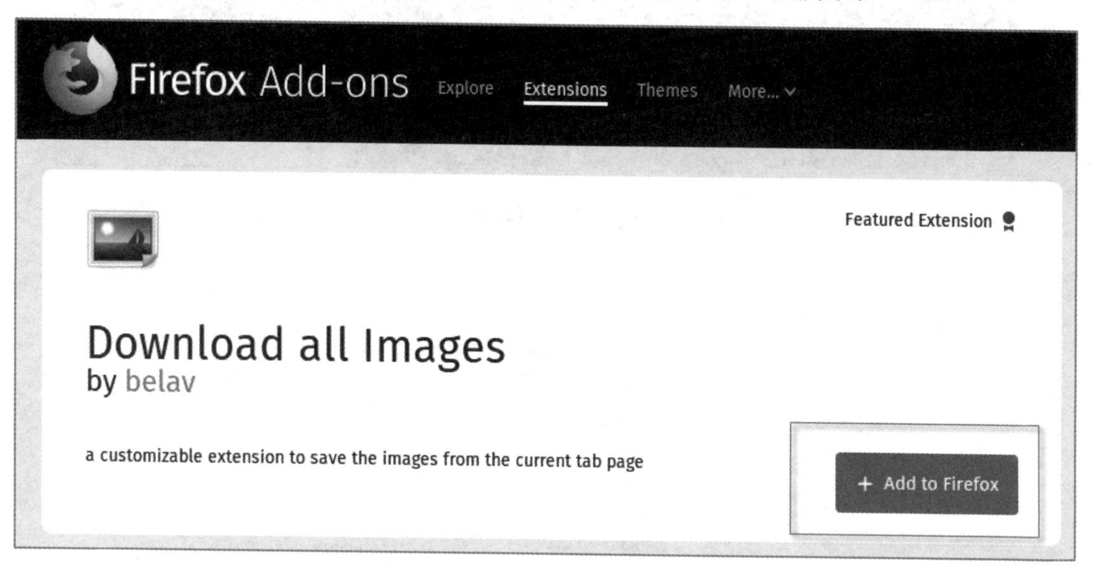

4. 请确认你的安装，因为此附加组件需要获得访问浏览器下载历史记录、访问所有网站的数据和发送通知的权限。
5. 完成之后，你会在浏览器的右上角看到一个 Download all Images 的小图标，如下图所示：

6. 我们现在使用新添加的 Firefox 扩展下载足球运动员图像。可以访问许多不同的网站来下载图像。就本章而言，搜索 Cristiano Ronaldo 并使用链接 194 所示的网页下载他的图像，如下图所示：

7. 接下来，单击 Download all Images 图标并为图像指定以下下载设置，如下图所示：

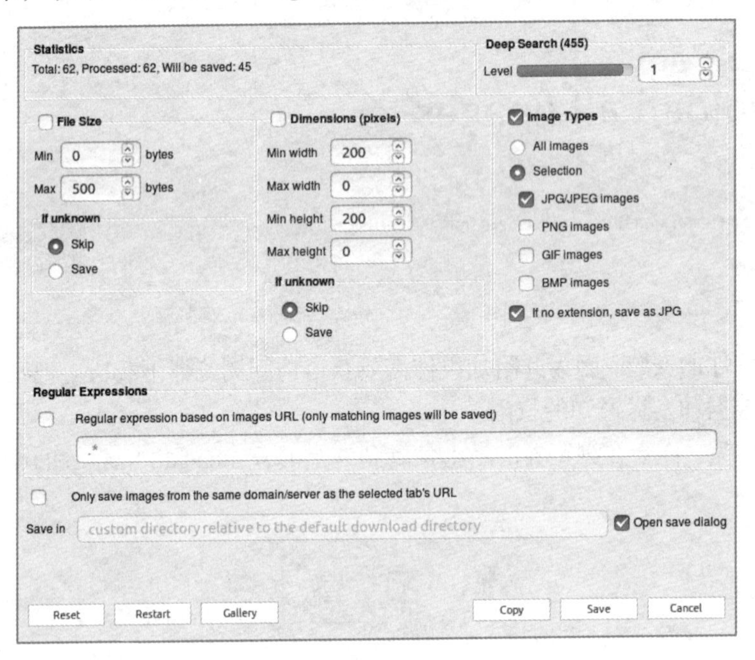

8. 单击 **Save** 按钮，然后可以选择将所有图像作为压缩文件下载到本地目录。然后，你可以将文件解压缩到一个文件夹中，并仔细浏览所有图像。在我们的示例中，图像已全部提取到`/Home/sparkNotebooks/Ch13/football/ronaldo/`，如下图所示：

9. 在该文件夹所有可用图像中，选择罗纳尔多的 30 张图像。并将它们命名为`ronaldo1.jpg`、`ronaldo2.jpg`、…、`ronaldo30.jpg`，如下图所示：

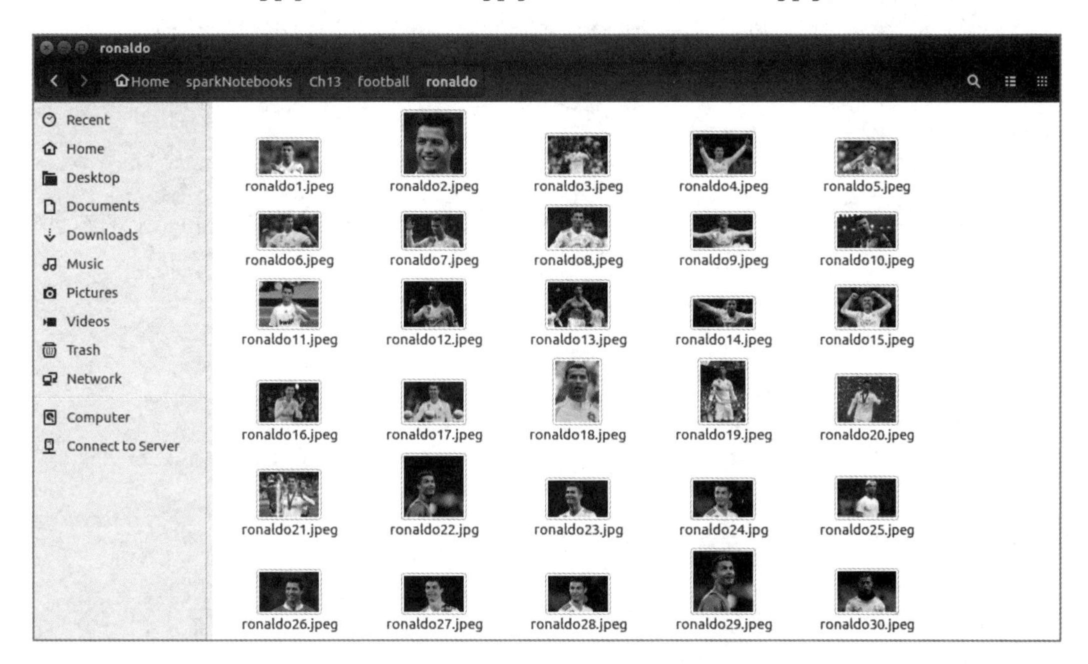

10. 再次重复这些步骤，这次获得梅西的 30 张图像。最终的文件夹结构应如下所示：

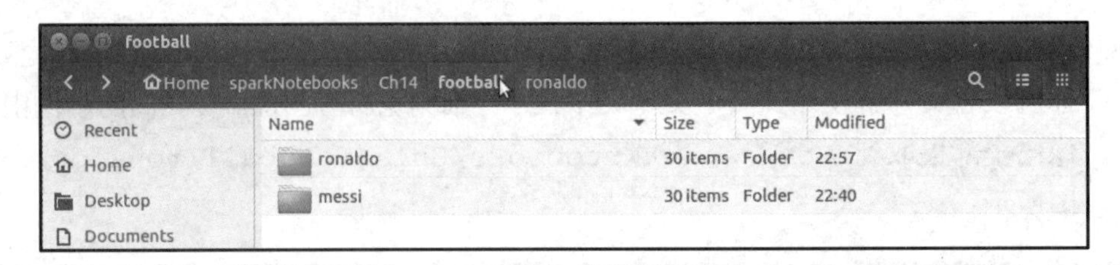

说明

本节介绍了使用插件批量下载图像到所需位置的过程：

1. 批量下载图像的软件现在很容易获得，并可以集成到浏览器中。我们使用 **Download all Images** Firefox 插件来快速下载梅西和罗纳尔多的图像。
2. 我们希望在应用程序中指定下载低质量图像，因此设置最小阈值为 0 字节，最大阈值为 500 字节，以及 JPG 或 JPEG 图像类型。
3. 最后，我们只想挑选最能代表每个运动员的 30 张图像，其中 20 张将作为训练数据集，其余 10 张将作为测试数据集。可以删除其他图像。
4. 所有的图像都将以姓氏和 1 到 30 之间的数字进行标记，以供训练使用。例如，`Messi1.jpg`、`Messi2.jpg`、`Ronaldo1.jpg`、`Ronaldo2.jpg` 等。

扩展

除了可以使用 **Download all Images** 下载自己的图像外，还可以通过访问以下网站下载本章中 Ronaldo 和 Messi 相同的图像，用于训练目的：

梅西：

链接195

罗纳尔多：

链接196

其他

其他浏览器也有类似的插件和扩展。如果你正在使用 Chrome 浏览器，有一个叫作 **Download'em All** 的类似插件，可以从以下网站下载：

链接197

使用深度学习包安装 PySpark

为了实现 Databricks 深度学习包中名为 `spark-deep-learning` 的数据库，我们需要在 PySpark 中执行一些额外的配置，这些配置可以追溯到第 1 章。

准备

此配置需要使用 **bash** 在终端中进行更改。

实现

下面的部分将介绍使用深度学习包配置 PySpark 的步骤。

1. 打开终端并输入以下命令：

   ```
   nano .bashrc
   ```

2. 滚动到文档的底部，查找我们在第 1 章中创建的 `sparknotebook()` 函数。
3. 更新函数的最后一行。更改前应该如下所示：

   ```
   $SPARK_HOME/bin/pyspark
   ```

   将其更改为：

   ```
   $SPARK_HOME/bin/pyspark --packages databricks:spark-deep-
   learning:0.1.0-spark2.1-s_2.11
   ```

4. 更改配置后，退出文档并执行以下脚本以确认已保存所有必要的更改：

   ```
   source .bashrc
   ```

说明

以下部分将解释如何修改 PySpark 以结合深度学习包，请查看以下步骤。

1. 访问 bash 允许我们在命令行进行配置，如下图所示：

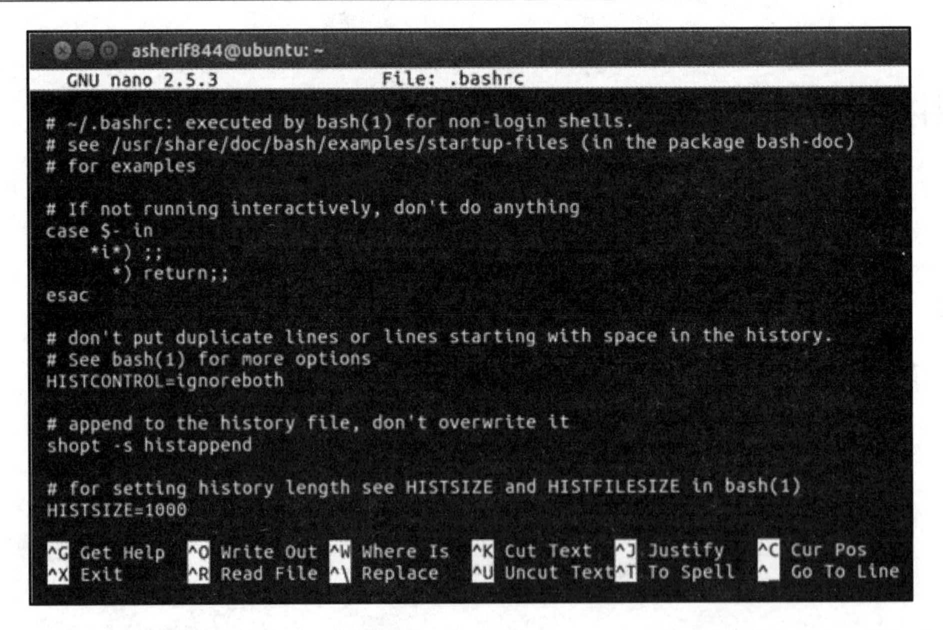

2. 在文档的末尾，我们可以看到原始函数 `sparknotebook()` 仍然完好无损；但是，我们需要对其进行修改，使其包含 `spark-deep-learning` 包。
3. 由于此修改是直接针对 PySpark 而非 Python 库的，所以不能使用典型的 `pip` 安装将其合并到框架中。相反，我们要修改 PySpark 配置，如下图所示：

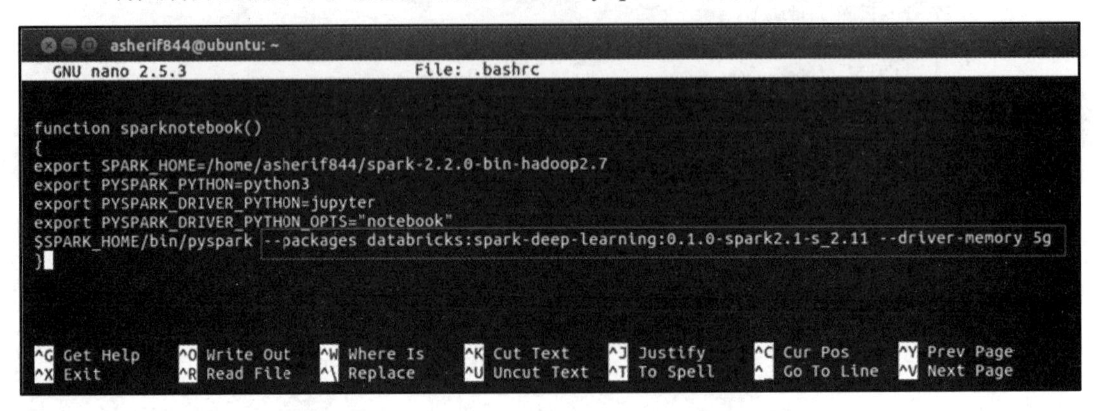

4. 现在我们已经完成了 PySpark 的安装配置来包含深度学习库，这些库包含有助于为所有类型的解决方案构建模型的 API，例如图像分类。

扩展

这个名为 spark-deep-learning 的包由 Databricks 公司管理。Databricks 公司由 Ali Ghodsi（Spark 联合创建者之一）创建，它用于通过统一平台交付托管 Spark 产品。

其他

要了解有关为 Spark 开发的其他第三方软件包的更多信息，请访问以下网站：

链接198

将图像加载到 PySpark 数据帧

我们现已准备好将图像导入 Notebook 中进行分类。

准备

我们将在本节中使用几个库及其依赖项，这要求在 Ubuntu 桌面端通过 pip install 安装以下软件包：

```
pip install tensorflow==1.4.1
pip install keras==2.1.5
pip install sparkdl
pip install tensorframes
pip install kafka
pip install py4j
pip install tensorflowonspark
pip install jieba
```

实现

以下步骤将演示如何将图像解码为 Spark 数据帧。

1. 使用以下脚本启动 spark 会话：

```
spark = SparkSession.builder \
      .master("local") \
```

```
        .appName("ImageClassification") \
        .config("spark.executor.memory", "6gb") \
        .getOrCreate()
```

2. 使用以下脚本从 PySpark 导入以下库以创建数据帧：

```
import pyspark.sql.functions as f
import sparkdl as dl
```

3. 执行以下脚本为梅西和罗纳尔多创建两个数据帧，使用每位球员的主文件夹位置：

```
dfMessi = dl.readImages('football/messi/').withColumn('label',
f.lit(0))
dfRonaldo = dl.readImages('football/ronaldo/').withColumn('label',
f.lit(1))
```

4. 将每个数据帧以 60：40 的比例拆分为训练集和测试集，并使用以下脚本将随机种子集设置为 `12`：

```
trainDFmessi, testDFmessi = dfMessi.randomSplit([60, 40], seed
= 12)
trainDFronaldo, testDFronaldo = dfRonaldo.randomSplit([60, 40],
seed = 12)
```

5. 最后，使用以下脚本将所有训练数据帧和测试数据帧合并进它们各自的新数据帧，`trainDF` 和 `testDF`：

```
trainDF = trainDFmessi.unionAll(trainDFronaldo)
testDF = testDFmessi.unionAll(testDFronaldo)
```

说明

以下部分说明了如何加载图像并将其读入 Jupyter Notebook。步骤如下：

1. 我们总是通过启动 Spark 会话来设置应用程序名称以及通过设置 Spark 执行器内存来启动 Spark 项目。
2. 我们导入 `pyspark.sql.functions` 和 `sparkdl` 以帮助构建基于编码图像的数据帧。导入 `sparkdl` 时，我们发现它在后端使用了 TensorFlow，如下图所示：

```
In [1]: spark = SparkSession.builder \
            .master("local") \
            .appName("ImageClassification") \
            .config("spark.executor.memory", "6gb") \
            .getOrCreate()

In [2]: import pyspark.sql.functions as f
        import sparkdl as dl

        Using TensorFlow backend.
```

3. 使用带有三个列的 `sparkdl` 创建数据帧，列分别为：**filePath**、**image** 和 **label**。Sparkdl 用于导入每张图像并按颜色和形状对其进行编码。此外，函数 `lit` 用于标记 **label** 列下两个数据帧中每个数据帧的文字值（0 或 1）以便用于训练，如下图所示：

```
In [4]: dfMessi.show(n=10,truncate=False)

+---------------------------------------------------------------------+------------------------------+-----+
|filePath                                                             |image                         |label|
+---------------------------------------------------------------------+------------------------------+-----+
|file:/home/asherif844/sparkNotebooks/Ch14/football/messi/messi3.jpeg |[RGB,173,292,3,[B@54799ce9]|0    |
|file:/home/asherif844/sparkNotebooks/Ch14/football/messi/messi14.jpeg|[RGB,187,270,3,[B@26d955a0]|0    |
|file:/home/asherif844/sparkNotebooks/Ch14/football/messi/messi29.jpeg|[RGB,194,259,3,[B@7e6a8fb4]|0    |
|file:/home/asherif844/sparkNotebooks/Ch14/football/messi/messi18.jpeg|[RGB,194,259,3,[B@38468ec] |0    |
|file:/home/asherif844/sparkNotebooks/Ch14/football/messi/messi8.jpeg |[RGB,168,300,3,[B@1b8232a1]|0    |
|file:/home/asherif844/sparkNotebooks/Ch14/football/messi/messi22.jpeg|[RGB,194,259,3,[B@771a1024]|0    |
|file:/home/asherif844/sparkNotebooks/Ch14/football/messi/messi2.jpeg |[RGB,275,183,3,[B@5d27365c]|0    |
|file:/home/asherif844/sparkNotebooks/Ch14/football/messi/messi5.jpeg |[RGB,183,275,3,[B@7d44e61c]|0    |
|file:/home/asherif844/sparkNotebooks/Ch14/football/messi/messi13.jpeg|[RGB,183,275,3,[B@7759c42f]|0    |
|file:/home/asherif844/sparkNotebooks/Ch14/football/messi/messi11.jpeg|[RGB,175,288,3,[B@50e561d0]|0    |
+---------------------------------------------------------------------+------------------------------+-----+
only showing top 10 rows

In [5]: dfRonaldo.show(n=10,truncate=False)

+---------------------------------------------------------------------------+------------------------------+-----+
|filePath                                                                   |image                         |label|
+---------------------------------------------------------------------------+------------------------------+-----+
|file:/home/asherif844/sparkNotebooks/Ch14/football/ronaldo/ronaldo24.jpg  |[RGB,350,590,3,[B@3e72ffa9]|1    |
|file:/home/asherif844/sparkNotebooks/Ch14/football/ronaldo/ronaldo2.jpeg  |[RGB,225,225,3,[B@2dce51d3]|1    |
|file:/home/asherif844/sparkNotebooks/Ch14/football/ronaldo/ronaldo21.jpeg|[RGB,193,261,3,[B@49fcb222]|1    |
|file:/home/asherif844/sparkNotebooks/Ch14/football/ronaldo/ronaldo17.jpeg|[RGB,183,275,3,[B@2034b6ab]|1    |
|file:/home/asherif844/sparkNotebooks/Ch14/football/ronaldo/ronaldo30.jpeg|[RGB,184,273,3,[B@9929ab3] |1    |
|file:/home/asherif844/sparkNotebooks/Ch14/football/ronaldo/ronaldo14.jpeg|[RGB,154,328,3,[B@560d029b]|1    |
|file:/home/asherif844/sparkNotebooks/Ch14/football/ronaldo/ronaldo5.jpeg  |[RGB,168,300,3,[B@7a4cc7da]|1    |
|file:/home/asherif844/sparkNotebooks/Ch14/football/ronaldo/ronaldo18.jpeg|[RGB,261,193,3,[B@7fc8a7d6]|1    |
|file:/home/asherif844/sparkNotebooks/Ch14/football/ronaldo/ronaldo1.jpeg  |[RGB,168,300,3,[B@6292ed9e]|1    |
|file:/home/asherif844/sparkNotebooks/Ch14/football/ronaldo/ronaldo19.jpeg|[RGB,258,195,3,[B@5cb5228d]|1    |
+---------------------------------------------------------------------------+------------------------------+-----+
only showing top 10 rows
```

4. 由于每个足球运动员有 30 张图像，因此使用 60：40 的比例分割来创建 **18** 张训练图像和 **12** 张测试图像，如下图所示：

请注意，在使用深度学习时，训练过程中使用的图像越多越好。然而，在本章中，我们将尝试证明的是，随着迁移学习作为深度学习的扩展，我们可以使用更少的训练样本对图像进行分类，就像本章中罗纳尔多和梅西各只有 30 张图像一样。

```
In [6]: trainDFmessi, testDFmessi = dfMessi.randomSplit([60, 40], seed =12)
        trainDFronaldo, testDFronaldo = dfRonaldo.randomSplit([60, 40], seed=12)

In [7]: print('The number of images in trainDFmessi is {}'.format(trainDFmessi.toPandas().shape[0]))
        print('The number of images in testDFmessi is {}'.format(testDFmessi.toPandas().shape[0]))
        print('The number of images in trainDFronaldo is {}'.format(trainDFronaldo.toPandas().shape[0]))
        print('The number of images in testDFronaldo is {}'.format(testDFronaldo.toPandas().shape[0]))

        The number of images in trainDFmessi is 18
        The number of images in testDFmessi is 12
        The number of images in trainDFronaldo is 18
        The number of images in testDFronaldo is 12
```

5. 为了构建模型，我们专注于创建包含 **36** 张图像的训练数据帧以及包含剩余 **24** 张图像的测试数据帧。合并数据帧后，我们确认它们大小正确，如下图所示：

```
In [8]: trainDF = trainDFmessi.unionAll(trainDFronaldo)
        testDF = testDFmessi.unionAll(testDFronaldo)

In [9]: print('The number of images in the training data is {}' .format(trainDF.toPandas().shape[0]))
        print('The number of images in the testing  data is {}' .format(testDF.toPandas().shape[0]))

        The number of images in the training data is 36
        The number of images in the testing  data is 24
```

扩展

图像可能会在此过程中丢失，但重要的是，要注意将图像加载到数据帧中很容易，并只需使用 `sparkdl.readImages` 执行几行代码。这展示了 Spark 提供的机器学习流水线的强大功能。

其他

要了解有关 `sparkdl` 包的更多信息，请访问以下存储库：

链接199

理解迁移学习

本章的其余部分将涉及迁移学习的技巧，因此，我们将在此解释迁移学习如何在我们的架构中工作。

准备

此部分不需要依赖项。

实现

本节将介绍迁移学习的工作原理。

1. 确定一个预训练模型，该模型将用作转移到我们所选任务的训练方法。在此，我们的任务是识别梅西和罗纳尔多的图像。
2. 有几种可用的预训练模型。其中最受欢迎的是：
   （1）Xception
   （2）InceptionV3
   （3）ResNet50
   （4）VGG16
   （5）VGG19
3. 提取预训练卷积神经网络的特征，经过多层滤波和池化处理后，将它们保存到一组特定图像中。
4. 最后一层的预训练卷积神经网络被替换为特定特征，将其基于我们的数据集分类。

说明

本节解释迁移学习的方法。

1. 在前面的章节中，我们讨论了机器学习模型以及更重要的——深度学习模型如何更适合于训练。事实上，深度学习的“座右铭”一般是“数据越多越好”。
2. 但是，在有些情况下，大量数据或图像无法用于训练模型。在这种情况下，我们希望迁移一个领域的学习来预测另一领域的结果。在卷积神经网络中，提取特征及通过层与层过滤的繁重工作已经由开发了许多预训练模型的机构执行，例如 InceptionV3 和 ResNet50：
   （1）InceptionV3 由谷歌开发，其权重小于 ResNet50 和 VGG。
   （2）ResNet50 使用 50 个权重层。
   （3）VGG16 和 VGG19 分别具有 16 个和 19 个权重层。
3. 现在，通过指定模型名称，就可以使用这些预训练网络预先构建几个更高级别的深度学习库（如 Keras），以实现更简化的应用程序。

扩展

要确定最适合所讨论数据或图像集的预训练模型，取决于其使用的图像类型。最好先尝试不同的预训练组，并确定哪个组能提供最佳准确度。

其他

要了解有关 InceptionV3 预训练模型的更多信息，请阅读以下文章：

链接200

要了解有关 VGG 预训练模型的更多信息，请阅读以下文章：

链接201

创建用于图像分类训练的流水线

现在，我们准备构建用于训练数据集的深度学习流水线。

准备

导入以下库以协助流水线开发：

- `LogisticRegression`
- `Pipeline`

实现

以下部分介绍创建图像分类流水线的步骤。

1. 执行以下脚本以开始构建深度学习流水线以及配置分类参数：

```
from pyspark.ml.classification import LogisticRegression
from pyspark.ml import Pipeline

vectorizer = dl.DeepImageFeaturizer(inputCol="image",
                                    outputCol="features",
                                    modelName="InceptionV3")
```

```
logreg = LogisticRegression(maxIter=30, labelCol="label")
pipeline = Pipeline(stages=[vectorizer, logreg])
pipeline_model = pipeline.fit(trainDF)
```

2. 使用以下脚本创建一个包含原始测试标签以及新预测分数的新数据帧 `predictDF`:

```
predictDF = pipeline_model.transform(testDF)
predictDF.select('prediction', 'label').show(n =
testDF.toPandas().shape[0], truncate=False)
```

说明

以下部分说明如何配置图像分类流水线以获得最佳性能。

1. 引入 `LogisticRegression` 作为梅西和罗纳尔多图像的主要分类算法。从 `sparkdl` 导入 `DeepImageFeaturizer` 以创建基于图像的特征。这些图像将用作逻辑回归算法的最终输入。

值得注意的是，从 `DeepImageFeaturizer` 创建的特征将使用基于 `InceptionV3` 的预训练模型，并分配一个向量化变量。

逻辑回归模型被调整为最多运行 30 次迭代。最后，流水线同时接收 `vectorizer` 变量和 `LogisticRegression` 变量，并将其放入训练数据帧 `trainDF`。`vectorizer` 变量用于从图像中创建数值。下图可以看到 `DeepImageFeaturizer` 的输出：

```
In [10]: from pyspark.ml.classification import LogisticRegression
         from pyspark.ml import Pipeline

         vectorizer = dl.DeepImageFeaturizer(inputCol="image", outputCol="features", modelName="InceptionV3")
         logreg = LogisticRegression(maxIter=30,labelCol = "label")
         pipeline = Pipeline(stages=[vectorizer, logreg])

         pipeline_model = pipeline.fit(trainDF)

         INFO:tensorflow:Froze 376 variables.
         Converted 376 variables to const ops.
         INFO:tensorflow:Froze 0 variables.
         Converted 0 variables to const ops.
```

2. 测试数据帧 `testDF` 通过应用拟合的流水线模型 `pipeline_model` 转换为新的数据帧 `predictDF`。该流水线模型创建了一个名为 **prediction** 的新列。然后，我们可以将 **label** 列与 **prediction** 列进行比较，如下图所示：

```
In [11]: predictDF = pipeline_model.transform(testDF)
         predictDF.select('label', 'prediction').show(n = testDF.toPandas().shape[0], truncate=False)

         INFO:tensorflow:Froze 376 variables.
         Converted 376 variables to const ops.
         INFO:tensorflow:Froze 0 variables.
         Converted 0 variables to const ops.
         +-----+----------+
         |label|prediction|
         +-----+----------+
         |0    |1.0       |
         |0    |0.0       |
         |0    |0.0       |
         |0    |0.0       |
         |0    |0.0       |
         |0    |0.0       |
         |0    |0.0       |
         |0    |1.0       |
         |0    |0.0       |
         |0    |0.0       |
         |0    |0.0       |
         |0    |0.0       |
         |1    |1.0       |
         |1    |1.0       |
         |1    |1.0       |
         |1    |1.0       |
         |1    |1.0       |
         |1    |0.0       |
         |1    |1.0       |
         |1    |1.0       |
         |1    |1.0       |
         |1    |1.0       |
         |1    |1.0       |
         |1    |1.0       |
         +-----+----------+
```

扩展

在此，我们选择 InceptionV3 作为图像分类的图像分类器模型；但是，也可以选择其他预训练模型并比较流水线的准确度。

其他

要了解更多关于迁移学习的知识，请阅读以下威斯康星大学的文章：

链接202

评估模型性能

现已准备好评估我们的模型，来看看区分梅西和罗纳尔多图像的情况如何。

准备

进行模型评估需导入以下库：

- MulticlassClassificationEvaluator

实现

以下部分将介绍评估模型性能的步骤。

1. 执行以下脚本以从 predictDF 数据帧创建混淆矩阵：
   predictDF.crosstab('prediction', 'label').show().

2. 执行下面的脚本，根据 24 张罗纳尔多和梅西的测试图像计算准确度分数：

```
from pyspark.ml.evaluation import MulticlassClassificationEvaluator

scoring = predictDF.select("prediction", "label")
accuracy_score =
MulticlassClassificationEvaluator(metricName="accuracy")
rate = accuracy_score.evaluate(scoring)*100
print("accuracy: {}%" .format(round(rate,2))).
```

说明

以下部分将介绍如何评估模型性能。

1. 可以将数据帧 predictDF 转换为交叉表以创建混淆矩阵。这使我们能够了解模型中有多少真阳性、假阳性、真阴性和假阴性，如下图所示：

```
In [12]: predictDF.crosstab('prediction', 'label').show()

         +----------------+---+---+
         |prediction_label|  0|  1|
         +----------------+---+---+
         |             1.0|  2| 11|
         |             0.0| 10|  1|
         +----------------+---+---+
```

2. 此时，我们已经准备好用 36 张训练图像训练模型，并对罗纳尔多和梅西的剩余 24 张测试图像进行精确分类。从前图可以看出，24 张图像中有 21 个分类是准确的。有 2 张被错归为罗纳尔多的照片，有 1 张被错归为梅西的照片，准确度应为 88%。

可以看到，MulticlassClassificationEvaluator 的准确度得分也为 87.5%，如下图所示：

```
In [13]: from pyspark.ml.evaluation import MulticlassClassificationEvaluator
         scoring = predictDF.select("prediction", "label")
         accuracy_score = MulticlassClassificationEvaluator(metricName="accuracy")
         rate = accuracy_score.evaluate(scoring)*100
         print("accuracy: {}%" .format(round(rate,2)))

         accuracy: 87.5%
```

扩展

虽然我们最终使用准确度作为衡量模型性能的基准指标，但也可以使用精度或召回率作为指标。此外，我们使用 MulticlassClassificationEvaluator 来评估模型的准确度。由于在这个特定的例子中只处理罗纳尔多和梅西两种类型的图像的二进制结果，所以我们也可以使用如下图所示的二进制分类评估器（BinaryClassificationEvaluator）：

```
In [14]: from pyspark.ml.evaluation import BinaryClassificationEvaluator

         binaryevaluator = BinaryClassificationEvaluator(rawPredictionCol="prediction")
         binary_rate = binaryevaluator.evaluate(predictDF)*100
         print("accuracy: {}%" .format(round(binary_rate,2)))

         accuracy: 87.5%
```

最终，准确度仍为 87.5%。

其他

要从 PySpark 中的逻辑回归函数了解有关 MulticlassClassificationEvaluator 的更多信息，请访问以下网站：

链接203

微调模型参数

任何模型的准确度都有提升空间。在本节中，我们将讨论一些可供调整的参数，通过调整参数可提高上一节获得的 **87.5%**的模型准确度分数。

准备

本节不需要任何新的先决条件。

实现

本节将介绍微调模型的步骤。

1. 定义一个新的逻辑回归模型，其中包含 `regParam` 和 `elasticNetParam` 参数，如以下脚本所示：

```
logregFT = LogisticRegression(
regParam=0.05,
elasticNetParam=0.3,
maxIter=15,labelCol = "label", featuresCol="features")
```

2. 使用以下脚本为新创建的模型创建新流水线：

```
pipelineFT = Pipeline(stages=[vectorizer, logregFT])
```

3. 使用以下脚本将流水线与经过训练的数据集 `trainDF` 进行拟合：

```
pipeline_model_FT = pipelineFT.fit(trainDF)
```

4. 将模型转换应用于测试数据集 `testDF`，以便能够使用以下脚本比较实际分数和预测分数：

```
predictDF_FT = pipeline_model_FT.transform(testDF)
predictDF_FT.crosstab('prediction', 'label').show()
```

5. 最后，使用以下脚本评估新模型的准确度 `binary_rate_FT`：

```
binary_rate_FT = binaryevaluator.evaluate(predictDF_FT)*100
print("accuracy: {}%" .format(round(binary_rate_FT,2)))
```

说明

本节介绍如何对模型进行微调。

1. 逻辑回归模型 `logregFT` 使用 `regParam` 和 `elasticNetParam` 参数进行微调。两个参数对应于逻辑回归模型的 γ 和 α 参数。正则化参数（The regularization parameter，

或 regParam）用于在最小化损失函数和最小化过拟合模型间找到平衡。制作的模型越复杂，它就越有可能过拟合而不是一般化，但我们也可能会获得较低的训练误差。此外，制作的模型的复杂程度越低，过拟合的可能性就越小，但更有可能出现更高的训练误差。

2. 弹性网参数（elasticNetParam）是另一种正则化技术，用于组合多个正则化器，L1 和 L2，以最小化模型的过拟合。此外，我们将迭代运行从 20 次减少到 15 次，以查看是否可以通过在包含正则化的同时，减少运行次数以获得更好的准确度分数。
3. 再次，正如在本章前面所做的那样，我们创建了一个流水线，其中包含从图像、向量化器和逻辑回归模型 logregFT 生成的数值特征。
4. 将模型与训练数据 trainDF 进行拟合，并将模型转换应用于测试数据 testDF。
5. 我们可以再次比较交叉表模型结果中的实际结果与预测结果，如下图所示：

```
In [15]: logregFT = LogisticRegression(
             regParam=0.05,
             elasticNetParam=0.3,
             maxIter=15,labelCol = "label", featuresCol="features")
         pipelineFT = Pipeline(stages=[vectorizer, logregFT])

         pipeline_model_FT = pipelineFT.fit(trainDF)

         INFO:tensorflow:Froze 376 variables.
         Converted 376 variables to const ops.
         INFO:tensorflow:Froze 0 variables.
         Converted 0 variables to const ops.

In [16]: predictDF_FT = pipeline_model_FT.transform(testDF)
         predictDF_FT.crosstab('prediction', 'label').show()

         INFO:tensorflow:Froze 376 variables.
         Converted 376 variables to const ops.
         INFO:tensorflow:Froze 0 variables.
         Converted 0 variables to const ops.
         +----------------+---+---+
         |prediction_label|  0|  1|
         +----------------+---+---+
         |             1.0|  0| 11|
         |             0.0| 12|  1|
         +----------------+---+---+
```

6. 我们现在只有 1 个错误分类的图像，而之前有 3 个。为实现这一目标，我们将最大迭代次数从 20 次降低到 15 次，将 regParam 降低到 0.05，并将 elasticNetParam 降低到 0.3。

7. 新准确度为 95.83%，如下图所示：

```
In [17]: binary_rate_FT = binaryevaluator.evaluate(predictDF_FT)*100
         print("accuracy: {}%" .format(round(binary_rate_FT,2)))

         accuracy: 95.83%
```

扩展

将特定参数纳入我们的模型，模型准确度从 **87.5%** 提升至 **95.83%**。我们可以对参数进行额外微调来看看图像分类模型是否可以达到 100%的准确度。

其他

要了解逻辑回归中正则化和弹性网参数的更多信息，请访问以下网站：

链接204